はじめに

　我が国においては、科学技術創造立国の理念の下、産業競争力の強化を図るべく「知的創造サイクル」の活性化を基本としたプロパテント政策が推進されております。

　「知的創造サイクル」を活性化させるためには、技術開発や技術移転において特許情報を有効に活用することが必要であることから、平成９年度より特許庁の特許流通促進事業において「技術分野別特許マップ」が作成されてまいりました。

　平成１３年度からは、独立行政法人工業所有権総合情報館が特許流通促進事業を実施することとなり、特許情報をより一層戦略的かつ効果的にご活用いただくという観点から、「企業が新規事業創出時の技術導入・技術移転を図る上で指標となりえる国内特許の動向を分析」した「特許流通支援チャート」を作成することとなりました。

　具体的には、技術テーマ毎に、特許公報やインターネット等による公開情報をもとに以下のような分析を加えたものとなっております。
　　・体系化された技術説明
　　・主要出願人の出願動向
　　・出願人数と出願件数の関係からみた出願活動状況
　　・関連製品情報
　　・課題と解決手段の対応関係
　　・発明者情報に基づく研究開発拠点や研究者数情報　　など

　この「特許流通支援チャート」は、特に、異業種分野へ進出・事業展開を考えておられる中小・ベンチャー企業の皆様にとって、当該分野の技術シーズやその保有企業を探す際の有効な指標となるだけでなく、その後の研究開発の方向性を決めたり特許化を図る上でも参考となるものと考えております。

　最後に、「特許流通支援チャート」の作成にあたり、たくさんの企業をはじめ大学や公的研究機関の方々にご協力をいただき大変有り難うございました。

　今後とも、内容のより一層の充実に努めてまいりたいと考えておりますので、何とぞご指導、ご鞭撻のほど、宜しくお願いいたします。

独立行政法人工業所有権総合情報館

理事長　　藤原　譲

プラスチックリサイクル　　エグゼクティブサマリー

着実に発展するプラスチックリサイクル技術

■ 循環型社会に向け期待が高まるプラスチックリサイクル技術

　プラスチックは日常生活のあらゆる分野において製品材料として使用されており、今やなくてはならない存在となっている。プラスチックの使用量は年々増加の一途をたどり、それに伴って廃棄されるプラスチックの量もまた膨大なものとなり、プラスチックの処理問題が大きな社会問題となるに及んでいる。

　近年、循環型経済社会を形成する取り組みがさまざまな分野で行なわれ始め、プラスチックについてもリサイクルする必要性が高まっている。法律の整備とあいまって、技術開発、事業化などが活発化している。

■ プラスチック廃棄物処理の現状

　1999年の統計によると、国内におけるプラスチック廃棄物の発生量は976万トンで、このうち46%が有効利用された。その構成比率は、再生利用されたもの14%、ごみ発電などの燃料として供されたもの17%、各種熱源・油化・製鉄原料などに利用されたもの15%である。

　しかし一方で、33%もの廃棄物が埋立て処分され、残りの21%が単純焼却されているのが現状である。埋立て処分場は逼迫状態にあり、また焼却時に発生するダイオキシンの問題など、プラスチック廃棄物処理は、依然として大きな環境問題の一つとなっている。

■ 着実に整備が進むプラスチックリサイクル法規

　循環型社会形成推進基本法が2001年1月に完全施行された。基本的な枠組みとして、プラスチックなどの廃棄物処理については、マテリアルリサイクル、ケミカルリサイクルがサーマルリサイクルに優先されるべきであるといった基本原則が示されている。

　廃棄物に関しては「再生資源の利用の促進に関する法律」（通称「リサイクル法」）と廃棄物の排出の抑制と分別・収集・再生・処分などの適正な処理を定めた「廃棄物処理法」があり、近年もこれらの法改正が行なわれ、整備が進みつつある。

　これらの法律によって、プラスチックを含む廃棄物問題について、国・地方自治体、事業者、消費者の役割が明示され、協力して効率的なシステムを推進することが求められている。

プラスチックリサイクル　　エグゼクティブサマリー

着実に発展するプラスチックリサイクル技術

■ 各産業分野の特徴を生かした技術開発と特許

　プラスチックリサイクルにおいては、都市ごみなどの混合物からプラスチックを分離・選別し、嵩高なプラスチックを取り扱いやすい形状に加工することが、処理効率向上のために重要である。また装置寿命やダイオキシンの発生で問題になる塩素物質を除去する技術も不可欠である。これらの技術については鉄鋼、機械、電気機器、輸送用機器、化学など多岐にわたる産業分野において特許が出願されている。

　プラスチック廃棄物を材料として再生利用する技術については、目的に応じてさまざまな手法が開発され、特許出願に反映されている。自動車用バンパーやペットボトルなどを再生利用の対象として、輸送用機器・繊維メーカーなどが多く出願している。

　プラスチック廃棄物を熱・触媒などの化学的手段を用いて再資源化を図る技術は、90年代前半、電気機器・機械・化学メーカーを中心にすでに特許出願が始まっていた。これに対して近年、鉄鋼メーカーによる製鉄原料への適用が注目されて以来、技術開発が活発に行なわれ出願件数も増加傾向にある。

　プラスチック廃棄物を燃料として利用し、エネルギー回収する技術については、ごみ固形燃料のRDF（Refuse Derived Fuel）が、その魅力的な特徴から脚光を浴びている。電気機器・鉄鋼メーカーなどが出願件数において上位を占めている。

■ 技術開発の拠点は東京都と愛知県に集中

　主要企業20社の技術開発拠点を発明者の居所でみると、東京都、愛知県に多く集中しており、次いで神奈川県、大阪府、山口県が同数で多い。

　技術開発拠点は、おおむね関東から九州北部まで、帯状に広く分布している。

■ 今後の展望

　プラスチックリサイクル技術全般に共通する課題としては、現在以上に大量廃棄物を効率よく安全に処理ができるかにかかっている。最近の例では、超臨界水を用いた加水分解プロセスの油化技術の進歩が目覚ましい。さらに改良を進めて一般プラスチックの大量処理や難リサイクル材の処理などの適用に大きな期待が寄せられている。RDFにおいても、塩素含有量のさらなる低減や、用途開発に挑んでいる企業も少なくない。今後も法制度の整備とともに、プラスチックリサイクル技術開発がますます注目されていくであろう。

プラスチックリサイクル / 主要構成技術

プラスチックリサイクル処理技術の概要

> 廃プラスチックは、廃棄物として収集された後、前処理と呼ばれる分離・選別、圧縮・固化・減容、あるいは必要に応じて脱塩素がされた後、リサイクル処理される。リサイクル処理のうち、マテリアルリサイクルやケミカルリサイクルは再びプラスチックとして利用される場合が多いが、サーマルリサイクルは燃料などのプラスチック以外のものに変えられる。

図 1.1.2-1 廃プラスチック処理フローにおけるリサイクル処理技術

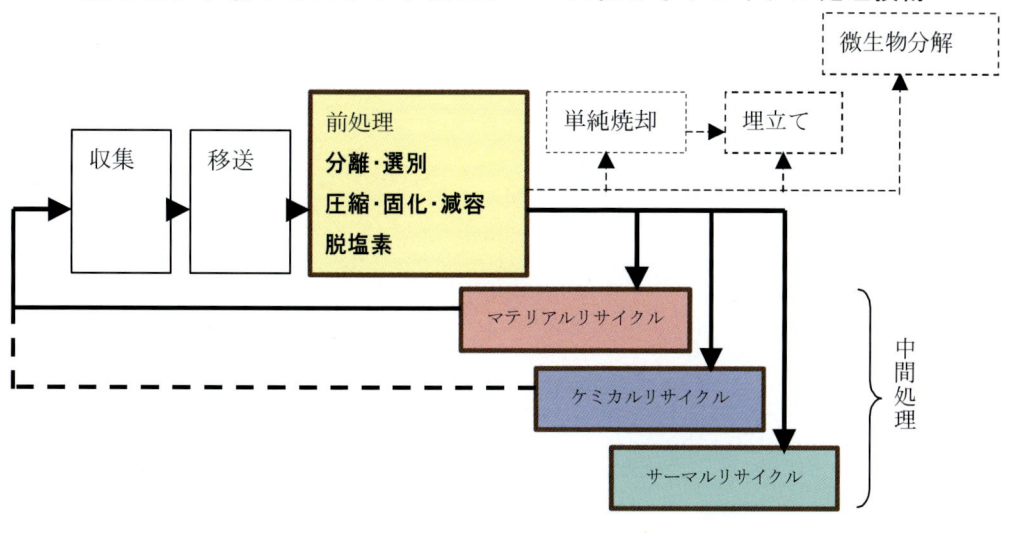

図 1.1.2-2 プラスチックリサイクル処理の体系と利用事例

〈利用の種類と具体例〉

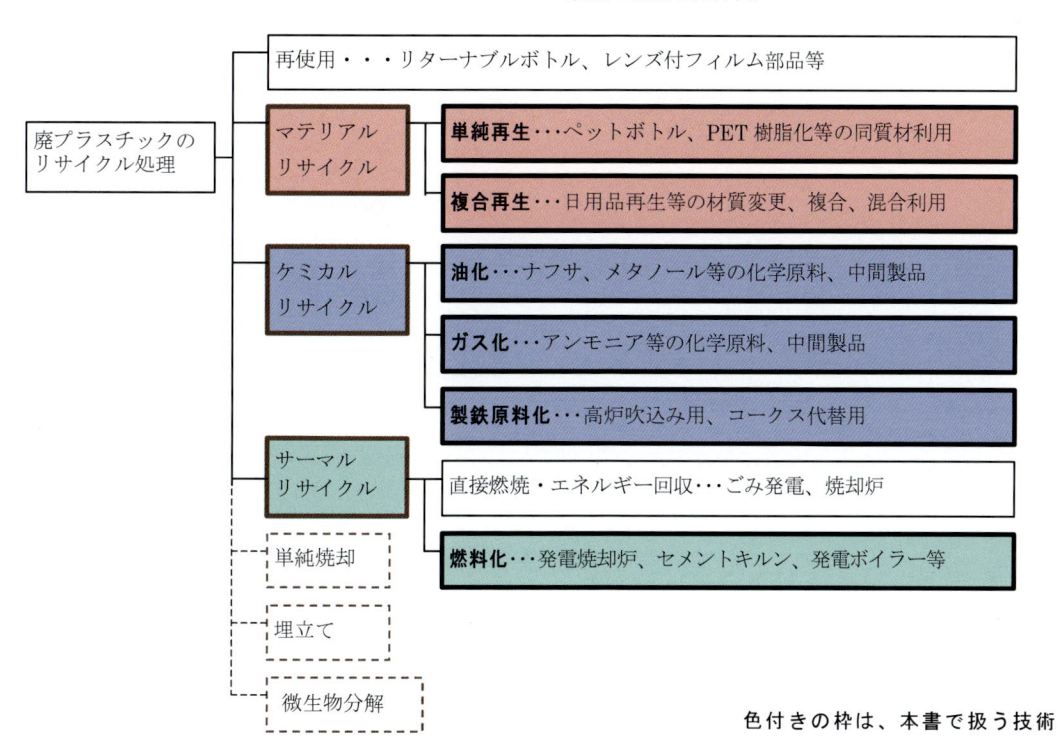

廃プラスチックのリサイクル処理
- 再使用・・・リターナブルボトル、レンズ付フィルム部品等
- マテリアルリサイクル
  - **単純再生**・・・ペットボトル、PET樹脂化等の同質材利用
  - **複合再生**・・・日用品再生等の材質変更、複合、混合利用
- ケミカルリサイクル
  - **油化**・・・ナフサ、メタノール等の化学原料、中間製品
  - **ガス化**・・・アンモニア等の化学原料、中間製品
  - **製鉄原料化**・・・高炉吹込み用、コークス代替用
- サーマルリサイクル
  - 直接燃焼・エネルギー回収・・・ごみ発電、焼却炉
  - **燃料化**・・・発電焼却炉、セメントキルン、発電ボイラー等
- 単純焼却
- 埋立て
- 微生物分解

色付きの枠は、本書で扱う技術

プラスチックリサイクル　技術の動向

増加する参入企業と特許出願

> 最近10年間ではいずれのプラスチックリサイクル技術についても、出願件数はおおむね増加傾向にある。
> 1990年から99年までほぼ一貫して出願人数と出願件数がともに増加の傾向にある。

図1.3.1-2 プラスチックリサイクル技術の技術別出願件数推移

図1.3.1-3 出願人数と出願件数の推移

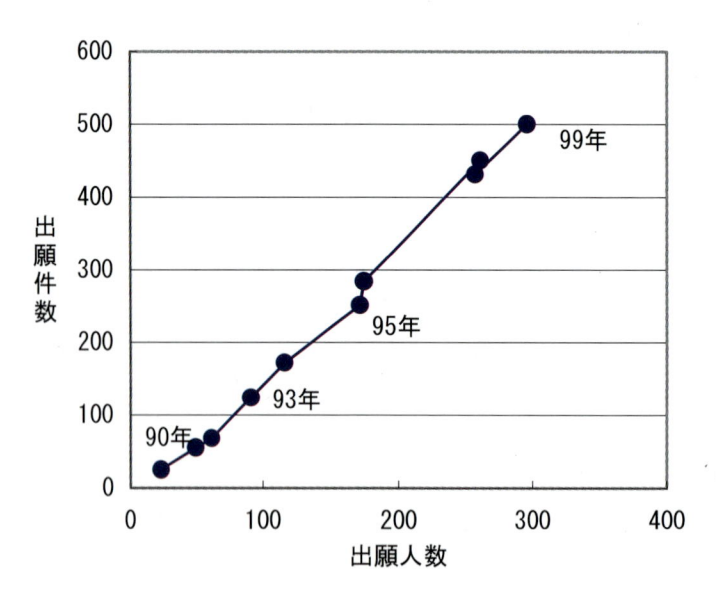

データ取得時点で特許存続中または係属中の公開特許が対象

プラスチックリサイクル
課題・解決手段対応の出願人

分離・選別は、表層剥離と混合材分離が中心的な課題

> 分離・選別における技術開発は、プラスチック複合・混合材における分離・選別の効率化課題に関するものが多い。その内訳としては表層剥離と混合材分離・異物除去に関するものが中心的である。特に表層剥離についてはバンパーのリサイクル技術が中心であるため、自動車メーカーおよび樹脂供給元である化学メーカーの特許出願がほとんどを占めている。

表1.4.1-1 分離・選別における技術開発の課題と解決手段における出願人別件数

課題	解決手段	機械的手段 比重・浮力	ろ過・篩	加工・その他	化学・熱的手段 溶融	溶解	電磁気的手段	機器分析・その他の手段
都市・産業廃棄物における分離・選別の効率化	特定プラスチックの選別	日本鋼管① 日立製作所① 2件			日本鋼管① 1件	新日本製鉄② 三井化学② 電線総合技術センター① 5件		日本鋼管② 三菱重工業① 3件
	プラスチック一般の選別	日本鋼管⑩ 日立製作所⑥ 日立テクノエンジニアリング② 東芝① 日立造船① アイン総合研究所① 21件	日本鋼管⑦ トヨタ自動車① 東芝① 9件	日立造船② 2件	日本鋼管④ 東芝② 日立造船① 7件	日立造船③ 日本鋼管② 東芝① 日立製作所① 8件	日立製作所① 電線総合技術センター① 2件	日立製作所② トヨタ自動車① ソニー① 4件
プラスチック複合・混合材における分離・選別の効率化	複合材分離（金属、ガラスなどとの）	積水化学工業④ 電線総合技術センター② 日本鋼管① 日立製作所① 本田技研工業① アインエンジニアリング① 10件	本田技研工業⑦ 7件	三菱化成③ 日本鋼管② アインエンジニアリング② アイン総合研究所① ソニー① 日立製作所① 積水化学工業① 10件	日立造船③ 日本鋼管② 松下電器産業② 三菱化成① 電線総合技術センター① 積水化学工業① 10件	ソニー⑤ 日立造船③ 三菱重工業① 新日本製鉄① 10件		日立製作所① 松下電器産業① 2件
	表層剥離（プラスチック母材）	三菱化成② 電線総合技術センター① 日立造船① 4件	本田技研工業③ 日本鋼管② 日産自動車① 三井化学① 電線総合技術センター① 8件	富士重工業⑯ 日産自動車⑩ 高瀬合成化学⑦ 三菱化成⑥ トヨタ自動車⑤ 三井化学④ アイン総合研究所③ 日立製作所② アインエンジニアリング② 三菱重工業① 日本鋼管① 57件	三菱重工業② トヨタ自動車① 三井化学① 4件	トヨタ自動車④ 本田技研工業① 松下電器産業① 6件	日産自動車① 1件	
	混合材分離・異物除去	日本鋼管⑮ 日立製作所⑩ 日立造船⑤ 日立テクノエンジニアリング⑤ 電線総合技術センター① 三菱重工業① 37件	日本鋼管⑨ 日立製作所② 11件	日本鋼管① 日立製作所① 2件	千代田化工建設④ 本田技研工業① 5件	千代田化工建設⑦ 三菱化成⑤ 松下電器産業① 日立造船① 日本鋼管① 三菱重工業① 日産自動車① 16件	日立造船⑭ 三菱重工業① 日立製作所① 16件	三井化学④ 三菱重工業③ 新日本製鉄③ トヨタ自動車② ソニー② 日立造船① 日本鋼管① 日立製作所① 日産自動車① 18件
単一プラスチック材の異物除去・高純度化		日立造船① 1件	積水化学工業① 1件	アインエンジニアリング② 三菱化成① アイン総合研究所① 積水化学工業① 5件	日立製作所① 1件	ソニー② 三井化学① 3件	ソニー① 1件	日立製作所② 2件

91年1月1日から01年9月14日公開の出願であって、データ取得時点で特許存続中または係属中のものが対象

プラスチックリサイクル / 技術開発拠点の分布

技術開発拠点は、東京都、愛知県に集中

主要企業20社の技術開発拠点を発明者の居所でみると、東京都、愛知県に多く集中しており、次いで神奈川県、大阪府、山口県が同数で多い。

図 主要出願人の技術開発拠点図

91年1月1日から01年9月14日公開の出願であって、データ取得時点で特許存続中または係属中のものが対象

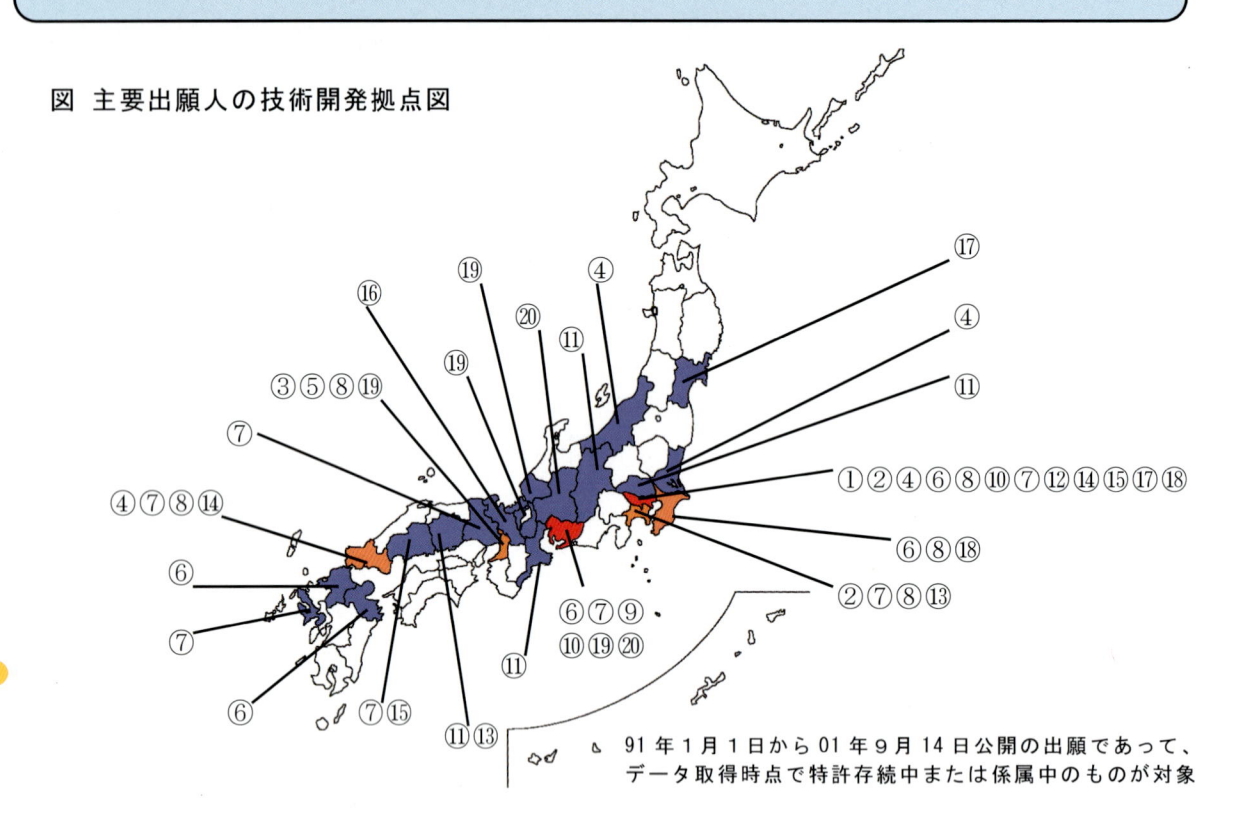

表 主要出願人の技術開発拠点一覧表

No	出願人	事業所名
①	日本鋼管	本社（東京）
②	東芝	横浜事業所（神奈川）、京浜事業所（神奈川）、研究開発センター（神奈川）、本社（東京）、生産技術研究所（神奈川）、その他事業所
③	日立造船	本社（大阪）
④	日立製作所	日立研究所（茨城）、笠戸工場（山口）、機械研究所（茨城）、本社（東京）、電力・電機開発本部（東京）、その他事業所
⑤	松下電器産業	本社（大阪）
⑥	新日本製鉄	機械・プラント事業部（福岡）、技術開発本部（千葉）、名古屋製鉄所（愛知）、君津製鉄所（千葉）、本社（東京）、大分製鉄所（大分）、その他事業所
⑦	三菱重工業	横浜製作所（神奈川）、横浜研究所（神奈川）、名古屋研究所（愛知）、長崎研究所（長崎）、本社（東京）、広島研究所（広島）、神戸造船所（兵庫）、下関造船所（山口）、その他事業所
⑧	三井化学	岩国大竹工場（山口）、市原工場（千葉）、大阪工場（大阪）、本社（東京）
⑨	トヨタ自動車	本社工場（愛知）
⑩	ソニー	本社（東京）、その他事業所（愛知）
⑪	三菱化学	四日市総合研究所（三重）、水島工場（岡山）、水島事業所（岡山）、四日市事業所（三重）、その他事業所（埼玉、長野など）
⑫	明電舎	本社（東京）
⑬	旭化成	川崎支社（神奈川）、水島支社（岡山）
⑭	宇部興産	宇部本社（山口）、東京本社（東京）
⑮	日本製鋼所	広島製作所（広島）、本社（東京）
⑯	島津製作所	三条工場（京都）、紫野工場（京都）
⑰	住友ベークライト	本社（東京）、仙台営業所（宮城）
⑱	川崎製鉄	技術研究所（千葉）、千葉製鉄所（千葉）、本社（東京）
⑲	東洋紡績	本社（大阪）、総合研究所（滋賀）、つるが工場（福井）、犬山工場（愛知）
⑳	イノアックコーポレーション	安城事業所（愛知）、桜井事業所（愛知）、船方事業所（愛知）、南濃事業所（岐阜）、本社（愛知）、その他事業所

プラスチックリサイクル　主要企業の状況

さまざまな産業分野からなる出願企業

> 電気機器、機械、化学、輸送用機器分野などの多くの企業は、90年代前半から出願が始まっているのに対し、鉄鋼分野の企業は90年代後半に出願が増加している。
> 出願件数の多い企業は、日本鋼管、東芝、日立造船、日立製作所、松下電器産業である。主要企業20社で全体の出願の約3割を占める。

表1.3.1-1 プラスチックリサイクル技術における主要出願人の出願状況

No.	出願人	産業分野	90	91	92	93	94	95	96	97	98	99	計
1	日本鋼管	鉄鋼		1				3	12	44	45	25	130
2	東芝	電気機器				3	11	5	24	18	23	16	100
3	日立造船	機械			2	10	12	6	9	19	7	20	85
4	日立製作所	電気機器			1	5	4	14	5	15	9	12	65
5	松下電器産業	電気機器			2		5	11	8	20	7	4	9	66
6	新日本製鉄	鉄鋼					4	7	13	5	6	4	11	50
7	三菱重工業	機械			2	4	4		5	16	4	7	11	53
8	三井化学	化学			2	8	4	10	15	1	1	2	43
9	トヨタ自動車	輸送用機器		1	3	4	4	4	3	6	5	6	36
10	ソニー	電気機器		1	2		3	2	6	7	5	3	29
11	三菱化学	化学			2	1	7	2	1	1	1	9	24
12	明電舎	電気機器							2	15	4	1	22
13	旭化成	化学			3	2				1	10	6	22
14	宇部興産	化学					3	4			13	1	21
15	日本製鋼所	機械			1	2			2	6	7	5	23
16	島津製作所	精密機器						1	1	13	2	1	18
17	住友ベークライト	化学	2		1	1	1	2	1	2	1	4	13
18	川崎製鉄	鉄鋼								1	5	9	15
19	東洋紡績	繊維							1		5	6	12
20	イノアックコーポレーション	ゴム製品			2	3	1					1	7

（注）本データは、データ取得時点で特許存続中または係属中のものを対象としている。
表中の産業分野は、証券取引所の定める新業種分類（33業種）に準拠したものである。東洋経済新報社の発行する会社四季報・を参考に付与した。「会社四季報・」は、東洋経済新報社の登録商標です。

図　主要企業20社の出願件数に占める割合

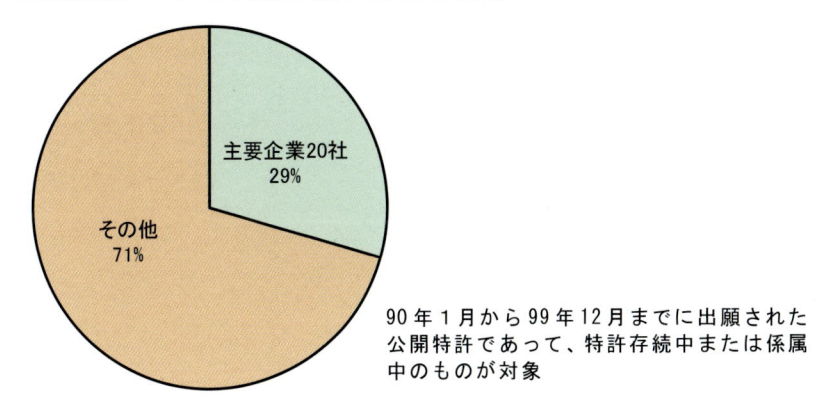

- 主要企業20社　29%
- その他　71%

90年1月から99年12月までに出願された公開特許であって、特許存続中または係属中のものが対象

プラスチックリサイクル　主要企業

日本鋼管 株式会社

出願状況	技術要素別保有特許出願の概要
日本鋼管（株）が保有する特許存続中または係属中の出願は、135件である。 　前処理とケミカルリサイクルが全体に対して占める割合が高い。 　前処理の技術要素としては分離・選別が、ケミカルリサイクルの技術要素としては製鉄原料化が最も多い。	図2.1.4-1 日本鋼管における出願比率（総計＝135件） サーマルリサイクル 7% 燃料化 7% 製鉄原料化 28% ケミカルリサイクル 31% 油化 1% ガス化 2% 単純再生 2% 複合再生 3% 分離・選別 32% 圧縮・固化・減容 6% 脱塩素処理 19% 前処理 56% マテリアルリサイクル 6% 91年1月1日から01年9月14日公開の出願

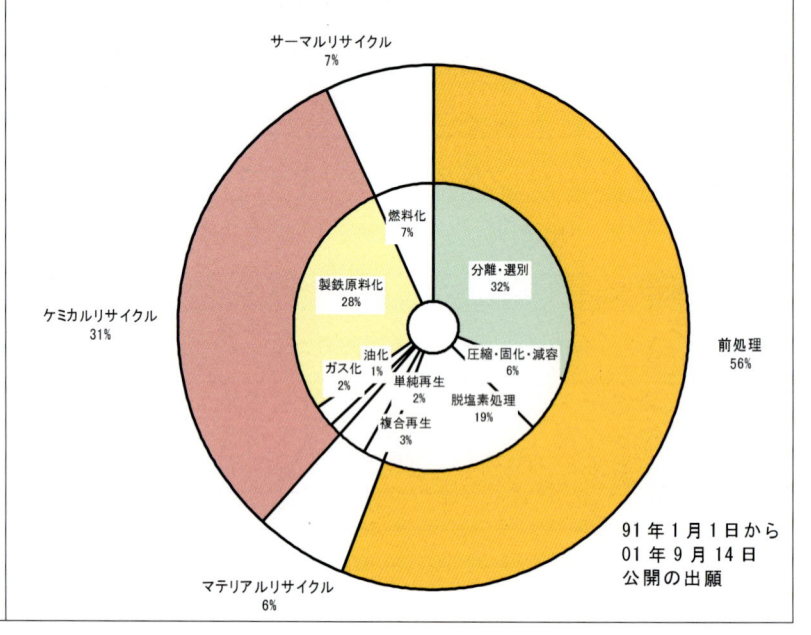

保有特許リスト例

技術要素	課題	解決手段	特許番号 出願日 特許分類（筆頭IPC）	発明の名称、概要
分離・選別	プラスチック複合材の表層剥離	機械的手段（加工・その他）	特開平 8-253620 95.3.17 C08J11/18	**プラスチック皮覆材の回収処理方法** 粘着層が付着した被覆プラスチック材を粒子含有の洗浄液に浸漬し、加温と攪拌を行ないながら洗浄して、粘着層を除去する。
製鉄原料化	塩化水素腐食・汚染防止	（コークス炉・高炉の）共通手段	特許第 3159133 号 97.6.30 B09B3/00	**含塩素高分子樹脂の塩素除去方法** 廃プラスチックから製造される製鉄原料をロータリーキルン方式で塩素除去する装置であって、内管内を被処理樹脂材用の通路とするとともに、内管と外管間の空間を加熱ガス用の通路とする。

プラスチックリサイクル　主要企業

株式会社　東芝

出願状況

（株）東芝が保有する出願のうち、特許存続中または係属中の出願は、102件である。

ケミカルリサイクルと前処理が全体に対して占める割合が高い。

ケミカルリサイクルの技術要素としては油化が、前処理の技術要素としては脱塩素処理が最も多い。

技術要素別保有特許出願の概要

図2.2.4-1 東芝における出願比率（総計＝102件）

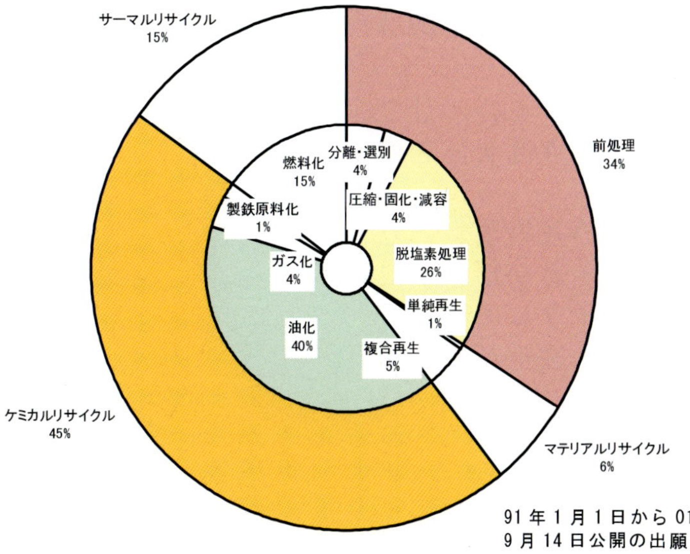

- サーマルリサイクル 15%
  - 燃料化 15%
  - 製鉄原料化 1%
  - ガス化 4%
- ケミカルリサイクル 45%
  - 油化 40%
- 前処理 34%
  - 分離・選別 4%
  - 圧縮・固化・減容 4%
  - 脱塩素処理 26%
- マテリアルリサイクル 6%
  - 単純再生 1%
  - 複合再生 5%

91年1月1日から01年9月14日公開の出願

保有特許リスト例

技術要素	課題	解決手段	特許番号　出願日　特許分類（筆頭IPC）	発明の名称、概要
脱塩素処理	耐久性向上	装置構造の改善（周辺装置）	特許第3004980号 98.12.17 C08J11/12 CEV	**廃プラスチック処理装置** 塩化ビニルに含有する可塑剤が原因で、脱塩素装置周辺の配管内壁にフタル酸が固着し、配管の閉塞を引き起こし、操業に支障をきたす。これを防止するため配管の外周部に加熱媒体を設ける。 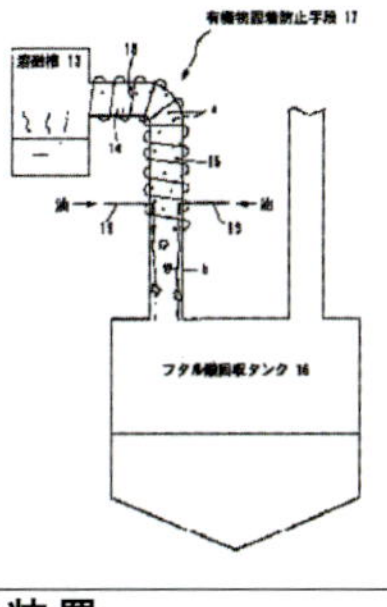
油化	生産効率向上	装置構造の改善（反応器本体）	特許第2955551号 98.3.30 C10G1/10	**廃棄プラスチック連続処理装置** 分解槽内で廃棄プラスチックを溶融する際、カーボン残渣が底部に付着して生産効率が低下するため、分解槽の下部にスクリュー羽根を配置し、これを回転駆動して残渣を除去することにより、油分と残渣を連続的に分離して回収する。 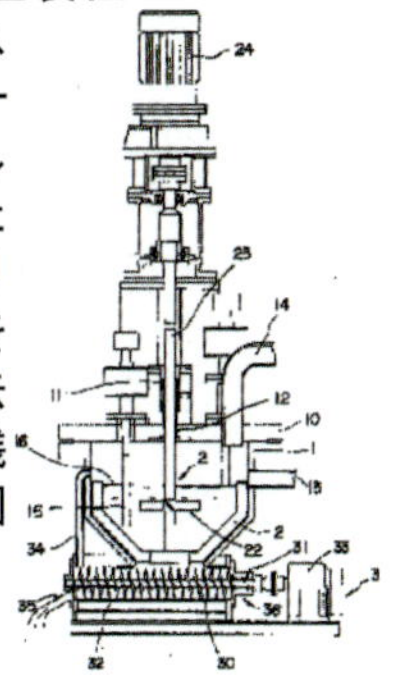

プラスチックリサイクル　主要企業

日立造船 株式会社

出願状況

日立造船（株）の保有する出願のうち、特許存続中または係属中の出願は85件である。

前処理とケミカルリサイクルで、ほぼ全体を占めている。

前処理の技術要素としては分離・選別が、ケミカルリサイクルの技術要素としては油化が最も多い。

技術要素別保有特許出願の概要

図2.3.4-1 日立造船における出願比率（総計＝85件）

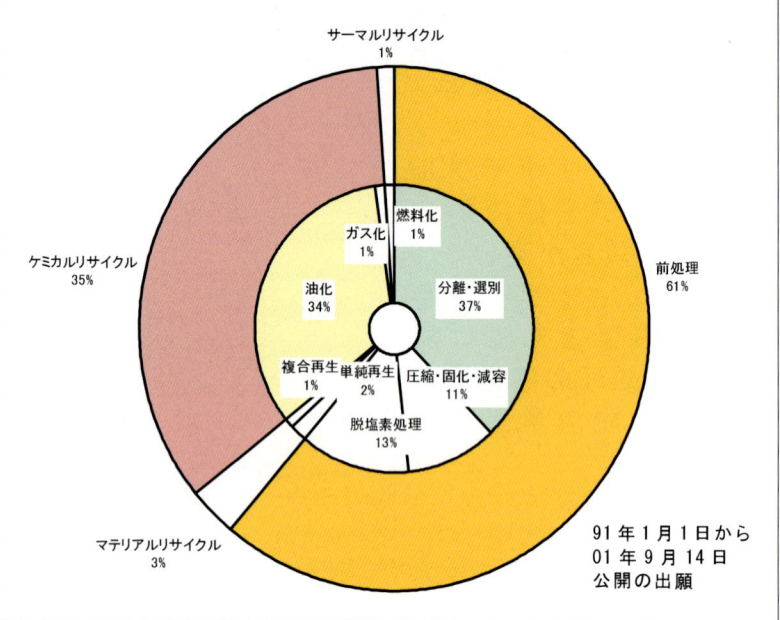

- サーマルリサイクル 1%
- ガス化 1%
- 燃料化 1%
- ケミカルリサイクル 35%
- 油化 34%
- 分離・選別 37%
- 前処理 61%
- 複合再生 1%
- 単純再生 2%
- 圧縮・固化・減容 11%
- 脱塩素処理 13%
- マテリアルリサイクル 3%

91年1月1日から01年9月14日公開の出願

保有特許リスト例

技術要素	課題	解決手段	特許番号　出願日　特許分類（筆頭IPC）	発明の名称、概要
分離・選別	産業廃棄物中の高分子化合物一般の分離・選別	化学・熱的手段（溶解）	特許第2604312号　93.7.29　C10G1/10 ZAB	**プラスチックの熱分解装置における異物、残渣の除去方法**　熱分解反応器1において、垂直回転軸7内に配置された外周ノズル型噴流ポンプ10によって、廃プラスチックに含まれる異物、残渣を吸引する。外周ノズル噴流ポンプ10の上端吐出口は導管11を介して、異物、残渣回収タンク2に接続されている。
油化	操業トラブル防止	操業プロセス条件の改善（単純熱分解（乾留））	特許第2622932号　93.8.3　C10G1/10 ZAB	**廃プラスチック融解液からの油蒸気の液化方法**　熱分解反応器の底部に蓄積した異物を、操業停止することなく吸引除去して、熱分解効率を向上させる。異物と一緒に吸引した廃プラスチック融解液は系内に戻し歩留りを改善する。

プラスチックリサイクル　主要企業

株式会社　日立製作所

出願状況

　（株）日立製作所の保有する出願のうち、特許存続中または係属中の出願は、72件である。
　前処理とケミカルリサイクルが、全体に対して占める割合が高い。
　前処理の技術要素としては分離・選別が、ケミカルリサイクルの技術要素としては油化が最も多い。

技術要素別保有特許出願の概要

図2.4.4-1 日立製作所における出願比率（総計＝72件）

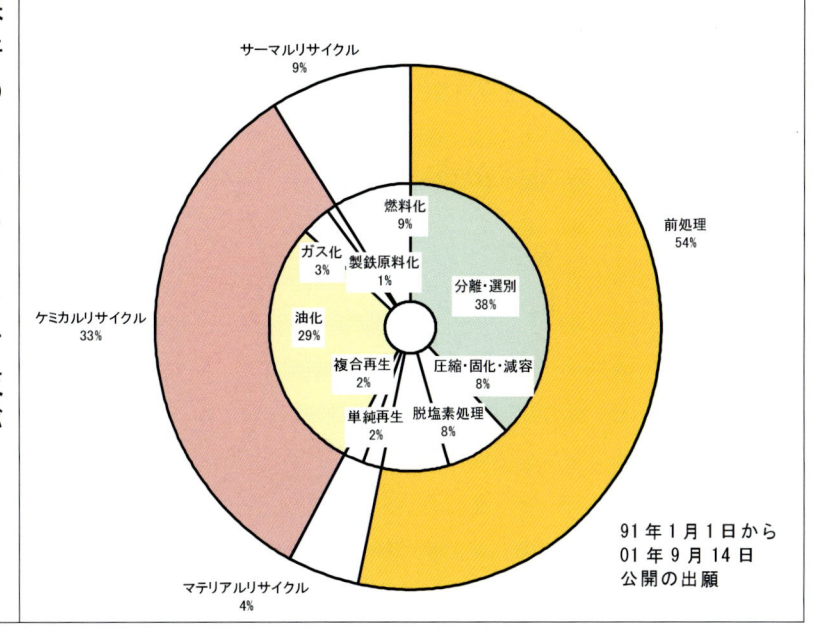

- サーマルリサイクル 9%
- 燃料化 9%
- ガス化 3%
- 製鉄原料化 1%
- ケミカルリサイクル 33%
- 油化 29%
- 複合再生 2%
- 単純再生 2%
- 前処理 54%
- 分離・選別 38%
- 圧縮・固化・減容 8%
- 脱塩素処理 8%
- マテリアルリサイクル 4%

91年1月1日から01年9月14日公開の出願

保有特許リスト例

技術要素	課題	解決手段	特許番号 / 出願日 / 特許分類（筆頭IPC）	発明の名称、概要
分離・選別	都市ごみ中のプラスチックの分離・選別	機械的手段（比重・浮力）	特許第2785759号 93.5.27 B29B17/02 ZAB	**発泡断熱材の発泡ガスの回収方法および装置** 廃棄冷蔵庫などを破砕後、風力分別機で発泡断熱材とそれ以外の廃棄物に分別し、さらに前記発泡断熱材を樹脂と発泡ガスに分離して、それぞれ回収する。
油化	生産効率向上	操業プロセス条件の改善（単純熱分解（乾留））	特許第2979876号 93.1.29 B09B5/00 ZAB	**廃棄物の処理方法** 廃家電品をまるごとロータリーキルン炉で乾留熱分解する処理方法であって、ガス化したプラスチック類は、油化装置で燃料油として回収し、炭化したプラスチック類は、金属類を分別除去した後に、固体燃料として回収する。

プラスチックリサイクル — 主要企業

松下電器産業 株式会社

出願状況

松下電器産業（株）の保有する出願のうち、特許存続中または係属中の出願は、67件である。

九割近くを前処理が占めている。

前処理の技術要素としては、圧縮・固化・減容が最も多い。

技術要素別保有特許出願の概要

図 2.5.4-1 松下電器産業における出願比率（総計＝67件）

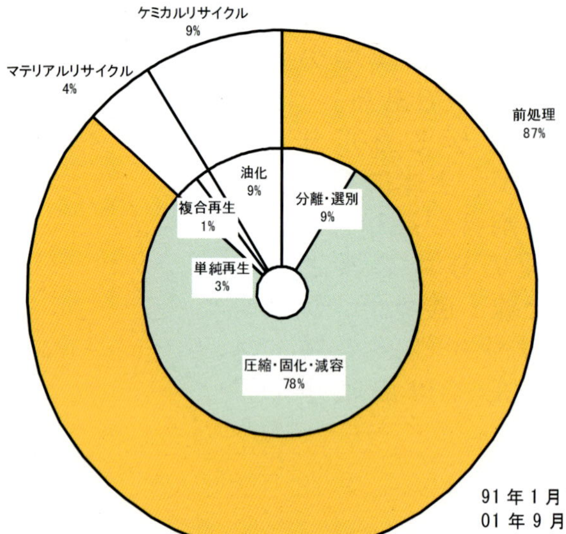

- ケミカルリサイクル 9%
- マテリアルリサイクル 4%
- 油化 9%
- 複合再生 1%
- 分離・選別 9%
- 単純再生 3%
- 圧縮・固化・減容 78%
- 前処理 87%

91年1月1日から01年9月14日公開の出願

保有特許リスト例

技術要素	課題	解決手段	特許番号／出願日／特許分類（筆頭IPC）	発明の名称、概要
圧縮・固化・減容	発泡プラスチックの圧縮・固化・減容	固形化手段（固化）	特許第3063249号 91.7.23 B09B3/00	**ごみ処理装置** ごみ処理装置内において、熱風を所定の経路で循環させて、発泡プラスチック廃棄物などの熱変形しやすいごみを高速減容・固化させる。 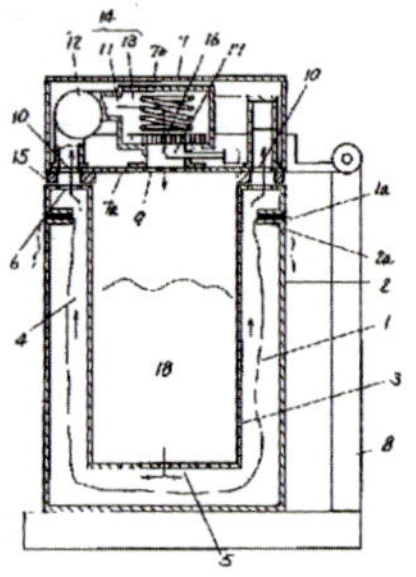
圧縮・固化・減容	プラスチック一般の圧縮・固化・減容	減容手段（破砕・圧縮）	特許第2836472号 94.2.16 B29B17/00	**プラスチックごみ処理装置** 容積可変手段と、この動作による圧縮圧を検知する検知部を備え、検知部が検知した圧縮圧が所定時間を経過した後も所定値以上に達しない場合は、一旦大気圧まで減圧した後再度加圧する。 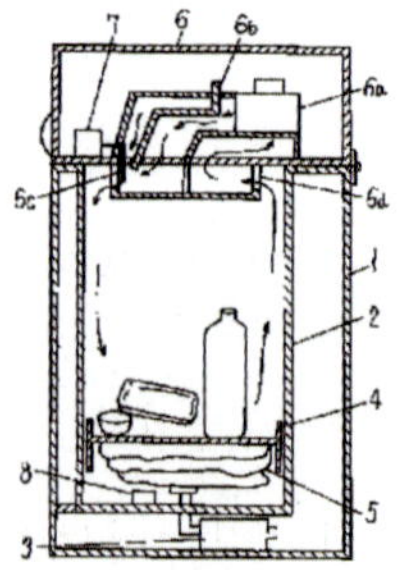

目次

プラスチックリサイクル

1. プラスチックリサイクル技術の概要
   1.1 プラスチックリサイクル技術 3
       1.1.1 プラスチックの生産量および廃棄物処理量の現状 3
       1.1.2 廃プラスチックのリサイクル技術 4
       1.1.3 廃プラスチックの前処理技術 6
       1.1.4 廃プラスチックの中間処理技術 7
           (1) マテリアルリサイクル 7
           (2) ケミカルリサイクル 8
           (3) サーマルリサイクル 12
       1.1.5 プラスチックリサイクルに関連する法規など 13
   1.2 プラスチックリサイクル技術の特許情報へのアクセス ... 14
       1.2.1 プラスチックリサイクル技術へのアクセスツール ... 14
       1.2.2 プラスチックリサイクル技術に関連した情報への
             アクセスツール 14
   1.3 プラスチックリサイクル技術開発活動の状況 15
       1.3.1 プラスチックリサイクル技術 15
       1.3.2 前処理技術 17
           (1) 分離・選別 17
           (2) 圧縮・固化・減容 18
           (3) 脱塩素処理 19
       1.3.3 マテリアルリサイクル 20
           (1) 単純再生（同質材への再利用） 20
           (2) 複合再生（材質変更・複合・混合による再利用） ... 21
       1.3.4 ケミカルリサイクル 22
           (1) 油化 22
           (2) ガス化 23
           (3) 製鉄原料化 24
       1.3.5 サーマルリサイクル（燃料化） 25
   1.4 技術開発の課題と解決手段 26
       1.4.1 前処理技術 26
           (1) 分離・選別 26
           (2) 圧縮・固化・減容 29
           (3) 脱塩素処理 30

目次

　　1.4.2 マテリアルリサイクル 32
　　　（1）単純再生（同質材への再利用）.................... 32
　　　（2）複合再生（材質変更・複合・混合による再利用）... 34
　　1.4.3 ケミカルリサイクル 36
　　　（1）油化 36
　　　（2）ガス化 39
　　　（3）製鉄原料化 41
　　1.4.4 サーマルリサイクル（燃料化）........................ 42

2．主要企業等の特許活動
　2.1 日本鋼管 48
　　2.1.1 企業の概要 48
　　2.1.2 技術移転事例 48
　　2.1.3 プラスチックリサイクル技術に関する製品・技術 ... 49
　　2.1.4 技術開発課題対応保有特許の概要 50
　　2.1.5 技術開発拠点 57
　　2.1.6 研究開発者 58
　2.2 東芝 59
　　2.2.1 企業の概要 59
　　2.2.2 技術移転事例 59
　　2.2.3 プラスチックリサイクル技術に関する製品・技術 ... 60
　　2.2.4 技術開発課題対応保有特許の概要 60
　　2.2.5 技術開発拠点 65
　　2.2.6 研究開発者 65
　2.3 日立造船 66
　　2.3.1 企業の概要 66
　　2.3.2 技術移転事例 66
　　2.3.3 プラスチックリサイクル技術に関する製品・技術 ... 66
　　2.3.4 技術開発課題対応保有特許の概要 67
　　2.3.5 技術開発拠点 70
　　2.3.6 研究開発者 71
　2.4 日立製作所 72
　　2.4.1 企業の概要 72
　　2.4.2 技術移転事例 72
　　2.4.3 プラスチックリサイクル技術に関する製品・技術 ... 72
　　2.4.4 技術開発課題対応保有特許の概要 74

目次

Contents

- 2.4.5 技術開発拠点 77
- 2.4.6 研究開発者 78
- 2.5 松下電器産業 79
  - 2.5.1 企業の概要 79
  - 2.5.2 技術移転事例 79
  - 2.5.3 プラスチックリサイクル技術に関する製品・技術 ... 79
  - 2.5.4 技術開発課題対応保有特許の概要 80
  - 2.5.5 技術開発拠点 82
  - 2.5.6 研究開発者 83
- 2.6 新日本製鐵 84
  - 2.6.1 企業の概要 84
  - 2.6.2 技術移転事例 84
  - 2.6.3 プラスチックリサイクル技術に関する製品・技術 ... 85
  - 2.6.4 技術開発課題対応保有特許の概要 85
  - 2.6.5 技術開発拠点 89
  - 2.6.6 研究開発者 89
- 2.7 三菱重工業 90
  - 2.7.1 企業の概要 90
  - 2.7.2 技術移転事例 90
  - 2.7.3 プラスチックリサイクル技術に関する製品・技術 ... 90
  - 2.7.4 技術開発課題対応保有特許の概要 91
  - 2.7.5 技術開発拠点 94
  - 2.7.6 研究開発者 95
- 2.8 三井化学 96
  - 2.8.1 企業の概要 96
  - 2.8.2 技術移転事例 96
  - 2.8.3 プラスチックリサイクル技術に関する製品・技術 ... 96
  - 2.8.4 技術開発課題対応保有特許の概要 97
  - 2.8.5 技術開発拠点 99
  - 2.8.6 研究開発者 99
- 2.9 トヨタ自動車 100
  - 2.9.1 企業の概要 100
  - 2.9.2 技術移転事例 100
  - 2.9.3 プラスチックリサイクル技術に関する製品・技術 ... 100
  - 2.9.4 技術開発課題対応保有特許の概要 101
  - 2.9.5 技術開発拠点 103

目 次

- 2.9.6 研究開発者 104
- 2.10 ソニー 105
  - 2.10.1 企業の概要 105
  - 2.10.2 技術移転事例 105
  - 2.10.3 プラスチックリサイクル技術に関する製品・技術 . 105
  - 2.10.4 技術開発課題対応保有特許の概要 106
  - 2.10.5 技術開発拠点 108
  - 2.10.6 研究開発者 109
- 2.11 三菱化学 110
  - 2.11.1 企業の概要 110
  - 2.11.2 技術移転事例 110
  - 2.11.3 プラスチックリサイクル技術に関する製品・技術 . 110
  - 2.11.4 技術開発課題対応保有特許の概要 111
  - 2.11.5 技術開発拠点 113
  - 2.11.6 研究開発者 113
- 2.12 明電舎 114
  - 2.12.1 企業の概要 114
  - 2.12.2 技術移転事例 114
  - 2.12.3 プラスチックリサイクル技術に関する製品・技術 . 114
  - 2.12.4 技術開発課題対応保有特許の概要 115
  - 2.12.5 技術開発拠点 116
  - 2.12.6 研究開発者 117
- 2.13 旭化成 118
  - 2.13.1 企業の概要 118
  - 2.13.2 技術移転事例 118
  - 2.13.3 プラスチックリサイクル技術に関する製品・技術 . 118
  - 2.13.4 技術開発課題対応保有特許の概要 119
  - 2.13.5 技術開発拠点 121
  - 2.13.6 研究開発者 121
- 2.14 宇部興産 122
  - 2.14.1 企業の概要 122
  - 2.14.2 技術移転事例 122
  - 2.14.3 プラスチックリサイクル技術に関する製品・技術 . 122
  - 2.14.4 技術開発課題対応保有特許の概要 123
  - 2.14.5 技術開発拠点 125
  - 2.14.6 研究開発者 125

目次

- 2.15 日本製鋼所 126
  - 2.15.1 企業の概要 126
  - 2.15.2 技術移転事例 126
  - 2.15.3 プラスチックリサイクル技術に関する製品・技術 . 127
  - 2.15.4 技術開発課題対応保有特許の概要 127
  - 2.15.5 技術開発拠点 129
  - 2.15.6 研究開発者 129
- 2.16 島津製作所 130
  - 2.16.1 企業の概要 130
  - 2.16.2 技術移転事例 130
  - 2.16.3 プラスチックリサイクル技術に関する製品・技術 . 130
  - 2.16.4 技術開発課題対応保有特許の概要 131
  - 2.16.5 技術開発拠点 132
  - 2.16.6 研究開発者 132
- 2.17 住友ベークライト 133
  - 2.17.1 企業の概要 133
  - 2.17.2 技術移転事例 133
  - 2.17.3 プラスチックリサイクル技術に関する製品・技術 . 133
  - 2.17.4 技術開発課題対応保有特許の概要 134
  - 2.17.5 技術開発拠点 135
  - 2.17.6 研究開発者 135
- 2.18 川崎製鉄 136
  - 2.18.1 企業の概要 136
  - 2.18.2 技術移転事例 136
  - 2.18.3 プラスチックリサイクル技術に関する製品・技術 . 136
  - 2.18.4 技術開発課題対応保有特許の概要 137
  - 2.18.5 技術開発拠点 138
  - 2.18.6 研究開発者 139
- 2.19 東洋紡績 140
  - 2.19.1 企業の概要 140
  - 2.19.2 技術移転事例 140
  - 2.19.3 プラスチックリサイクル技術に関する製品・技術 . 140
  - 2.19.4 技術開発課題対応保有特許の概要 141
  - 2.19.5 技術開発拠点 142
  - 2.19.6 研究開発者 142

目次

2.20 イノアックコーポレーション 143
 2.20.1 企業の概要 143
 2.20.2 技術移転事例 143
 2.20.3 プラスチックリサイクル技術に関する製品・技術 . 143
 2.20.4 技術開発課題対応保有特許の概要 144
 2.20.5 技術開発拠点 145
 2.20.6 研究開発者 145

3. 主要企業の技術開発拠点
3.1 前処理技術 150
 3.1.1 分離・選別 150
 3.1.2 圧縮・固化・減容 151
 3.1.3 脱塩素処理 152
3.2 マテリアルリサイクル 153
 3.2.1 単純再生（同質材への再利用 153
 3.2.2 複合再生（材質変更・複合・混合による再利用）.. 154
3.3 ケミカルリサイクル 155
 3.3.1 油化 155
 3.3.2 ガス化 156
 3.3.3 製鉄原料化 157
3.4 サーマルリサイクル（燃料化）..................... 158

資料
1. 工業所有権総合情報館と特許流通促進事業 161
2. 特許流通アドバイザー一覧 164
3. 特許電子図書館情報検索指導アドバイザー一覧 167
4. 知的所有権センター一覧 169
5. 平成13年度25テーマの特許流通の概要 171
6. 特許番号一覧 187

1．プラスチックリサイクル技術の概要

1.1 プラスチックリサイクル技術
1.2 プラスチックリサイクル技術の特許情報へのアクセス
1.3 プラスチックリサイクル技術開発活動の状況
1.4 技術開発の課題と解決手段

> 特許流通
> 支援チャート

1. プラスチックリサイクル技術の概要

社会全体が環境問題に注目し、さまざまな取り組みを始めている中で、プラスチックリサイクルの技術開発・事業化が、急速に進もうとしている。

1.1 プラスチックリサイクル技術

　プラスチックは日常生活のあらゆる分野において製品材料として使用されており、今やなくてはならない存在となっている。プラスチックの使用量は年々増加の一途をたどり、それに伴って廃棄されるプラスチックの量もまた膨大なものとなり、プラスチックの処理問題が大きな社会問題となるに及んでいる。近年、循環型経済社会を形成する取り組みがさまざまな分野で行なわれ始め、プラスチックについてもリサイクルする必要性が高まっている。法律の整備とあいまって、技術開発、事業化などが活発化している。

1.1.1 プラスチックの生産量および廃棄物処理量の現状

　図 1.1.1-1 に国内におけるプラスチックの生産量および廃棄物発生量を示す。1999 年においてプラスチック材料の生産量は 1,457 万トンであり、国内で 1,081 万トン消費された後、廃棄物が 976 万トン発生した。廃棄物の内訳は一般廃棄物が 486 万トン、産業廃棄物が 490 万トンである。廃棄物のうち、452 万トン（46％）は有効利用されており、134 万トン（約 14％）がマテリアルリサイクルとして再生利用され、169 万トン（約 17％）はごみ発電としてサーマルリサイクルに供された。その他、温室・温水プールなどの熱源や油化・高炉原料などのケミカルリサイクルとして、149 万トン（約 15％）が利用された。残りの 206 万トン（約 21％）が単純焼却、318 万トン（約 33％）が埋め立てられた。

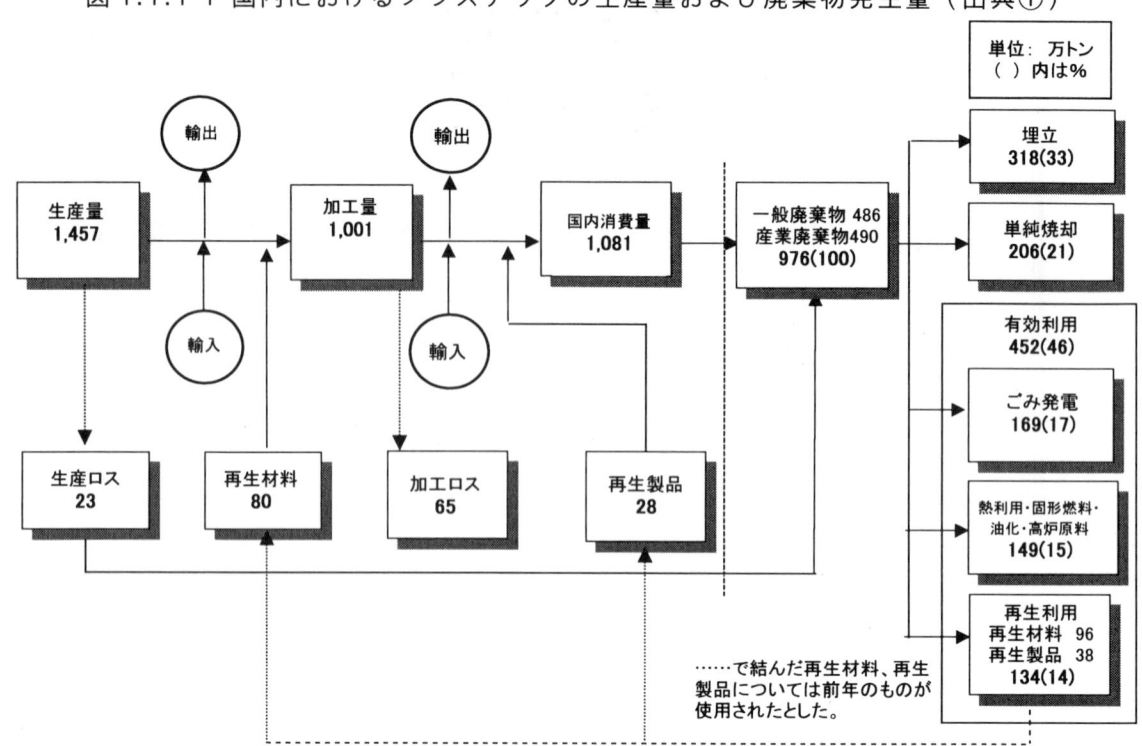

図 1.1.1-1 国内におけるプラスチックの生産量および廃棄物発生量（出典①）

[図：国内におけるプラスチックの生産量および廃棄物発生量のフロー図]

単位：万トン
（ ）内は%

- 生産量 1,457
- 加工量 1,001
- 国内消費量 1,081
- 一般廃棄物 486
- 産業廃棄物 490
- 976(100)
- 生産ロス 23
- 再生材料 80
- 加工ロス 65
- 再生製品 28
- 埋立 318(33)
- 単純焼却 206(21)
- 有効利用 452(46)
- ごみ発電 169(17)
- 熱利用・固形燃料・油化・高炉原料 149(15)
- 再生利用 再生材料 96 再生製品 38 134(14)

……で結んだ再生材料、再生製品については前年のものが使用されたとした。

1.1.2 廃プラスチックのリサイクル技術

　廃プラスチックの処理技術を、処理フロー中に示したものが図1.1.2-1である。廃プラスチックはまず、家庭や都市から排出される一般廃棄物、および工場などから排出される産業廃棄物として収集された後、処理のために移送される。処理はまず前処理といわれる分離・選別、圧縮・固化・減容、あるいは必要に応じて脱塩素がされた後、リサイクル処理される。リサイクル処理は前述したようにマテリアルリサイクル、ケミカルリサイクル、およびサーマルリサイクルのいずれかの処理工程を経て行なわれる。このうち、マテリアルリサイクルやケミカルリサイクルは再びプラスチックとして利用される場合が多いが、サーマルリサイクルは燃料などのプラスチック以外のものに変えられるので、プラスチックとして再利用されることはない。リサイクル処理されないものは、単純焼却、埋め立て、および微生物分解などの処理がされる。図中、太枠で示した部分は、本書がプラスチックリサイクル技術として取り扱い、分析する範囲である。

図 1.1.2-1 廃プラスチック処理フローにおけるリサイクル処理技術

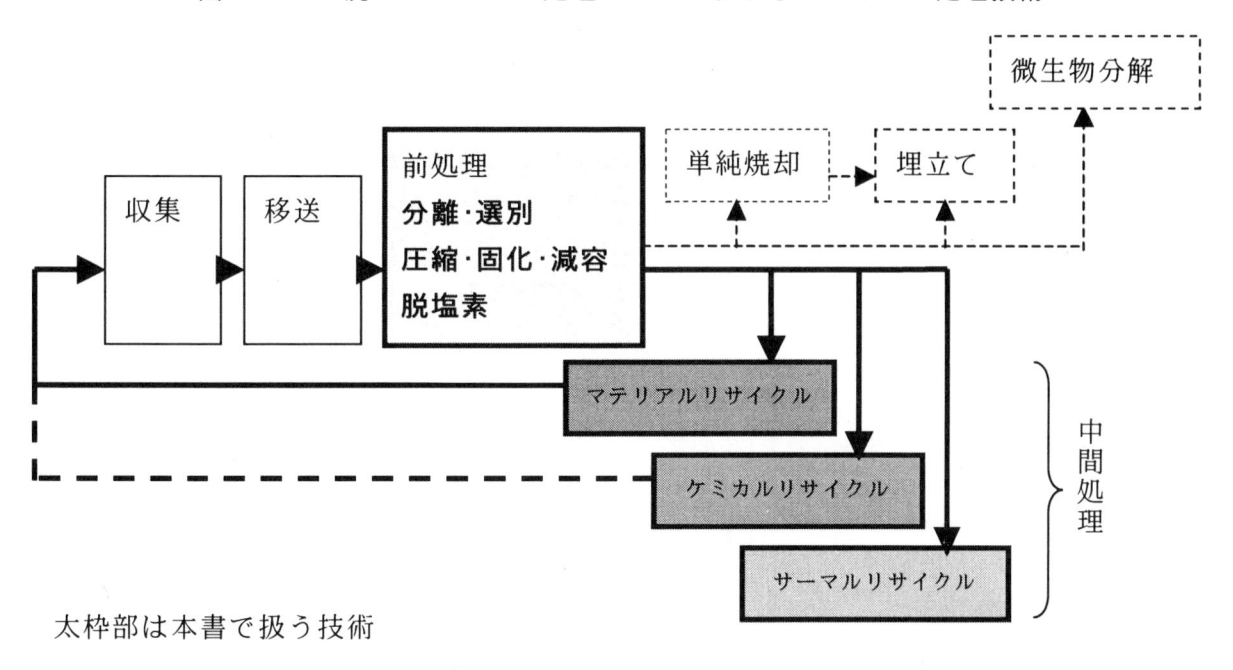

太枠部は本書で扱う技術

　図1.1.2-2にプラスチックのリサイクル処理体系と利用事例を示した。本書で取り上げる範囲を太枠で示した。サーマルリサイクルのうち、直接燃焼はエネルギーなどとして回収され広義のリサイクルにはあたるものの、CO_2発生による地球温暖化問題などもあり政府の指針においてリサイクル処理のなかでは優先度がやや低いため、本書の対象範囲には含めない。また、再使用（リユース）についてもメーカー毎の製品固有の閉鎖的リサイクルであることが多く、本書の対象範囲には含めない。

図 1.1.2-2 プラスチックリサイクル処理の体系と利用事例

〈利用の種類と具体例〉

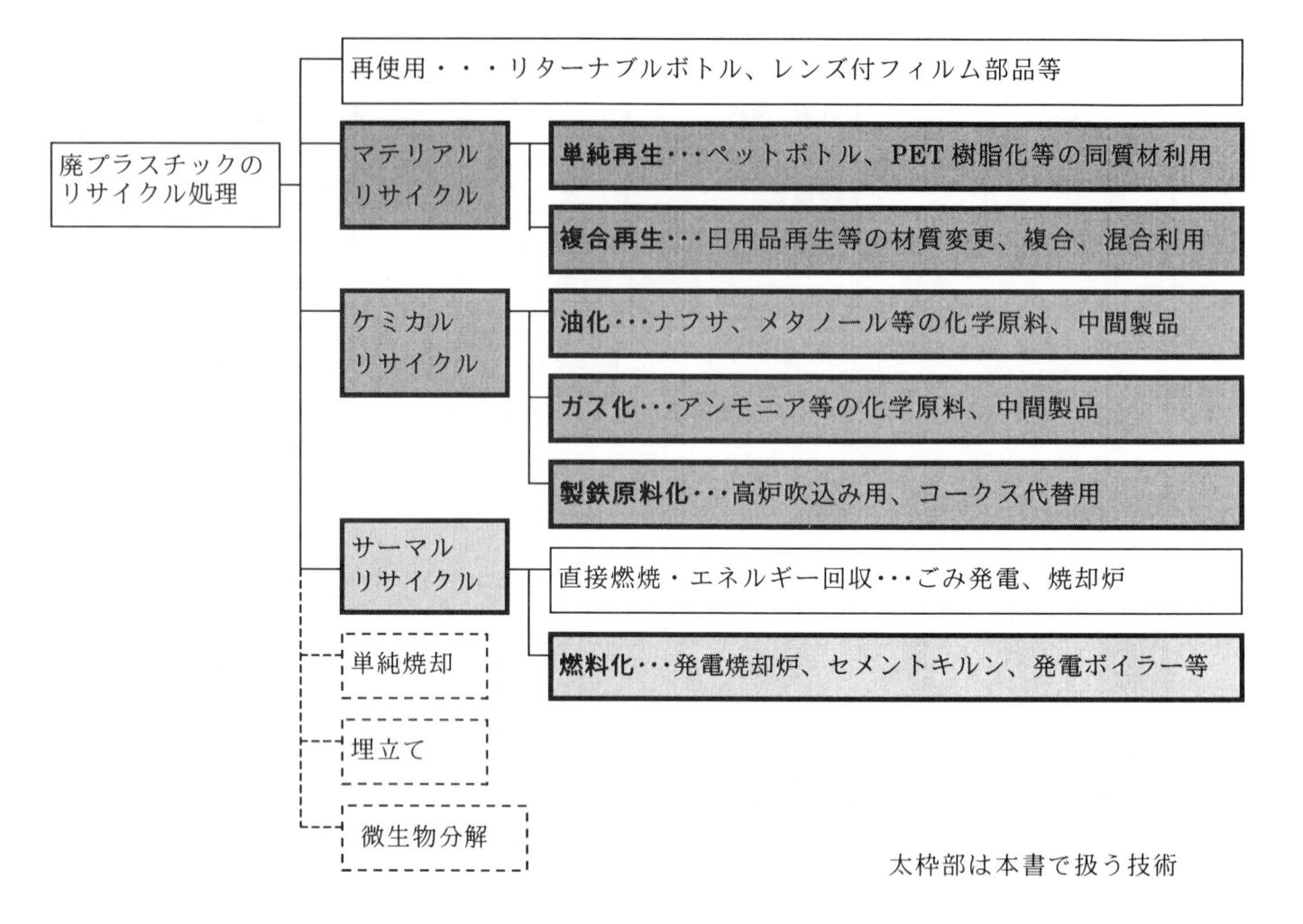

```
廃プラスチックの ─┬─ 再使用・・・リターナブルボトル、レンズ付フィルム部品等
リサイクル処理    │
                  ├─ マテリアル ─┬─ **単純再生・・・ペットボトル、PET樹脂化等の同質材利用**
                  │  リサイクル  │
                  │              └─ **複合再生・・・日用品再生等の材質変更、複合、混合利用**
                  │
                  ├─ ケミカル ───┬─ **油化・・・ナフサ、メタノール等の化学原料、中間製品**
                  │  リサイクル  │
                  │              ├─ **ガス化・・・アンモニア等の化学原料、中間製品**
                  │              │
                  │              └─ **製鉄原料化・・・高炉吹込み用、コークス代替用**
                  │
                  ├─ サーマル ───┬─ 直接燃焼・エネルギー回収・・・ごみ発電、焼却炉
                  │  リサイクル  │
                  │              └─ **燃料化・・・発電焼却炉、セメントキルン、発電ボイラー等**
                  │
                  ├┄ 単純焼却
                  ├┄ 埋立て
                  └┄ 微生物分解
```

太枠部は本書で扱う技術

1.1.3 廃プラスチックの前処理技術

　プラスチックは単体で大量に排出されるならば、リサイクルは比較的容易であるが、一旦市場に出て、汚染・混合されたプラスチックのリサイクルは難しい。都市ごみや異なるグレードの混合品からプラスチックを分離・選別することは共通基幹技術として重要である（図 1.1.3-1）。また、嵩高なプラスチック製品の収集・運搬コストを削減したり、油化などの中間処理を円滑に行なうためには、あらかじめ圧縮・固化・減容などを行なうことが有効である。油化や製鉄原料化あるいは単純焼却の場合、プラスチック中の塩素が問題となることがある。特に塩化ビニルが混入した廃プラスチックの場合に、前記処理中に塩素ガスが発生してプロセスの寿命を短くしたり、ダイオキシンを発生するなどの原因となる。このため、事前処理として脱塩素処理が必要となる場合がある。

　以上述べたとおり、廃プラスチックの前処理技術としては、分離・選別、圧縮・固化・減容、脱塩素処理の3要素が重要である。

図 1.1.3-1 プラスチックの分離・選別技術

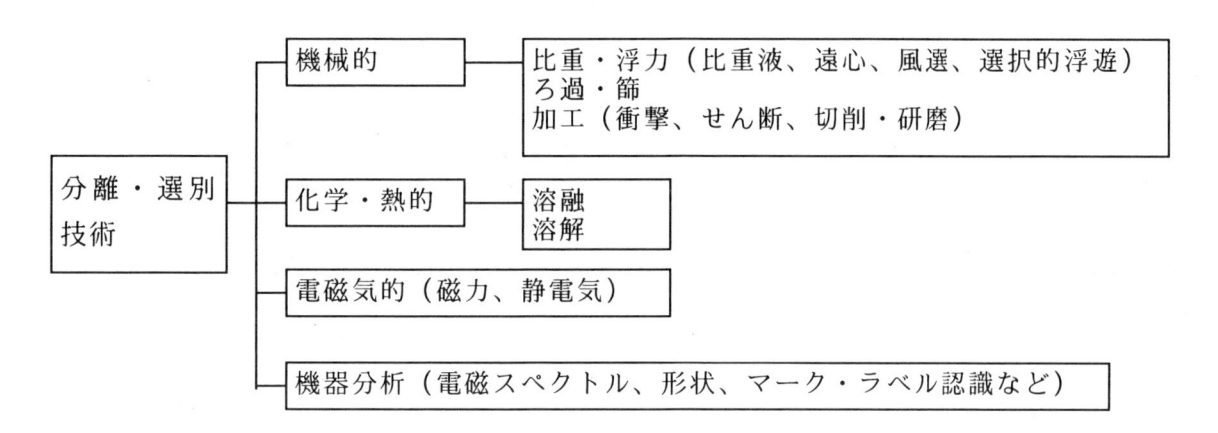

```
                  ┌─ 機械的 ──── 比重・浮力（比重液、遠心、風選、選択的浮遊）
                  │              ろ過・篩
                  │              加工（衝撃、せん断、切削・研磨）
分離・選別技術 ──┼─ 化学・熱的 ── 溶融
                  │                溶解
                  ├─ 電磁気的（磁力、静電気）
                  └─ 機器分析（電磁スペクトル、形状、マーク・ラベル認識など）
```

1.1.4 廃プラスチックの中間処理技術
(1) マテリアルリサイクル

プラスチックを再度プラスチックとして利用できることは、資源・エネルギー的にみて有利である。廃プラスチックからプラスチック製品への変換は、通常の成形加工機械（技術）によって行なわれるが、避けられない微量の異物混入や熱劣化のため再度、元と同じ製品になることは少なく、大部分は順次ダウングレードした製品に再生（カスケード的再生）利用される。

廃プラスチックを一旦原料としてペレットに加工し元の同じ材質の原料や同じ製品とするものを単純再生、材質を変更、複合または混合したりして直接成形品またはシートなどに加工するものを複合再生と称することがある。

プラスチックの再生加工技術は、日本で開発されたものであり、1960年代後半に誕生し、現在ではメーカーも数百社にのぼっている。図1.1.4-1には、プラスチックの再生工程を示す。発泡ポリスチレンは断熱性にも優れ、水産物などの輸送に多用されており、市場で回収され、破砕・洗浄後、溶融・固化して原料化される。その他のプラスチックは、異物の混入が多いので、異物の分離・選別など前処理が重要である。

図1.1.4-1 プラスチックのマテリアルリサイクル工程例（出典②）

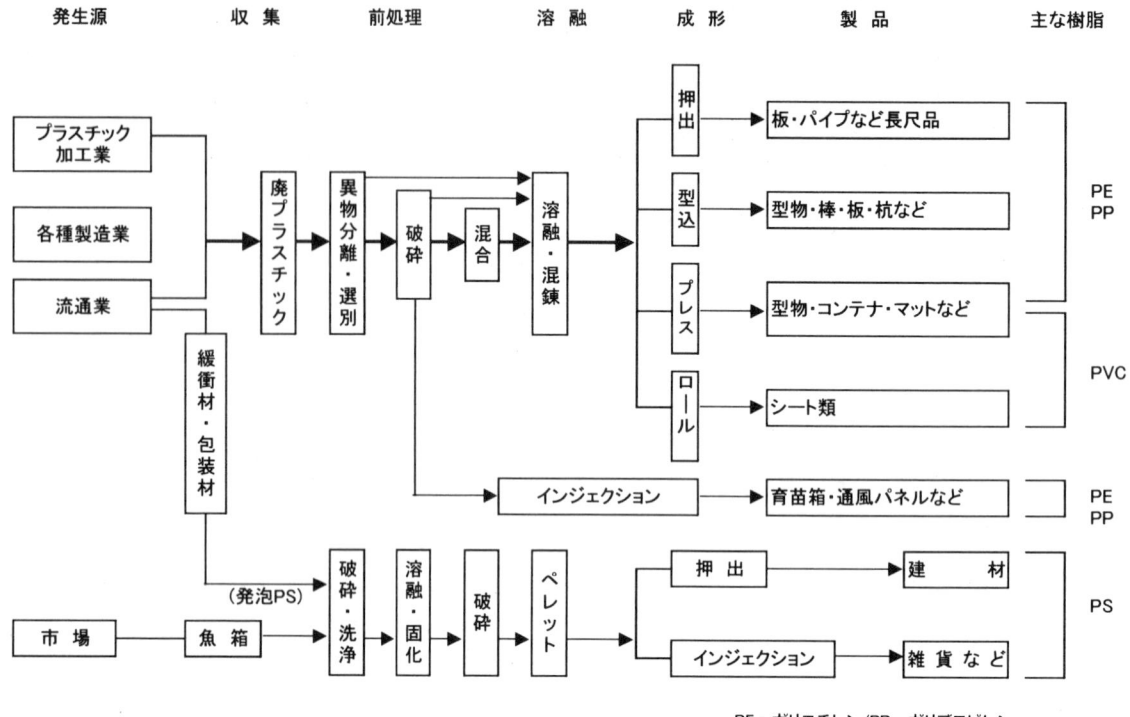

PE＝ポリエチレン／PP＝ポリプロピレン
PVC＝ポリ塩化ビニル／PS＝ポリスチレン

（2）ケミカルリサイクル

　ケミカルリサイクルとは、熱・触媒などの化学的手段を用いてプラスチックを再資源化する技術である。ケミカルリサイクルは、一般的に熱による分解（熱分解）と、触媒や溶媒による化学分解（解重合）に大別される。従来、ほとんど石油化学分野の技術として取り扱われてきたが、最近では製鉄分野においても、廃プラスチックの油化、ガス化などによる化学原料化や還元材としての機能を期待して、高炉羽口からの吹き込みや、コークス炉への投入が実用化されている。

a．油化

プラスチックは、熱・触媒によって再び石油原料やモノマーなどの化学原料に転換が可能である。

図 1.1.4-2 に廃プラスチックの油化フロー例を示す。事業化例としては新潟プラスチック油化センターが 1994 年4月から商業運転している。収集される不燃ごみ(びん・缶・プラスチック)は、年間約 33,000 トンに達する。このうち 20％程度(約 6,000 トン)がプラスチックごみとして分別収集され、ここに持ち込まれる。プラントでは、まず金属、ガラスなど異物を除去する。鉄・アルミは各々磁気式、渦電流式選別機で除去される。300℃で塩素分を熱分解除去する。更に約 400℃でプラスチックを熱分解して炭化水素油を得るもので、油の品質向上のために改質触媒工程が組み合わされている。塩化ビニルの混入も配慮した「新潟プラスチック油化センター」では、搬入された廃プラスチックのうち 75％が油化原料となる。油化処理により、A重油相当油が 35％、軽質油 20％（自家燃料）、ガス 16％、油化残渣 25％、塩酸 4％が生成する。

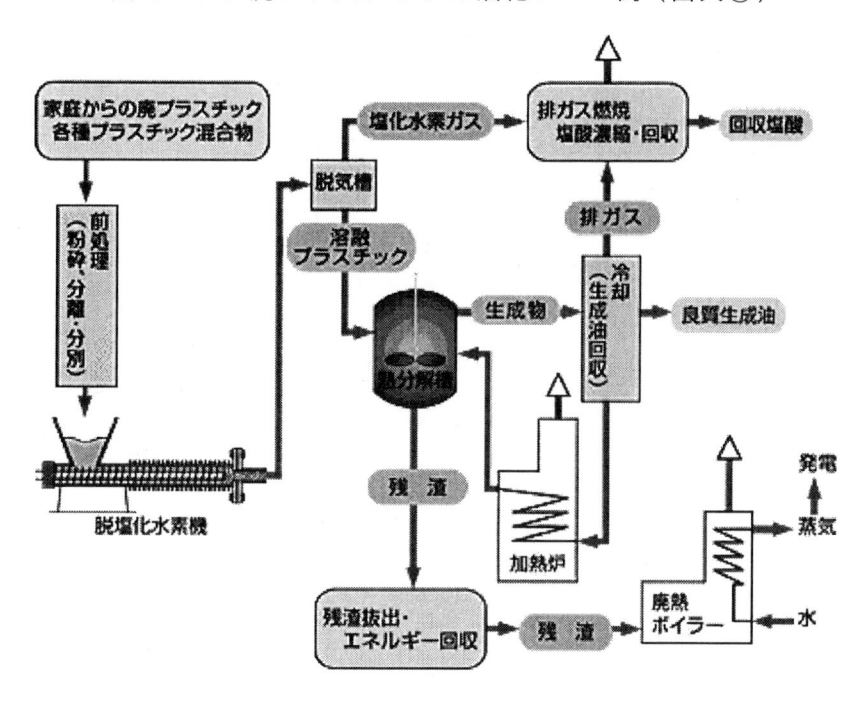

図1.1.4-2 廃プラスチックの油化フロー例（出典③）

縮合系であるポリアミド、ポリエチレンテレフタレート（PET）、重合系のポリメチルメタクリレート、ポリスチレンなどのプラスチックは、熱的あるいは化学的操作によって比較的容易に構成単位（モノマー）に転換でき、工業的プロセスとして確立している。しかし、ポリエチレン、ポリプロピレン、塩化ビニルや混合廃プラスチックからのモノマー回収は容易ではなく、商業規模には至っていない。

b. ガス化

図 1.1.4-3 にプラスチックガス化設備のフローの例を示す。炉内に少量の酸素とスチームを供給して加熱すると、プラスチックは主として炭化水素、一酸化炭素および水素に分解される。

一段目の低温ガス化炉では、600〜800℃に加熱した砂を循環しており、プラスチックは砂に触れて分解し、炭化水素・一酸化炭素・水素・チャーなどが生成する。少量の塩素を含んだプラスチックからは塩化水素が発生する。不純物として含まれるガラスや金属は酸化されずにそのままの形で回収される。

二段目の高温ガス化炉では、1,300〜1,500℃でスチームと反応して一酸化炭素と水素主体のガスになる。高温ガス化炉の出口では、水を吹き付けて約 200℃まで冷却し、ダイオキシンの生成を防止する。

次のガス洗浄設備で、残存する塩化水素を除去し、合成ガスとなる。これは、水素・メタノール・アンモニア・酢酸などを合成する化学工業用原料になる。

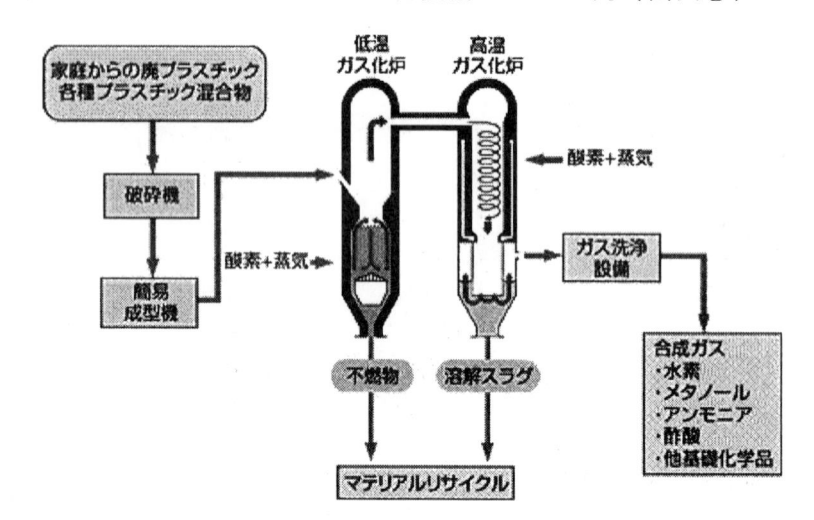

図1.1.4-3 プラスチックガス化設備のフロー例（出典④）

c. 製鉄原料化

高炉は製鉄所において鉄鉱石を高温状態で炭素と反応させ、鉄に還元する工程であり、還元剤および熱源として廃プラスチックの利用が検討され実施されている。図1.1.4-4に示すように、破砕・造粒された廃プラスチックを熱風とともに、高炉の羽口より吹き込みを行なう。廃プラスチックの内訳は、産業廃棄物系プラスチック、容器包装リサイクル法に基づいて集荷された一般廃棄物系プラスチックのいずれもが対象である。

高炉用の還元剤であるコークスを製造するコークス炉もまた、廃プラスチックを有効利用するプロセスとして検討され実施されはじめている。コークス炉は、石炭を挿入する炭化室を両側の燃焼室から間接的に加熱する構造になっており、廃プラスチックは燃焼することなく、熱分解されてタール・軽油・コークス炉ガスとして回収される。また、熱分解時に生成する残渣はコークスになると考えられている。

図1.1.4-4 廃プラスチックの高炉原料化処理フロー（出典⑤）

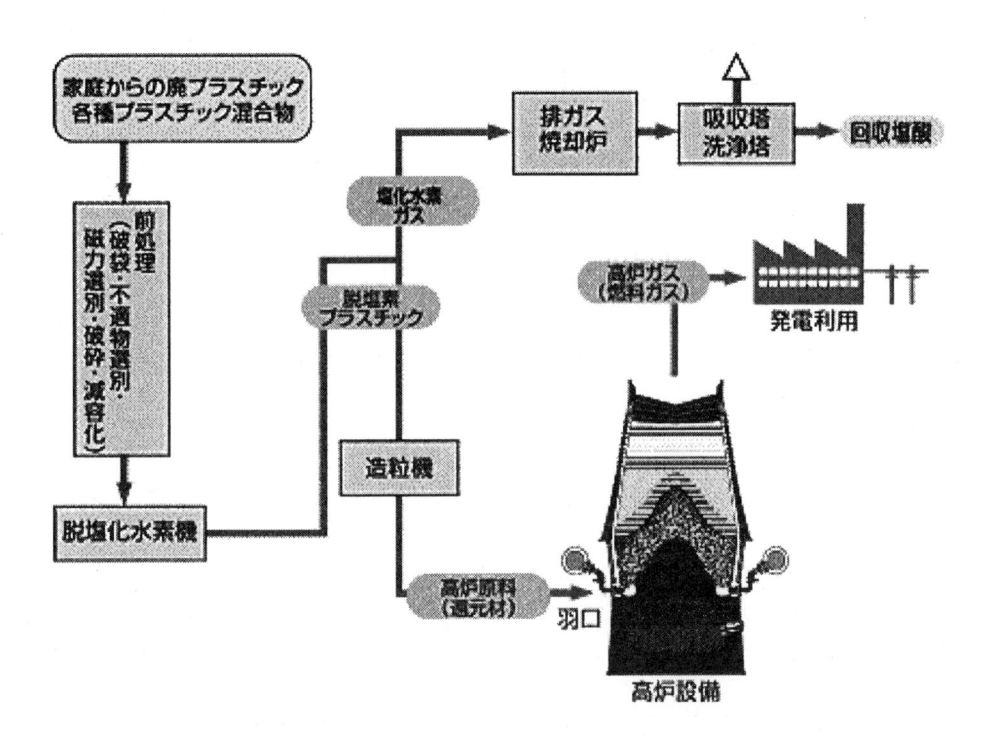

図1.1.4-5 コークス炉による廃プラスチック処理フロー（出典⑥）

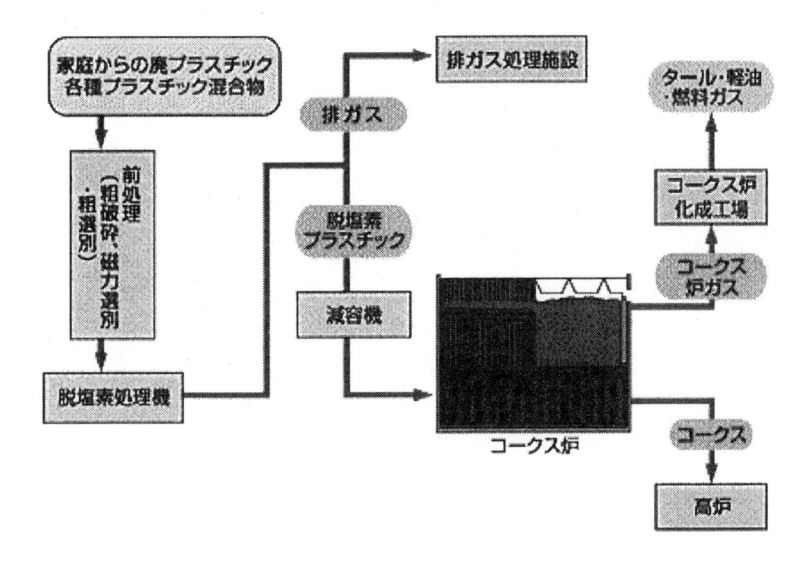

(3) サーマルリサイクル

　サーマルリサイクルとして本書で扱うのは燃料化である。燃料化には固形燃料化、粉体燃料化、液体燃料化、スラリー燃料化などがある。

　固形燃料化の代表的なものとしては、ごみから金属、ガラスなどの不純物を除去し、紙、木屑などと混合、造粒したものがある。これは、RDFと呼ばれ、Refuse Derived Fuel（廃棄物から得られる燃料）の略称で、廃棄物を乾燥、選別し、可燃物を取り出して円柱状（ペレット）に固めた固形燃料である。図1.1.4-6にRDF固形燃料製造設備フローの例を示す。得られたRDFは、石炭並みの発熱量が得られること、石炭に近い安定した燃焼が可能であること、形状が均一で強度があるため長期保存が可能で輸送も容易であることなど、燃料として優れた特徴を有する。

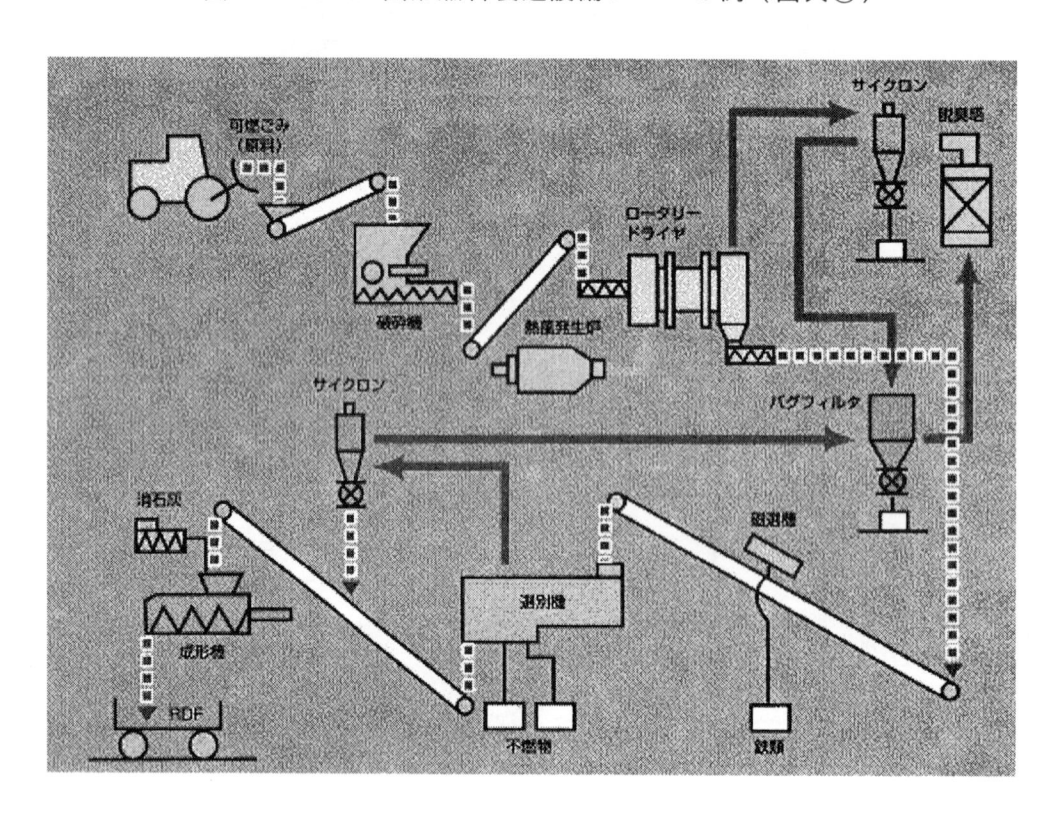

図1.1.4-6 RDF固形燃料製造設備フローの例（出典⑦）

1.1.5 プラスチックリサイクルに関連する法規など

　循環型社会形成推進基本法が2001年1月に完全施行された。基本的な枠組みとして、プラスチックなどの廃棄物処理については、マテリアルリサイクル、ケミカルリサイクルがサーマルリサイクルに優先されるべきであるといった基本原則が示されている。

　廃棄物に関しては「再生資源の利用の促進に関する法律」（通称「リサイクル法」）と廃棄物の排出の抑制と分別・収集・再生・処分などの適正な処理を定めた「廃棄物処理法」があり、近年もこれらの法改正が行なわれ、整備が進んでいる。

　容器包装廃棄物のリサイクル促進を目的として、「容器包装に係る分別収集および再商品化の促進に関する法律」（通称「容器包装リサイクル法」）が1995年6月に成立し、01年4月には完全施行された。容器包装の製造・利用事業者などに、分別収集された容器包装のリサイクルを義務づけている。缶、びん、紙とプラスチックなどすべての容器包装を対象とする。

　これらの法律によって、プラスチックを含む廃棄物問題について、国・地方自治体、事業者、消費者の役割が明示され、協力して効率的なシステムを推進することが求められている。

出典
①カタログ「プラスチックその処理と資源化を考える」の図「プラスチック製品・廃棄物・再資源化フロー図（1999年）」　（社）プラスチック処理促進協会発行（2001年）（〒105-0001 港区虎ノ門4-1-13 TEL03-3437-2251）
②カタログ「プラスチックその処理と資源化を考える」の図「プラスチックの再生工程」（社）プラスチック処理促進協会発行（2001年）（連絡先〒105-0001 港区虎ノ門4-1-13 TEL03-3437-2251）
③http://www.pwmi.or.jp/pk/pk03/pk303.htm「プラスチックの基礎知識－プラスチックの油化技術」（社）プラスチック処理促進協会（2002年1月8日）
④ http://www.pwmi.or.jp/pk/pk03/pk305.htm「プラスチックの基礎知識－プラスチックのガス化技術」（社）プラスチック処理促進協会（2002年1月8日）
⑤ http://www.pwmi.or.jp/pk/pk03/pk304.htm「プラスチックの基礎知識－プラスチックの高炉原料化技術」（社）プラスチック処理促進協会（2002年1月8日）
⑥ http://www.pwmi.or.jp/pk/pk03/pk306.htm「プラスチックの基礎知識－プラスチックのコークス炉化学原料化技術」（社）プラスチック処理促進協会（2002年1月8日）
⑦ http://www.kurimoto.co.jp/j07/kankyo4.htm「RDF固形燃料製造設備フローシート」（株）栗本鐵工所（2002年1月8日）

1.2 プラスチックリサイクル技術の特許情報へのアクセス

1.2.1 プラスチックリサイクル技術へのアクセスツール

特許情報へのアクセスについては、特許分類としてFIなどのアクセスツールを利用すると精度の高い検索が可能である。FIは、日本国特許庁が審査官のファイル構成をもとに作成した分類であって、国際特許分類（以下「IPC」と略称する）をさらに細かく展開したものである。FIを用いる検索は、特許電子図書館（以下「IPDL」と略称する）や、民間企業が提供する特許検索用データベースなどにアクセスして行なうことができる。

プラスチックリサイクル技術に関する特許は、IPCサブクラスB09B（固体廃棄物の処理）やB29B17（プラスチック含有廃棄物からのプラスチックまたはその成分の回収）などに分類される。さらにIPCを展開したFIとしては次のものが用意されている。

表1.2.1-1 プラスチックリサイクル技術に関するFI

FI	内容
B09B3/00,301W	廃プラスチックの固化・造粒
B09B3/00,302A	廃プラスチックのガス化・液化
B09B3/00,303E	廃プラスチックの熱処理
B09B3/00,304P	廃プラスチックの化学的処理
B09B5/00Q	プラスチックのその他の操作など
B09B5/00R	プラスチックのその他の操作など（フィルム状のもの）
B09B5/00M	廃棄物の操作（プロセス・組み合わせ）
B29B17/00, B29B17/02	プラスチック含有廃棄物からのプラスチックまたはその他の成分の回収
C08J11/04～C08J11/28	重合体の廃棄物の回収または処理

（注）B09B5/00Mについては、廃棄物の種類が限定されていないので、キーワード（プラスチック＋樹脂）を使用した。

1.2.2 プラスチックリサイクル技術に関連した情報へのアクセスツール

表1.2.2-1にプラスチックリサイクル技術に関連するFタームを示す。Fタームは、一般的に技術内容や応用分野について多観的かつ横断的に細分化したものであり、これを用いて精度の高い検索が可能である。

表1.2.2-1 プラスチックリサイクル技術に関連するFターム

Fターム	内容
4D004	固体廃棄物の処理
4D004AA00	処理対象物
4D004AB00	対象物に含まれる有害物または障害物
4D004BA00	再利用の用途
4D004CA00	処理手段、方法
4F301	プラスチック廃棄物の分離・回収・処理
4F301AA00	高分子材料
4F301BA00	一般事項
4F301BB00	適用成形技術
4F301BD00	造粒
4F301BF00	プラスチック廃棄物からの回収
4F301CA00	廃棄物の回収、処理

（注）プラスチックリサイクルに関する先行技術調査を完全に漏れなく行なうためには、調査目的に応じて上記以外の分類も調査しなければならないこともあり得るので注意が必要である。

1.3 プラスチックリサイクル技術開発活動の状況

1.3.1 プラスチックリサイクル技術

図1.3.1-1にプラスチックリサイクルの特許出願件数推移を示す。この出願件数は特許公報の読込みによって絞り込んだ2,860件の特許出願（実用新案を含まない）をもとに作成したものである。

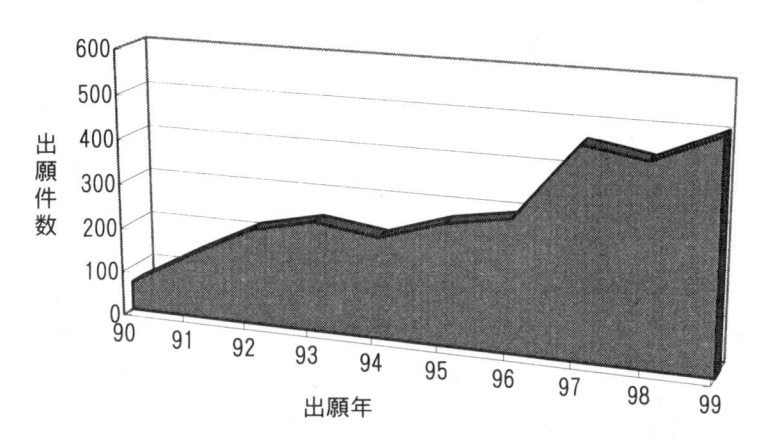

図1.3.1-1 プラスチックリサイクル技術の特許出願件数推移（全体件数＝2,860件）

図1.3.1-2にプラスチックリサイクル技術の技術別出願件数推移を示す。前述のとおり、本書で扱うプラスチックリサイクル技術は、前処理技術と中間処理技術であるマテリアルリサイクル、ケミカルリサイクル、サーマルリサイクルからなる。最近10年間ではいずれの技術についても、出願件数はおおむね増加傾向にある。

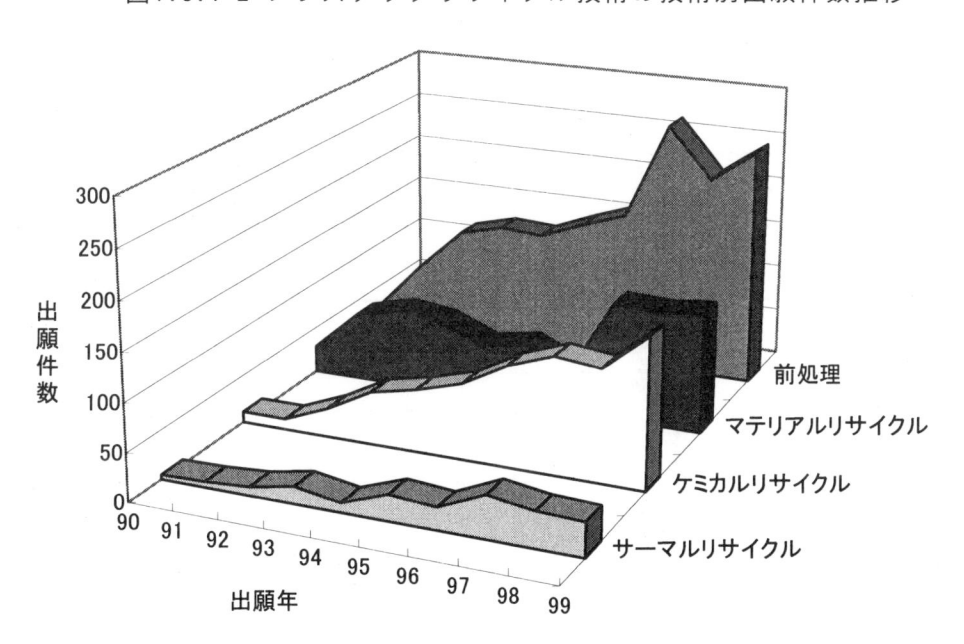

図1.3.1-2 プラスチックリサイクル技術の技術別出願件数推移

プラスチックリサイクル技術分野の市場注目度を表わすために、技術熟成度マップを用いて技術開発活動の状況を説明する。なお、本範囲のデータは、1989年以降に出願され、かつデータ取得時点で特許存続中または係属中のものを対象としている。

また、表中の産業分野は、証券取引所の定める新業種分類（33業種）に準拠したものである。東洋経済新報社の発行する会社四季報．を参考に付与した。

図1.3.1-3 全体の出願人数と出願件数の推移

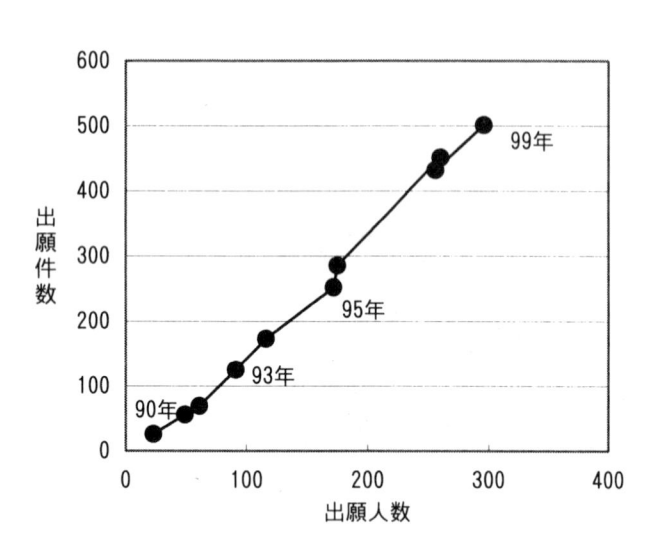

図1.3.1-3にプラスチックリサイクル技術全体の出願人数と出願件数の推移を示す。1990年から99年までほぼ一貫して出願人数と出願件数がともに増加の傾向にある。

表1.3.1-1に主要出願人の出願状況を示す。電気機器、機械、化学、輸送機器分野などの企業の多くは、1990年代前半から比較的出願が多いのに対し、鉄鋼各社は90年代後半に出願が増加している。

表1.3.1-1 全体における主要出願人の出願状況

出願人	産業分野	90	91	92	93	94	95	96	97	98	99	計
日本鋼管	鉄鋼		1				3	12	44	45	25	130
東芝	電気機器				3	11	5	24	18	23	16	100
日立造船	機械			2	10	12	6	9	19	7	20	85
日立製作所	電気機器			1	5	4	14	5	15	9	12	65
松下電器産業	電気機器			2		5	11	8	20	7	4	9	66
新日本製鉄	鉄鋼				4	7	13	5	6	4	11	50
三菱重工業	機械			2	4	4	5	16	4	7	11	53
三井化学	化学			2	8	4	10	15	1	1	2	43
トヨタ自動車	輸送用機器		1	3	4	4	4	3	6	5	6	36
ソニー	電気機器		1	2		3	2	6	7	5	3	29
三菱化学	化学			2	1	7	2	1	1	1	9	24
明電舎	電気機器							2	15	4	1	22
旭化成	化学			3	2			1	10	6		22
宇部興産	化学					3	4			13	1	21
日本製鋼所	機械			1	2			2	6	7	5	23
島津製作所	精密機器						1	1	13	2	1	18
住友ベークライト	化学	2		1	1	1	2	1	2	1	4	13
川崎製鉄	鉄鋼								1	5	9	15
東洋紡績	繊維							1		5	6	12
イノアックコーポレーション	ゴム製品			2	3	1					1	7

「会社四季報．」は、東洋経済新報社の登録商標です。

1.3.2 前処理技術

　前処理は、廃プラスチックを効率的かつ安全にリサイクルする上で重要な技術である。前処理の種類としては、各種プラスチックの性質の差を利用して混合廃棄物から特定のプラスチックに分離・選別する技術、発泡樹脂などの嵩高なプラスチックを圧縮・固化・減容して輸送・取り扱いを容易にする技術、塩素を含有するプラスチックに起因した問題を解決する技術の3つに大別される。

(1) 分離・選別

図1.3.2-1　分離・選別における出願人数と出願件数の推移

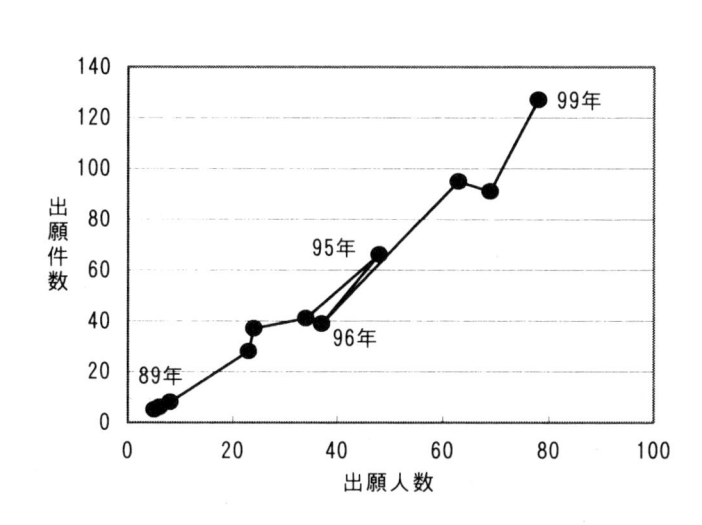

　図1.3.2-1に分離・選別における出願人数と出願件数の推移を示す。1996年に若干の停滞はあるものの、出願人数と出願件数がともに増加の傾向にある。

　表1.3.2-1に分離・選別における主要出願人の出願状況を示す。出願企業としては、鉄鋼、機械、電気機器、輸送用機器、化学分野が上位を占めている。

表1.3.2-1　分離・選別における主要出願人の出願状況

出願人	産業分野	90	91	92	93	94	95	96	97	98	99	計
日本鋼管	鉄鋼						2	4	12	23	17	58
日立造船	機械			2	5	2	1	2	6	3	15	36
日立製作所	電気機器			1	3	2	8	1	4	4	5	28
富士重工業	輸送用機器				3	6	6					15
三菱化学	化学			2		6	2	1			5	16
トヨタ自動車	輸送用機器			1	2	3	2			2	2	12
日産自動車	輸送用機器			2		1				2	9	14
本田技研工業	輸送用機器				1		1		3	5	3	13
三井化学	化学			2	6	2	2	1				13
ソニー	電気機器		1				1	2	3	3	1	11
三菱重工業	機械				2	2	2	2	1	1		10
千代田化工建設	建設								3	7	1	11
電線総合技術センター	サービス				1					1	5	7
積水化学工業	化学				1	1	3		2			7
日立テクノエンジニアリング	電気機器						1		2		2	5
高瀬合成化学	化学										7	7
東芝	電気機器							1	4	1		6
新日本製鉄	鉄鋼						3				2	5
アインエンジニアリング	サービス					1	2	2			1	6
アイン総合研究所	サービス			1	1				3		1	6

(2) 圧縮・固化・減容

図1.3.2-2 圧縮・固化・減容の出願人数と出願件数の推移

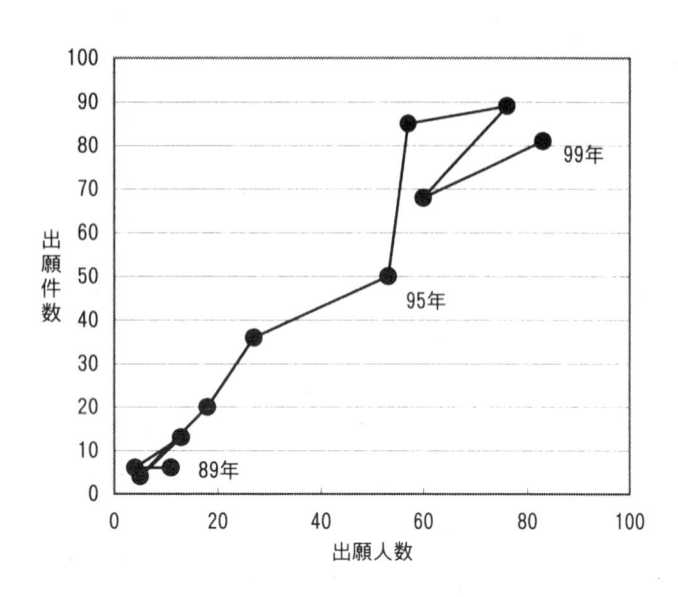

図1.3.2-2に圧縮・固化・減容における出願人数と出願件数の推移を示す。1996年頃を境に、出願件数はそれまでの増加傾向からやや頭打ち状態にある。出願人数は全体的には増加傾向が継続している。

表1.3.2-2に主要出願人の出願状況を示す。全体的に、出願企業は鉄鋼から事務用品にいたるまで幅広い産業分野に及んでいる。件数が2位～5位の企業はいずれも出願が1995年以降に増加している。

表1.3.2-2 圧縮・固化・減容における主要出願人の出願状況

出願人	産業分野	90	91	92	93	94	95	96	97	98	99	計
松下電器産業	電気機器		2		5	10	7	18	6	3		51
島津製作所	精密機器						1		13	2		16
日本鋼管	鉄鋼							1	2	8	2	13
ぺんてる	その他製品							6	1	1	3	11
日立造船	機械				1	1		1	2	1	4	10
ソニー	電気機器		1	2			1	3	1	1		9
御池鉄工所	機械					4	1			1	1	7
西村産業	化学	4	1		1	1						7
日立製作所	電気機器				1	1			2	3		7
三菱重工業	機械						1	3	1			5
タジリ	機械					1		1	1		3	6
石川島播磨重工業	輸送用機器					1	1	1		2	1	6
シブヤマシナリー	機械							2	3		1	6
宇部興産	化学						1			4	1	6
関商店	サービス						1	1	2	1		5
東芝	電気機器							4			1	5
東芝テック	電気機器								3	1	1	5
富士重工業	輸送用機器						3		1	1		5
梅本 雅夫	－										4	4
積水化成品工業	化学			3	1							4

(3) 脱塩素処理

図1.3.2-3 脱塩素処理の出願人数と出願件数の推移

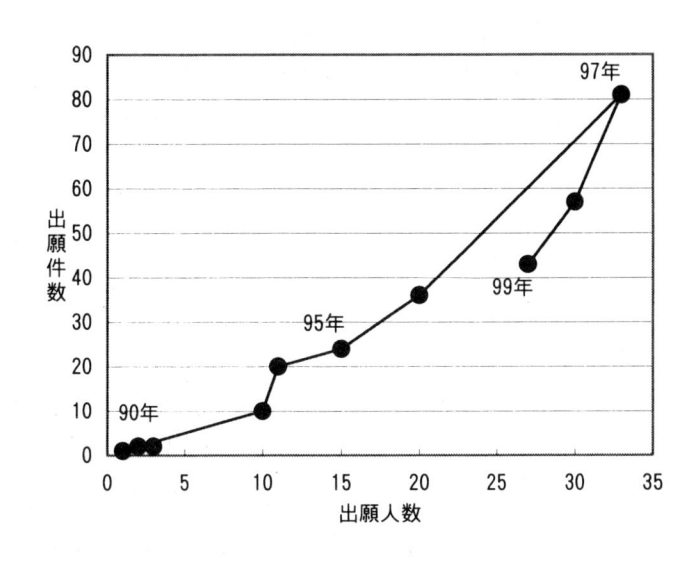

図1.3.2-3に脱塩素処理の出願人数と出願件数の推移を示す。1997年を境に、出願件数と出願人数がともに増加傾向から減少に転じている。

表1.3.2-3に主要出願人の出願状況を示す。件数上位1～7位の企業は鉄鋼、電気機器、機械分野である。一方、その他の件数下位の出願人には、輸送用機器、サービス、化学などの産業分野の企業も含まれ、バラツキはあるものの件数は増加の傾向にあるといえる。

表1.3.2-3 脱塩素処理における主要出願人の出願状況

出願人	産業分野	90	91	92	93	94	95	96	97	98	99	計
日本鋼管	鉄鋼							5	24	5	2	36
東芝	電気機器				1	3	2	9	6	8	5	34
明電舎	電気機器							2	15	4	1	22
三菱重工業	機械			1		1	2	6	1	2	2	15
新日本製鉄	鉄鋼				2	3	3	1	3	1	1	14
元田電子工業	電気機器				1	6	2	1	2			12
日立造船	機械				3	2		3	2	2		12
川崎重工業	輸送用機器						1		1	5	1	8
川崎製鉄	鉄鋼								1	2	5	8
関商店	サービス									2	5	7
日本製鋼所	機械							1	2	3	1	7
日立製作所	電気機器							1	3	1	1	7
エヌケーケープラント建設	建設								4	1	2	7
共立	機械								1	5		6
浜田重工	鉄鋼								1	2	3	6
三井化学	化学						5					5
旭化成	化学									5		5
三菱金属	非鉄金属					2	2					4
クボタ	機械						1		1	1	1	4
太平洋セメント	窯業								1	2	1	4

1.3.3 マテリアルリサイクル

マテリアルリサイクルとは、廃プラスチックを分解、燃焼、埋め立てなどをせず、プラスチック状態のままで再生利用する技術である。マテリアルリサイクルには、構成素材別に単純再生と複合再生があり、この両者で特性上・処理上著しい違いがある。単純再生では事業所・企業体中で排出される同質材料プラスチックの再生処理である。これに対して複合再生は、多種素材からなる混合体の形で再生処理されるため、素材物性や処理法が複雑で多様である。

(1) 単純再生（同質材への再利用）

図1.3.3-1 単純再生の出願人数と出願件数の推移

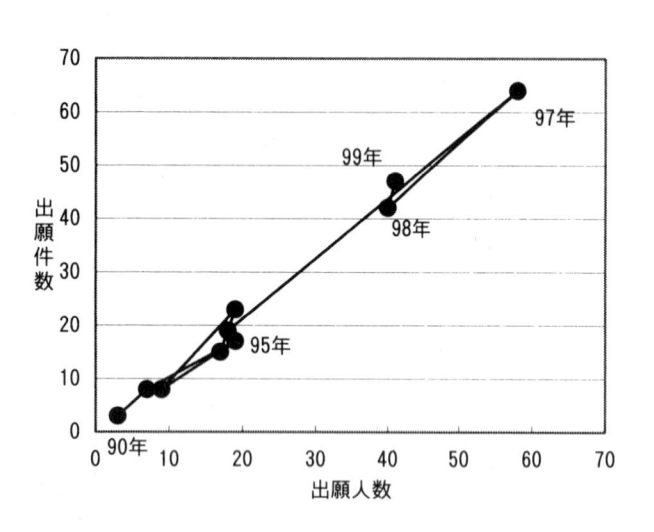

図1.3.3-1に単純再生における出願人数と出願件数の推移を示す。全体的には出願人数と出願件数ともに増加している。1996年から97年にかけて大幅な増加がみられたが、その後、出願件数、出願人数ともに安定している。

表1.3.3-1に主要出願人の出願状況を示す。件数上位にトヨタ自動車をはじめとして輸送用機器およびその関係企業が多数みられるのが特徴である。他には、化学や繊維分野の企業が件数上位を占めている。

表1.3.3-1 単純再生における主要出願人の出願状況

出願人	産業分野	90	91	92	93	94	95	96	97	98	99	計
トヨタ自動車	輸送用機器			2	1		1	2	3	1	1	11
東洋紡績	繊維							1		5	5	11
ソニー	電気機器					3		1	2	3	1	10
帝人	繊維					3	1		1	1	2	8
東芝機械	機械							1	4		2	7
豊田中央研究所	輸送用機器				1	1	2	2			1	7
帝人化成	化学					4		1			1	6
日本製鋼所	機械				1				3	1	1	6
日本鋼管	鉄鋼								3	1	1	5
三菱化学ポリエステルフィルム	化学						1		3			4
富士重工業	輸送用機器					2	1					3
三菱化学	化学					2			1			3
日産自動車	輸送用機器		1	2						1		4
DJK研究所	化学								4			4
いすゞ自動車	輸送用機器								3			3
キヤノン	電気機器									1	1	2
東レ	繊維					2		1				3
日本電気	電気機器		1	1				1				3
日立化成工業	化学				1					2		3
三井化学	化学			2	1							3

(2) 複合再生（材質変更・複合・混合による再利用）

図1.3.3-2 複合再生の出願人数と出願件数の推移

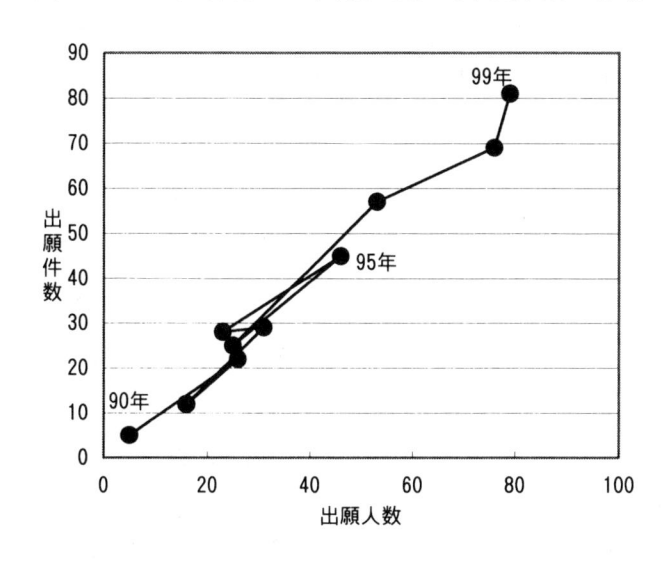

図1.3.3-2に複合再生における出願人数と出願件数の推移を示す。出願人数と出願件数ともに1996年に減少があったものの、全体としては増加傾向にある。

表1.3.3-2に主要出願人の出願状況を示す。件数上位にはトヨタ自動車をはじめとして輸送用機器およびその関係企業が多数みられる。他には、化学、鉄鋼、繊維などの産業分野における企業が件数上位に多くみられる。なお、独立行政法人　産業技術総合研究所やシーピーアールは2000年の初めにまとまった出願があるため、特に2000年（1月～3月中旬）の出願を参考として記載している。

表1.3.3-2 複合再生における主要出願人の出願状況

出願人	産業分野	90	91	92	93	94	95	96	97	98	99	00	計
トヨタ自動車	輸送用機器		1			1	2	1	2	2	4	1	14
住友ベークライト	化学	2			1	1	2		1		2		9
イノアックコーポレーション	ゴム製品			2	3	1					1		7
東レ	繊維						1			4	1	1	7
日本鋼管	鉄鋼		1						1	3	2		7
本田技研工業	輸送用機器						2		2	1	1		6
産業技術総合研究所	－										1	5	6
池田物産	輸送用機器					3			3				6
豊田中央研究所	輸送用機器		1				1			1	2	1	6
いすゞ自動車	輸送用機器			4								1	5
清水建設	建設				4	1							5
東芝	電気機器						1	1		1	2		5
日本ゼオン	ゴム製品									5			5
豊田紡織	輸送用機器									1	4		5
シーピーアール	卸売業											5	5
太平洋セメント	窯業		1		1		1			1	1		5
村上　清志	－										4		4
日本電気	電気機器			2		1				1			4
三菱樹脂	化学						2	1			1		4
新日鉄化学	化学					1					3		4

（注）「00」は2000年1月～3月中旬の出願件数である。

1.3.4 ケミカルリサイクル

ケミカルリサイクルとは、熱・触媒などの化学的手段を使用して、廃プラスチックを再資源化する技術である。ケミカルリサイクルは、材料の種類と用途に応じて廃プラスチックを油化する場合と、ガス化する場合がある。最近、日本やドイツで実用化されている製鉄業における高炉などの還元剤としての利用も、一般的にはケミカルリサイクルの範疇に入れられている。

(1) 油化

図1.3.4-1 油化の出願人数と出願件数の推移

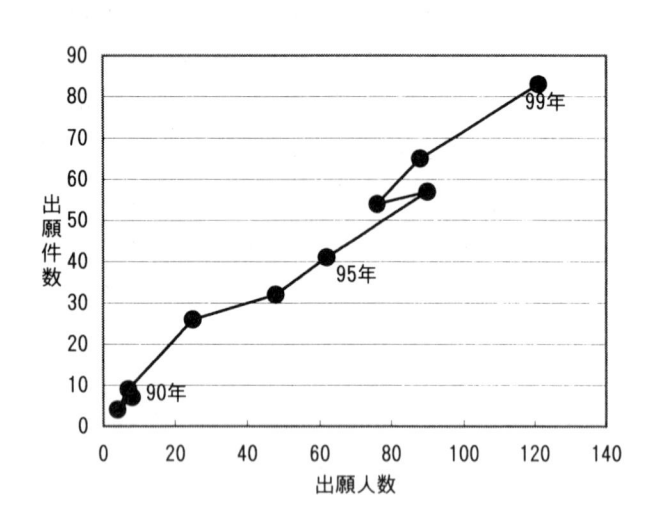

図1.3.4-1に油化における出願人数と出願件数の推移を示す。出願人数と出願件数はともに増加の傾向にある。

表1.3.4-1に主要出願人の出願状況を示す。出願企業の産業分野は電気機器、機械、化学、鉄鋼など多岐にわたっている。また、帝人や日本ビクターでは1998年から出願が始まっている。なお、個人として出願した高分子分解研究所所属の黒木健氏は7位に入っている。

表1.3.4-1 油化における主要出願人の出願状況

出願人	産業分野	90	91	92	93	94	95	96	97	98	99	計
東芝	電気機器				3	9	2	15	6	13	9	57
日立造船	機械				4	8	5	5	8	2		32
三井化学	化学				1	2	8	13		1	2	27
日立製作所	電気機器				1	1	6	3	7	2	4	24
三菱重工業	機械						1	9	1	2	8	21
新日本製鉄	鉄鋼				1	6	7	1	3		2	20
黒木　健	―					1		5	5	3		14
東芝プラント建設	建設			1		3	1		2	2	4	13
旭化成	化学					1			1	6	4	12
帝人	繊維									2	9	11
三井造船	輸送用機器		1				3		2	3		9
神戸製鋼所	鉄鋼		1				2			2	4	9
東北電力	電力					1			1	1	4	7
石川島播磨重工業	輸送用機器						1		2	1	3	7
オルガノ	機械								2	4	1	7
昭和電線電纜	非鉄金属						1	2				3
千代田化工建設	建設						1	1	1	2	2	7
日本ビクター	電気機器									2	5	7
エムシーシー	機械							2	5			7
美和組	建設							2	5			7

(2) ガス化

図1.3.4-2 ガス化の出願人数と出願件数の推移

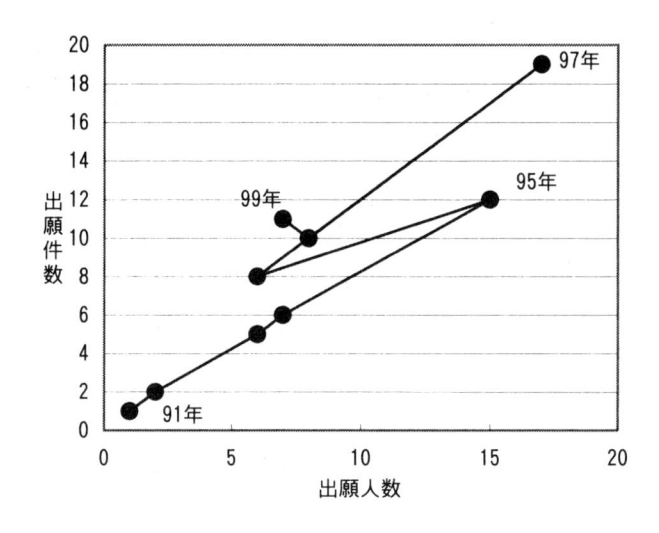

図1.3.4-2にガス化における出願人数と出願件数の推移を示す。1995年までは出願人数と出願件数ともに増加し、97年にも増加したが、現在は停滞傾向にある。

表1.3.4-2に主要出願人の出願状況を示す。機械、化学、電気機器、鉄鋼などの産業分野が上位を占めている。出願件数の最も多い三菱重工業は、他社に比べて古くから出願している。

表1.3.4-2 ガス化における主要出願人の出願状況

出願人	産業分野	90	91	92	93	94	95	96	97	98	99	計
三菱重工業	機械			1	2	1	1	3	1	2	3	14
宇部興産	化学						1			2		3
東芝	電気機器								3	1	1	5
日立製作所	電気機器						2		1			3
新日本製鉄	鉄鋼							2	1	1		4
元田電子工業	電気機器					1	1		1			3
クボタ	機械								1		2	3
川崎重工業	輸送用機器						1		2			3
高茂産業	卸売業								1	1		2
石川島播磨重工業	輸送用機器										2	2
明電舎	電気機器								2			2
デル グリューネ プンクト デュアレス システム ドイチランド	サービス					1					1	2

（3）製鉄原料化

図1.3.4-3 製鉄原料化の出願人数と出願件数の推移

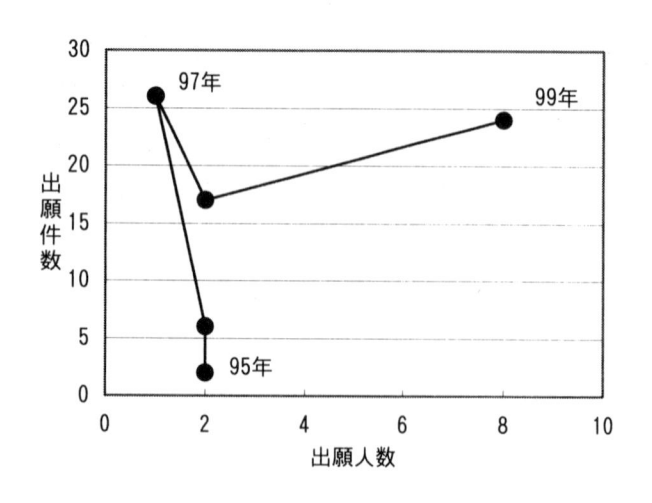

図1.3.4-3に製鉄原料化の出願人数と出願件数の推移を示す。出願は1995年から現れ、一時出願件数が増加したが、97年以降は出願人（参入企業）が増加しているにもかかわらず、出願件数は安定している。

表1.3.4-3に、その主要出願人を示す。明電舎を除いて出願件数上位はすべて鉄鋼メーカーが占めている。中でも日本鋼管が最も件数が多く、また古くから出願している。

表1.3.4-3 製鉄原料化における主要出願人の出願状況

出願人	産業分野	90	91	92	93	94	95	96	97	98	99	計
日本鋼管	鉄鋼						1	5	26	14	8	54
新日本製鉄	鉄鋼										6	6
川崎製鉄	鉄鋼									3	4	7
住友金属工業	鉄鋼										2	2
明電舎	電気機器							1				1

1.3.5 サーマルリサイクル（燃料化）

　廃プラスチックは、主に石油を原料としており発熱量が高いので、マテリアルリサイクルやケミカルリサイクルが困難な場合は、サーマルリサイクルすなわち燃料化してエネルギー回収することが望ましいといわれている。サーマルリサイクルにおいては、廃棄物から製造された燃料の性状によって固形燃料、粉体燃料、液体燃料、気体燃料、スラリー燃料などに分けられる。海外ではこれらを総称してRDF（Refuse Derived Fuel）と呼んでいるのに対し、日本でRDFといえば固形燃料のみを指す場合が多い。

　なお、この分野の有識者によってはサーマルリサイクルをケミカルリサイクルの範疇に入れる場合もあるが、本書では別々に取り扱った。

図1.3.5-1　燃料化の出願人数と出願件数の推移

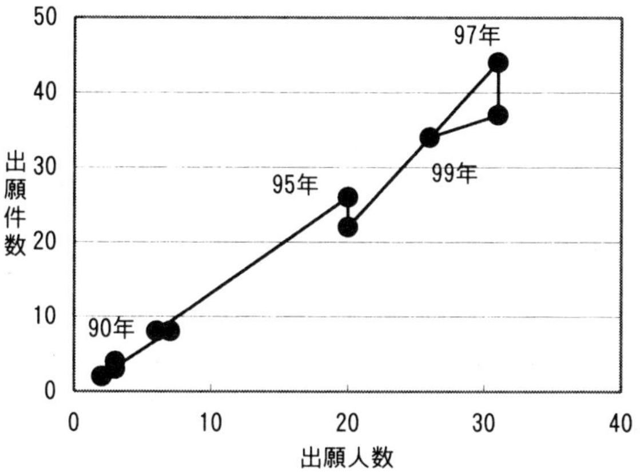

　図1.3.5-1にサーマルリサイクル技術、特に燃料化における出願人数と出願件数の推移を示す。出願人数と出願件数とも1994年から95年にかけて増加したが、98年以降はやや停滞の傾向にある。

　表1.3.5-1に主要出願人を示す。この技術については、東芝などの電気機器、日本鋼管などの鉄鋼、太平洋セメントや宇部興産などの窯業・化学関係が占めている。

表1.3.5-1　燃料化における主要出願人の出願状況

出願人	産業分野	90	91	92	93	94	95	96	97	98	99	計
東芝	電気機器				3	4		5	2	4	4	22
日本鋼管	鉄鋼							1	9	2	3	15
新日本製鉄	鉄鋼					1	6	3	2	2	2	16
日立製作所	電気機器				1		3	2	2		1	9
明電舎	電気機器							1	6	1		8
川崎製鉄	鉄鋼								1	4	4	9
太平洋セメント	窯業						3		1	3	2	9
川崎重工業	輸送用機器						2		4	2		8
宇部興産	化学									5	1	6
平和	機械						4					4
御池鉄工所	機械				1		1	1	1			4
関商店	サービス						1		2			3
高茂産業	卸売業								1	1	1	3
石川島播磨重工業	輸送用機器								1	1	1	3
東芝プラント建設	建設				1	2						3
アドバンス	卸売業							2	1			3
松崎　力	－		1	1								2
クボタ	機械								1		2	3
ユーエスエス	不明		2			1						3
テイクス	不明								1	1		2

1．4 技術開発の課題と解決手段

　本節においては、特許に表われた技術開発の課題とその解決手段を体系的に紹介する。なお、本節で扱う特許出願は、すべて権利存続中または係属中のものである。

1.4.1 前処理技術
(1)分離・選別

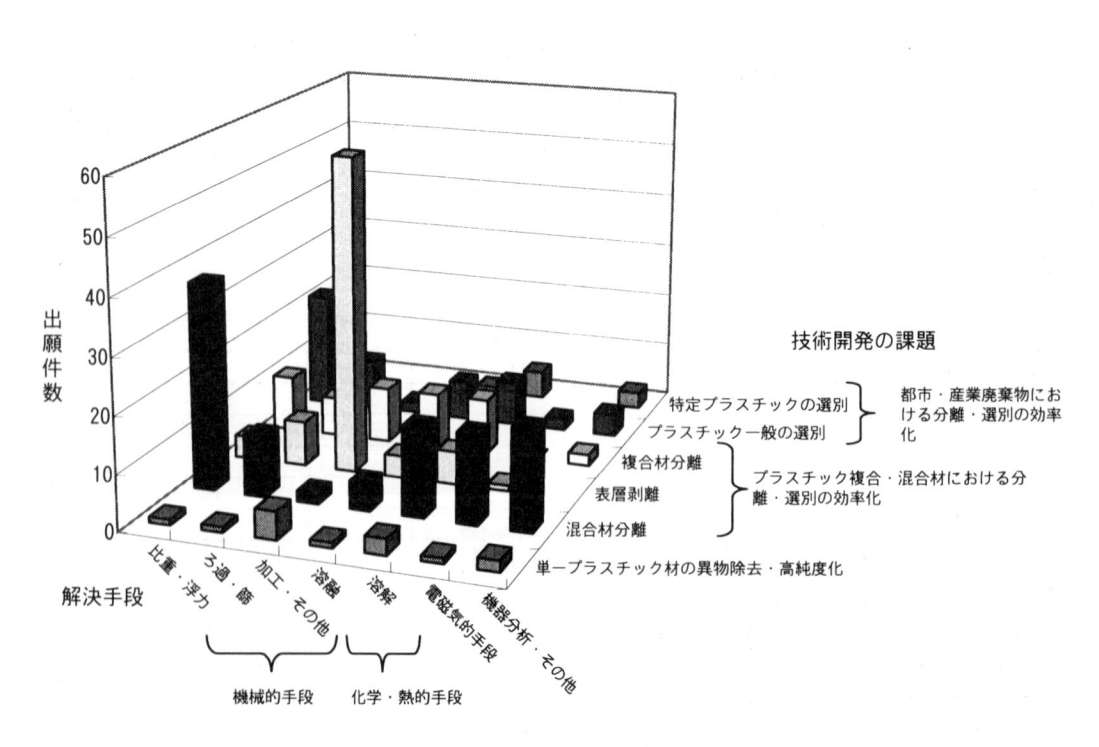

　図1.4.1-1に分離・選別に関する技術開発の課題と解決手段別出願件数を示す。分離・選別技術に関わる特許に表われた技術開発の課題は、被選別対象廃棄物の種類と密接な関係を有している。この技術開発の課題として、①都市・産業廃棄物における分離・選別の効率化、②プラスチック複合・混合材における分離・選別の効率化、③単一プラスチック材の異物除去・高純度化に分類した。さらに同図に示すとおり①②の課題を細分化した。

　一方、この課題に対する解決手段としては、機械的手段、化学・熱的手段、電磁気的手段、および機器分析による手段を用いるものが表われている。機械的手段、化学・熱的手段については、さらに詳しく細分化した。

　課題の中では、プラスチック複合・混合材における分離・選別の効率化に関する出願が多い。その内訳としては表層剥離と混合材分離に関するものが中心的である。特に表層剥離に関する課題を加工・その他の手段で解決する出願や、混合材分離に関する課題を比重・浮力といった機械的手段で解決するものが多い。

図1.4.1-1 分離・選別に関する技術開発の課題と解決手段別出願件数

91年1月1日から01年9月14日公開の出願

表1.4.1-1に分離・選別に関する技術開発の課題と解決手段における出願人別件数を示す。産業分野の関係をみると、都市・産業廃棄物における分離・選別の効率化課題については、日本鋼管などの鉄鋼メーカーや、日立造船などの機械メーカーが主である。

プラスチック複合・混合材における分離・選別の効率化課題については、自動車や電気機器メーカーが多く出願している。特に、表層剥離についてはバンパーのリサイクル技術が中心であるため、自動車メーカーおよび樹脂供給元である化学メーカーがほとんどを占めている。

表1.4.1-1 分離・選別における技術開発の課題と解決手段における出願人別件数

課題＼解決手段		機械的手段			化学・熱的手段		電磁気的手段	機器分析・その他の手段
		比重・浮力	ろ過・篩	加工・その他	溶融	溶解		
都市・産業廃棄物における分離・選別の効率化	特定プラスチックの選別	日本鋼管① 日立製作所① 2件			日本鋼管① 1件	新日本製鉄② 三井化学② 電線総合技術センター① 5件		日本鋼管② 三菱重工業① 3件
	プラスチック一般の選別	日本鋼管⑩ 日立製作所⑥ 日立テクノエンジニアリング② 東芝① 日立造船① アイン総合研究所① 21件	日本鋼管⑦ トヨタ自動車 ② 東芝① 9件	日立造船② 2件	日本鋼管④ 東芝② 日立造船② 7件	日立造船③ 日本鋼管③ 東芝② 日立製作所① 8件	日立製作所① 電線総合技術センター① 2件	日立製作所② トヨタ自動車① ソニー① 4件
プラスチック複合・混合材における分離・選別の効率化	複合材分離（金属、ガラスなどとの）	積水化学工業④ 電線総合技術センター② 日本鋼管① 日立製作所① 本田技研工業① アインエンジニアリング① 10件	本田技研工業⑦ 7件	三菱化成③ 日本鋼管② アインエンジニアリング① アイン総合研究所① ソニー① 日立製作所① 積水化学工業① 10件	日立造船③ 日本鋼管② 松下電器産業② 三菱化成① 電線総合技術センター① 積水化学工業① 10件	ソニー⑤ 日立造船③ 三菱重工業① 新日本製鉄① 10件		日立製作所① 松下電器産業① 2件
	表層剥離（プラスチック母材）	三菱化成② 電線総合技術センター① 日立造船① 4件	本田技研工業③ 日本鋼管② 日産自動車② 三井化学① 電線総合技術センター① 8件	富士重工業⑯ 日産自動車⑩ 高瀬合成化学⑦ 三菱化成⑥ トヨタ自動車⑤ 三井化学④ アイン総合研究所③ 日立製作所② アインエンジニアリング② 三菱重工業① 日本鋼管① 57件	三菱重工業② トヨタ自動車① 三井化学① 4件	トヨタ自動車④ 本田技研工業① 松下電器産業① 6件	日産自動車① 1件	
	混合材分離・異物除去	日本鋼管⑮ 日立製作所⑩ 日立造船⑤ 日立テクノエンジニアリング⑤ 電線総合技術センター① 三菱重工業① 37件	日本鋼管⑨ 日立製作所② 11件	日本鋼管① 日立製作所① 2件	千代田化工建設④ 本田技研工業① 5件	千代田化工建設⑦ 三菱化成③ 松下電器産業② 日立造船① 日本鋼管① 三菱重工業① 日産自動車① 16件	日立造船⑭ 三菱重工業① 日立製作所① 16件	三井化学④ 三菱重工業③ 新日本製鉄③ トヨタ自動車② ソニー② 日立造船① 日本鋼管① 日立製作所① 日産自動車① 18件
単一プラスチック材の異物除去・高純度化		日立造船① 1件	積水化学工業① 1件	アインエンジニアリング② 三菱化成① アイン総合研究所① 積水化学工業① 5件	日立製作所① 1件	ソニー② 三井化学① 3件	ソニー① 1件	日立製作所② 2件

91年1月1日から01年9月14日公開の出願

（2）圧縮・固化・減容

図1.4.1-2に圧縮・固化・減容に関する技術開発の課題と解決手段別出願件数を示す。技術開発の課題としては、①発泡プラスチックの効率的な圧縮・固化・減容、②容器の効率的な圧縮・固化・減容（さらにペットボトルとその他容器に細分化）、③特定形状・機能材の効率的な圧縮・固化・減容、④プラスチック一般の効率的な圧縮・固化・減容に分類した。

一方、この課題に対する解決手段として、①減容手段、②固形化手段、③その他手段の3つに分類し、さらに①については粉砕・圧縮、加熱、添加物に、②については圧縮梱包、固化（押出し・溶融他）に細分化した。

プラスチック一般の効率的な圧縮・固化・減容を課題とする出願が最も多く、これに対する解決手段としては加熱による減容、固化（押出し・溶融他）が多い。

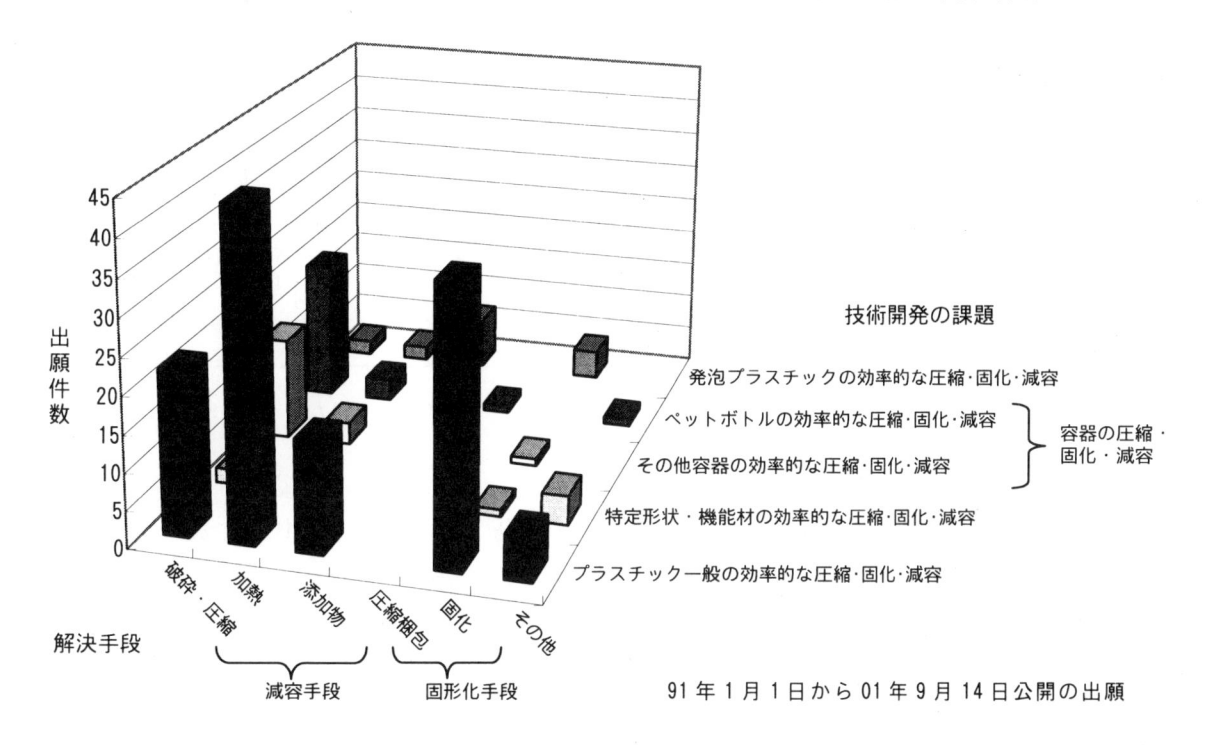

図1.4.1-2 圧縮・固化・減容に関する技術開発の課題と解決手段別出願件数

91年1月1日から01年9月14日公開の出願

表1.4.1-2に圧縮・固化・減容に関する技術開発の課題と解決手段における出願人別件数を示す。出願人企業の産業分野は、電気機器、鉄鋼、機械、化学、事務用品など多岐にわたっており、偏りがない点が特徴である。

なお、発泡プラスチックの効率的な圧縮・固化・減容を課題とする出願に電気機器メーカーが多いのは、電気製品の梱包材として発泡プラスチックを使用することに関係している。

表1.4.1-2 圧縮・固化・減容に関する技術開発の課題と解決手段における出願人別件数

課題＼解決手段	減容手段 破砕・圧縮	減容手段 加熱	減容手段 添加物(溶液・触媒含)	固形化手段 圧縮梱包	固形化手段 固化(押出・溶融・他)	その他
発泡プラスチックの効率的な圧縮・固化・減容	松下電器産業① 御池鉄工所① 2件	ソニー① 東芝① 2件	ソニー③ 三菱重工業② 宇部興産① 東芝①　7件		松下電器産業③ 御池鉄工所① 4件	
容器の効率的な圧縮・固化・減容	ペットボトルの圧縮・固化・減容 ぺんてる⑦ 島津製作所⑤ 三菱重工業② シブヤマシナリ② 日立製作所① 富士重工業① 日立造船① 19件	島津製作所③ 3件		シブヤマシナリ① 1件		日本鋼管① 1件
	その他容器の圧縮・固化・減容 島津製作所⑤ ぺんてる④ 東芝テック④ 日立造船① 14件	島津製作所③ 3件		東京電気① 1件		
特定形状・機能材の効率的な圧縮・固化・減容	東芝① 日立製作所① 2件				日立製作所① 1件	石川島播磨② 富士重工業② 4件
プラスチック一般の効率的な圧縮・固化・減容	日本鋼管⑦ 松下電器産業③ 日立造船③ 御池鉄工所② 三菱重工業② タジリ② 御池鉄工所① 日立製作所① 清水化成品工業① 富士重工業① 22件	松下電器産業⑳ 梅本雅夫⑤ 日立造船③ 関商店③ 東芝② 西村産業② 三菱重工業② ソニー② 石川島播磨① シブヤマシナリ② 富士重工業① 清水化成品工業① 44件	日本鋼管④ 松下電器産業③ ソニー② 日立造船② 石川島磨② シブヤマシナリ① 15件		松下電器産業⑭ 西村産業⑥ 宇部興産⑤ タジリ③ 御池鉄工所② 関商店② 清水化成品工業① 御池鉄工所① 日本鋼管① 石川島播磨① 日立造船① 37件	松下電器産業③ ソニー① タジリ① 清水化成品工業① 6件

91年1月1日から01年9月14日公開の出願

(3) 脱塩素処理

図1.4.1-3に脱塩素処理に関する技術開発の課題と解決手段別出願件数を示す。脱塩素処理に関わる特許に表われた技術開発の課題は、①塩素含有廃プラスチックの検出・分離効率向上、②塩化水素の処理に関する課題、③塩素含有プラスチックの処理設備に関する課題、④再生プラスチックの品質向上、⑤その他の課題に分類した。さらに②③については、詳しく細分化した。

一方、この課題に対する課題解決手段としては、塩素含有廃プラスチックの分別、プラスチックの熱分解前に塩化水素を処理、プラスチックの熱分解時に塩化水素を処理、その他の4つに分類した。

同図から明らかなように、塩化水素の処理に関する課題が最も多く、その中でも塩化水素の無害化を課題とし、プラスチックの熱分解時に塩化水素を処理する出願が大半を占めている。

図1.4.1-3 脱塩素処理に関する技術開発の課題と解決手段別出願件数

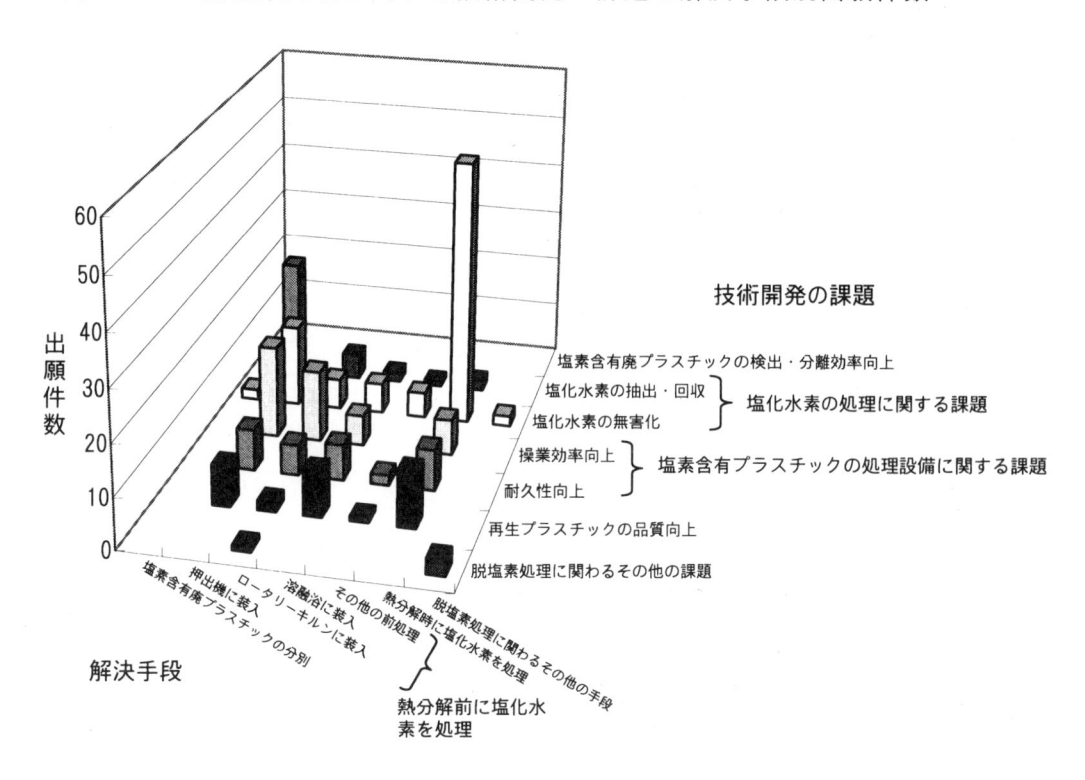

91年1月1日から01年9月14日公開の出願

表1.4.1-3に脱塩素処理の技術開発の課題と解決手段における出願人別件数を示す。

塩化水素の無害化を課題とする出願人企業の産業分野は、明電舎などの電気機器メーカー、日本製鋼所、新日本製鉄などの鉄鋼メーカー、浜田重工などの機械メーカーが多い。また、塩素含有廃プラスチックの検出・分離効率向上を課題とする出願人企業の産業分野は、日本鋼管などの鉄鋼メーカーが多い。

表1.4.1-3 脱塩素処理に関する技術開発の課題と解決手段における出願人別件数

課題		解決手段 塩素含有廃プラスチックの分別	熱分解前に塩化水素を処理 押出機に装入	ロータリーキルンに装入	溶融浴に装入	その他の前処理	熱分解時に塩化水素を処理	脱塩素処理に関わるその他の手段
塩素含有廃プラスチックの検出・分離効率向上		日本鋼管⑬ 日立造船② 川崎製鉄② 17件						
塩化水素の処理に関する課題	塩化水素の抽出・回収			日本鋼管③ 三菱重工業① エヌケーケープラント建設① 5件	日本鋼管① エヌケーケープラント建設① 2件	東芝① 1件	元田電子工業① 東芝① 2件	
	塩化水素の無害化	日立製作所① 日本鋼管① 2件	日本製鋼所⑥ 東芝④ エヌケーケープラント建設② 日本鋼管① 川崎重工業① 関商店① 共立① 16件	三菱重工業③ 明電舎① エヌケーケープラント建設① 太平洋セメント① 6件	日本鋼管② 日立造船② 東芝① 三菱重工業① 6件	三菱金属② 日本鋼管① 三井化学① 太平洋セメント① 5件	明電舎㉒ 元田電子工業⑩ 浜田重工⑤ 新日本製鉄④ 日立造船④ 日本鋼管② 太平洋セメント① 東芝① 関商店① 川崎重工業① 共立① 52件	新日本製鉄② 2件
塩素含有プラスチックの処理設備に関する課題	操業効率向上		東芝⑩ 川崎重工業③ 関商店③ 共立② 18件	日本鋼管⑩ 三菱重工業② 東芝① 新日本製鉄① 14件	川崎製鉄③ 東芝② クボタ① 6件		東芝③ 新日本製鉄① 日立製作所② 日立造船① 7件	
	耐久性向上	浜田重工 1件	新日本製鉄③ 東芝② 川崎重工業① 関商店① 共立① 8件	三菱重工業④ 日本鋼管① 三菱金属① 6件	日本鋼管② 三菱重工業② 川崎製鉄② 新日本製鉄① 7件	東芝① 三菱金属① 2件	日立造船② 日立製作所① 東芝① 三井化学① 元田電子工業① 明電舎① 川崎重工業① 8件	
再生プラスチックの品質向上			東芝⑥ 新日本製鉄① 日本製鋼所① 8件	新日本製鉄① 太平洋セメント① 2件	旭化成④ クボタ③ 川崎製鉄① エヌケーケープラント建設① 9件	東芝① 1件	日立製作所③ 三井化学③ 三菱重工業② 旭化成① 東芝① 新日本製鉄① 11件	
脱塩素処理に関わるその他の課題				エヌケーケープラント建設① 1件				川崎重工業① 関商店① 共立① 3件

91年1月1日から01年9月14日公開の出願

1.4.2 マテリアルリサイクル

(1) 単純再生（同質材への再利用）

図1.4.2-1に単純再生の技術開発の課題と解決手段別出願件数を示す。単純再生に関わる特許に表われた技術開発の課題は、対象となるプラスチックの材質によって分類した。すなわち、熱可塑性樹脂における再生の効率化、熱硬化性樹脂における再生の効率化およ

び両者共通の課題・その他の3種類に大別した。熱可塑性樹脂は熱硬化性樹脂に比べて多くの種類から構成されているため、材質別に細分化した。

　技術開発の課題の中では、ポリエチレンテレフタート（PET）再生の効率化やエンプラ（ナイロンやポリカーボネイトなど）再生の効率化に関わる出願が多く、これに対応する解決手段は、それぞれ異物除去、原料化によって改善を図ろうとするものに比較的集中している。なお、ポリスチレン（PS）再生の効率化を課題とする出願は、発泡プラスチックとの関連性が深い溶融・溶解の解決手段に比較的多く対応している。

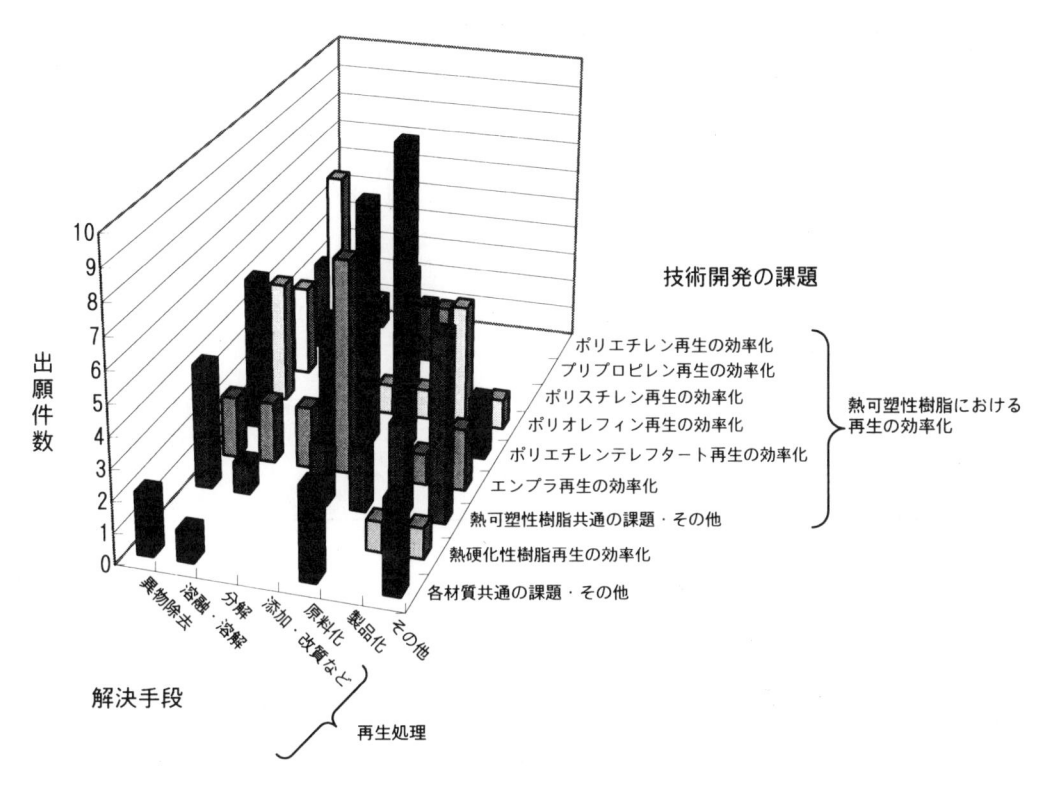

図1.4.2-1 単純再生に関する技術開発の課題と解決手段別出願件数

91年1月1日から01年9月14日公開の出願

　表1.4.2-1に単純再生の技術開発の課題と解決手段における出願人別件数を示す。
　技術開発の課題と出願人企業の産業分野との関係については、熱可塑性樹脂は全体的に自動車メーカーや化学メーカーが主であるが、その内のエンプラや熱硬化性樹脂は、電子素子基盤を扱う電気機器メーカーや化学メーカーが主である。

表1.4.2-1 単純再生に関する技術開発の課題と解決手段別出願件数

課題 \ 解決手段		再生処理 異物除去	再生処理 溶融・溶解	再生処理 分解	再生処理 添加・改質・他	原料化（ペレットなど）	製品化（充填・成形）	その他
熱可塑性樹脂における再生の効率化	ポリエチレン(PE)再生の効率化		キヤノン① 1件		豊田中央研究所① 1件			
	ポリプロピレン(PP)再生の効率化	日本製鋼所① 富士重工業① トヨタ自動車① 3件			トヨタ自動車② 2件			
	ポリスチレン(PS)再生の効率化	ソニー③ 3件	ソニー④ 日立化成工業① 東芝機械① 三菱化学① 7件			日立化成工業② 日本製鋼所② 4件		
	ポリオレフィン再生の効率化	三菱化学② 富士重工業② 4件		豊田中央研究所① トヨタ自動車① 2件	三菱化学① 1件	東芝機械① 1件	東芝機械④ 4件	豊田中央研究所① 1件
	ポリエチレンテレフタート(PET)再生の効率化	日産自動車② 三井化学③ 5件		DJK研究所④ 4件	帝人② 東洋紡績⑤ 日本製鋼所① 8件	三菱化学ポリエステルフィルム③ 東洋紡績⑤ 日本製鋼所① 10件	三菱化学ポリエステルフィルム① 1件	帝人① 東洋紡績① 2件
	エンプラ（ナイロン・ポリカーボネイトなど）再生の効率化	ソニー② 2件	東レ① 帝人① 2件	帝人① 帝人化成① 2件	帝人② 帝人化成⑤ 7件		日本電気① 1件	豊田中央研究所① 東レ① 2件
	材質共通の課題・その他	トヨタ自動車② 豊田中央研究所② 4件	トヨタ自動車① 1件		トヨタ自動車① 豊田中央研究所① 2件	東芝機械① キヤノン① 2件	トヨタ自動車① 日産自動車① 3件	いすゞ自動車③ 日本鋼管② 日産自動車① 6件
熱硬化性樹脂（フェノールなど）再生の効率化						日本電気① 1件	日本電気① 1件	
材質共通の課題・その他		トヨタ自動車① 富士重工業① 2件	ソニー① 1件		日本鋼管② 帝人① 3件			キヤノン① 東レ① 日本鋼管① 3件

91年1月1日から01年9月14日公開の出願

(2) 複合再生（材質変更・複合・混合による再利用）

図1.4.2-2に複合再生の技術開発の課題と解決手段別出願件数を示す。複合再生に関わる特許に表われた技術開発の課題は、①再生品の品質・機能、②用途・機能開発、③プロセス改善の3つに分類した。さらに①②に関しては、より詳しく細分化した。

一方、この課題に対する解決手段としては、混合・添加、複合化、プロセス条件適正化によるものが表われている。

技術開発の課題と解決手段との関係でみられる特徴点は、課題の種類を問わずプロセス条件適正化（加熱・成形など）を解決手段とする出願が多いことである。

技術開発の課題のうち、再生品の品質・機能向上の中では機械的特性の向上、用途・機能開発の中では土木・建築材料開発、自動車・家電部品開発に関わるものが多い。これに対応する解決手段として、土木・建築材開発では単純混合が多いのに対し、自動車・家電部品開発では積層方法が比較的多い。

図1.4.2-2 複合再生に関する技術開発の課題と解決手段別出願件数

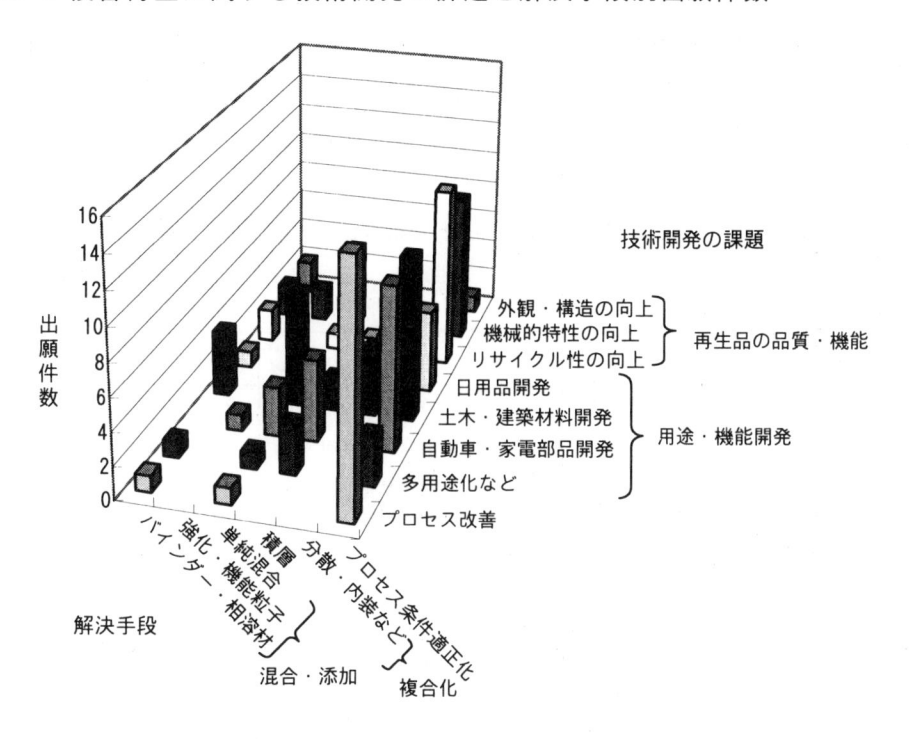

91年1月1日から01年9月14日公開の出願

表1.4.2-2に複合再生に関する技術開発の課題と解決手段における出願人別件数を示す。出願企業の産業分野は、自動車、化学、建設、窯業など広い範囲にわたり、課題による大きな偏りは特にみられない。先に述べたとおり、プロセス条件適正化を解決手段とする出願は、件数の多さに伴い出願人も多種多様である。

表1.4.2-2 複合再生に関する技術開発の課題と解決手段における出願人別件数

課題 \ 解決手段		混合・添加 バインダー・相溶材	混合・添加 強化・機能粒子	混合・添加 単純混合	複合化 積層	複合化 分散・内装など	プロセス条件適正化（加熱・成形など）
再生品の品質・機能	外観・構造の向上	住友ベークライト② 2件					池田物産① 1件
	機械的特性の向上	本田技研工業②	トヨタ自動車① イノアックコーポレーション① 2件	新日鉄化学② トヨタ自動車① 豊田中央研究所① 三菱樹脂① 5件		三菱樹脂① 1件	日本ゼオン⑤ トヨタ自動車② 豊田中央研究所① 新日鉄化学① 9件
	リサイクル性の向上	清水建設② 2件		新日鉄化学① 1件	日本電気① 1件	東芝① 1件	東レ⑤ 住友ベークライト② 日本電気① 豊田中央研究所① トヨタ自動車① 日本鋼管① 11件
用途・機能開発	日用品開発	池田物産① 1件			住友ベークライト② 2件		東芝② イノアックコーポレーション① 住友ベークライト① 池田物産① 5件
	土木・建築材料開発	清水建設③ 住友ベークライト① 4件		村上清志④ 日本鋼管③ 7件	太平洋セメント② 2件	東レ② 太平洋セメント① 東芝① 4件	豊田紡織⑤ トヨタ自動車⑤ 10件
	自動車・家電部品開発	本田技研工業① 1件	池田物産② イノアックコーポレーション① 3件	いすゞ自動車② 日本鋼管① 日本電気① イノアックコーポレーション① 5件	いすゞ自動車② 太平洋セメント① 日本電気① 4件		トヨタ自動車③ 豊田中央研究所③ イノアックコーポレーション③ いすゞ自動車① 10件
	多用途化など	三菱樹脂① 1件		太平洋セメント① 1件	本田技研工業① 三菱樹脂① 3件		トヨタ自動車② 住友ベークライト① 3件
プロセス改善		産業技術総合研究所① 1件		本田技研工業① 1件			産業技術総合研究所⑤ シーピーアール⑤ 日本鋼管② 東芝① 池田物産① イノアックコーポレーション① 15件

91年1月1日から01年9月14日公開の出願

1.4.3 ケミカルリサイクル
(1) 油化

図1.4.3-1に油化に関する技術開発の課題と解決手段別出願件数を示す。油化に関わる特許に表われた技術開発の課題として、①生産効率向上、②操業トラブル防止、③設備課題、④原料課題、⑤製品課題（回収油の高品質化など）に分類した。さらに同図に示すとおり、①から④の課題を詳しく細分化した。

一方、課題解決手段は、操業プロセス条件の改善と装置構造の改善に分け、前者は単純熱分解、触媒分解、加水分解・溶媒分解の３つに細分化し、後者も反応器本体、周辺装

置、装置全体の構成の3つに細分化した。

　課題別の出願件数では、高速・連続化、回収率の向上に関するものが最も多く、次いで有害物質の処理・安全衛生、熱分解後の残渣などの固着・付着防止といった操業トラブル防止に関するものが多い。

　課題と解決手段との関係をみると、生産効率や操業トラブル防止の手段として加水分解・溶媒分解、触媒分解の操業プロセス条件の改善に関する件数が比較的多く、これに伴う装置構造の改善に関するものも、まとまった出願がなされている。特に近年、超臨界水などを用いた加水分解プロセスが注目されているが、これを反映して原料課題の1つである難リサイクル樹脂の処理に対する解決手段として多く出願されている。

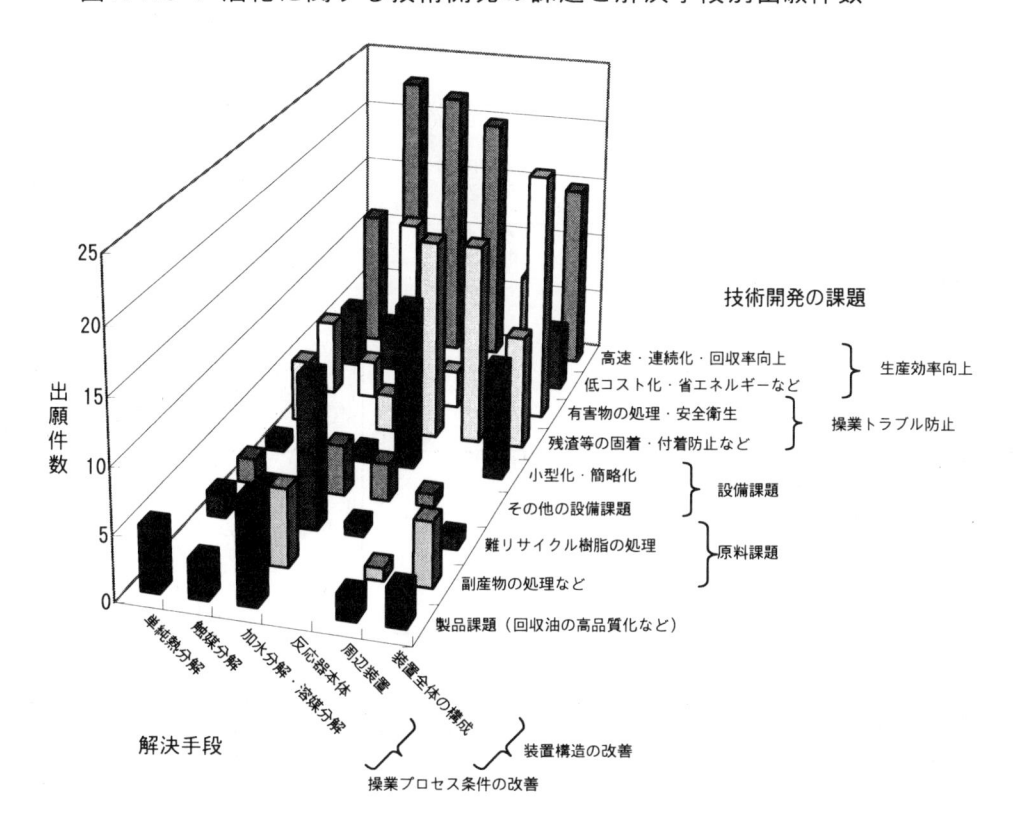

図1.4.3-1 油化に関する技術開発の課題と解決手段別出願件数

　表1.4.3-1に油化の技術課題と解決手段における出願人別件数を示す。

　課題と出願人企業の産業分野の関係をみると、機械メーカー、化学メーカーが大半を占めている。今回用いた課題分類では産業分野別の大きな偏りはみられなかった。

表1.4.3-1 油化に関する技術開発の課題と解決手段における出願人別件数

課題 / 解決手段		操業プロセス条件の改善 単純熱分解（乾留）	触媒分解	加水分解・溶媒分解など	装置構造の改善 反応器本体	周辺装置	装置全体の構成など
生産効率向上	高速・連続化、回収率向上	日本ビクター② 旭化成② 三菱重工業② 新日本製鉄② 東芝① 東芝プラント建設① 日立製作所① 11件	三井化学⑭ 三井造船④ 旭化成③ 石川島播磨重工業① 日本ビクター① 日立製作所① 23件	帝人⑤ 旭化成③ 三菱重工業③ 神戸製鋼所③ 日立製作所③ 三井造船② 三井化学② 東芝① 東北電力① 昭和電線電纜① オルガノ① 22件	東芝⑥ 黒木健④ 東芝プラント建設③ 三井造船② エムシーシー① 美和組① 三井化学① 石川島播磨重工業① 日立製作所① 20件	日立造船④ 黒木健① 三井化学① 昭和電線電纜① 7件	東芝⑤ 日立造船③ 黒木健③ 神戸製鋼所① 三菱重工業① 新日本製鉄① 石川島播磨重工業① 15件
	低コスト化・省エネルギーなど	日立製作所② 新日本製鉄② 東芝プラント建設① 5件	黒木健① 石川島播磨重工業① 昭和電線電纜① 日本ビクター① 4件	帝人② 三井化学① 東芝① 東北電力① 三菱重工業① 日立造船① 帝人① 8件	石川島播磨重工業① 東芝プラント建設① 東北電力① 三菱重工業① 4件		日立製作所③ オルガノ①、 千代田化工建設① 5件
操業トラブル防止	有害物の処理・安全衛生	旭化成① 三菱重工業① 神戸製鋼所① 石川島播磨重工業① 東芝① 日立製作所① 6件	三菱重工業① 帝人① 日立製作所① 3件	東芝⑤ 三井化学② 三菱重工業① 日立造船② 東北電力① 新日本製鉄① 旭化成① オルガノ① 15件	黒木健② 東芝① 3件	日立造船② 新日本製鉄① 3件	東芝⑦ 日立製作所④ 日立造船③ 新日本製鉄③ 千代田化工建設② 三井造船① 20件
	残渣などの固着・付着防止など	日立造船② 新日本製鉄① 日立製作所① 三菱重工業① 5件		オルガノ① 東芝① 日立造船① 3件	東芝⑤ 黒木健① 三井造船① 東芝プラント建設② 日立製作所② 日立造船① 石川島播磨重工業① 16件	日立造船⑤ 新日本製鉄③ 東芝④ 千代田化工建設① 東芝プラント建設① 日本ビクター① 日立製作所① 16件	東芝⑤ 日立造船② 東芝プラント建設① 日立製作所① 9件
設備課題	小型化・簡略化	三井造船① 1件		帝人① 1件	エムシーシー⑤ 美和組⑤ 黒木健① 三菱重工業① 13件		三菱重工業③ 新日本製鉄② 東芝① 東芝プラント建設① 東北電力① 日立造船① 9件
	その他	東芝② 2件		日立製作所③ 三菱重工業① 4件	エムシーシー① 美和組① 東芝①　3件	東芝① 1件	
原料課題	難リサイクル樹脂の処理	三井造船① 日立造船① 2件	帝人① 東芝① 日本ビクター① 3件	神戸製鋼所③ 昭和電線電纜③ 東芝② 東北電力① 三菱重工業① オルガノ① 旭化成① 12件	東芝① 1件		日本ビクター① 1件
	副産物の処理など			三井化学③ 東北電力① 三菱重工業① オルガノ① 東芝①　6件		日立造船① 1件	東芝④ 日立製作所① 5件
製品課題（回収油の高品質化など）		三井化学① 三菱重工業① 新日本製鉄① 昭和電線電纜① 東芝① 5件	旭化成① 新日本製鉄① 帝人① 3件	三井化学② 千代田化工建設① 旭化成② オルガノ① 神戸製鋼所① 8件		新日本製鉄① 千代田化工建設① 2件	東芝プラント建設② 日立造船① 3件

91年1月1日から01年9月14日公開の出願

(2) ガス化

図1.4.3-2にガス化に関する技術開発の課題と解決手段別出願件数を示す。ガス化技術に関わる特許に表われた技術開発の課題としては、水素ガスの回収効率向上、炭化水素ガスの回収効率向上、塩化水素ガスの回収効率向上、各種ガス化の共通課題・その他に分類される。

一方、この課題に対する解決手段としては、操業プロセス条件の改善と装置構造の改善に分類でき、さらに前者は、乾式（乾留）単純熱分解、湿式（水蒸気添加）分解、酸化に細分化した。

出願を課題別にみると、炭化水素系ガスの回収効率向上の件数が多く、その中で乾式（乾留）単純熱分解を解決手段としているものが最も多い。

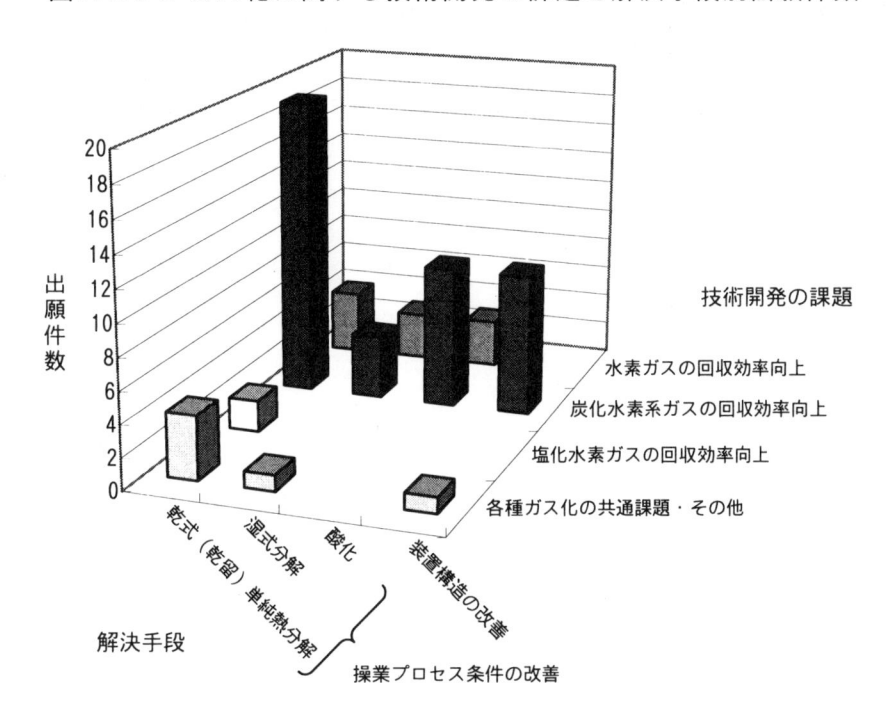

図1.4.3-2 ガス化に関する技術開発の課題と解決手段別出願件数

91年1月1日から01年9月14日公開の出願

表1.4.3-2にガス化の技術課題と解決手段における出願人別件数を示す。出願人企業の産業分野の関係をみると、いずれの課題についても鉄鋼や機械が主であり、他に電気機器、電力、化学などもある。

技術開発の課題と解決手段の関係をみると、炭化水素系ガスの回収効率向上に対する乾式（乾留）単純熱分解においては、件数の多さに比例して出願人も多種多様である。また、装置構造の改善を解決手段にする出願でも炭化水素系ガスの回収効率向上がほとんどを占めている。

表1.4.3-2 ガス化に関する技術開発の課題と解決手段における出願人別件数

解決手段\課題	操業プロセス条件の改善 乾式（乾留）単純熱分解	操業プロセス条件の改善 湿式（水蒸気添加）分解	操業プロセス条件の改善 酸化	装置構造の改善
水素ガスの回収効率向上	デルグリューネプンクトデュアレスシステムドイチランド② 石川島播磨重工業① 宇部興産① 4件	三菱重工業③ 3件	新日本製鉄② 宇部興産① 3件	
炭化水素系ガスの回収効率向上	三菱重工業④ 日立製作所③ 東芝③ 明電舎② クボタ② 日本電気① 新日本製鉄① 元田電子工業① 日立エンジニアリングサービス① 黒木健① 19件	三菱重工業② 東北電力① 榎本兵治① 4件	川崎重工業③ 三菱重工業② 新日本製鉄① クボタ① 宇部興産① 石川島播磨重工業① 9件	宇部興産③ 高茂産業② 三菱重工業② ジョイン① 黒木健① 9件
塩化水素ガスの回収効率向上	元田電子工業① 東芝① 2件			
各種ガス化の共通課題・その他	元田電子工業① 東芝① 家電製品協会① 電硝エンジニアリング① 4件	三菱重工業① 1件		桧山幸男① 1件

91年1月1日から01年9月14日公開の出願

(3) 製鉄原料化

図1.4.3-3に製鉄原料化に関する技術開発の課題と解決手段別出願件数を示す。製鉄原料化技術に関わる特許に表われた技術開発の課題としては、①搬送性・炉装入性向上、②熱分解物の収量増加、③コークス・溶銑の品質低下防止、④塩化水素腐食・汚染防止、⑤処理コスト低減、⑥製鉄原料化に関するその他課題の6つに分類される。

一方、この課題に対する解決手段としては、コークス炉の操業改善に関わるものとして、塩素含有廃プラスチックの分別・熱分解除去、装入方法、熱分解塩化水素除去、その他手段に分類され、高炉の操業改善に関わるものとして、塩素含有プラスチックの分別・熱分解除去、廃プラスチックの破砕・造粒、羽口吹込み方法、その他手段に分類される。

コークス炉では、コークスの品質低下防止に関する課題を装入方法で解決する出願がまとまってみられるが、それ以外の出願は散発的である。

高炉では、搬送性・炉装入性向上に関する課題を廃プラスチックの破砕・造粒で解決する出願が多い。

上記以外にも、塩化水素腐食・汚染防止に関する課題については、コークス炉・高炉に対して共通の解決手段が適用できる出願が多く認められる。

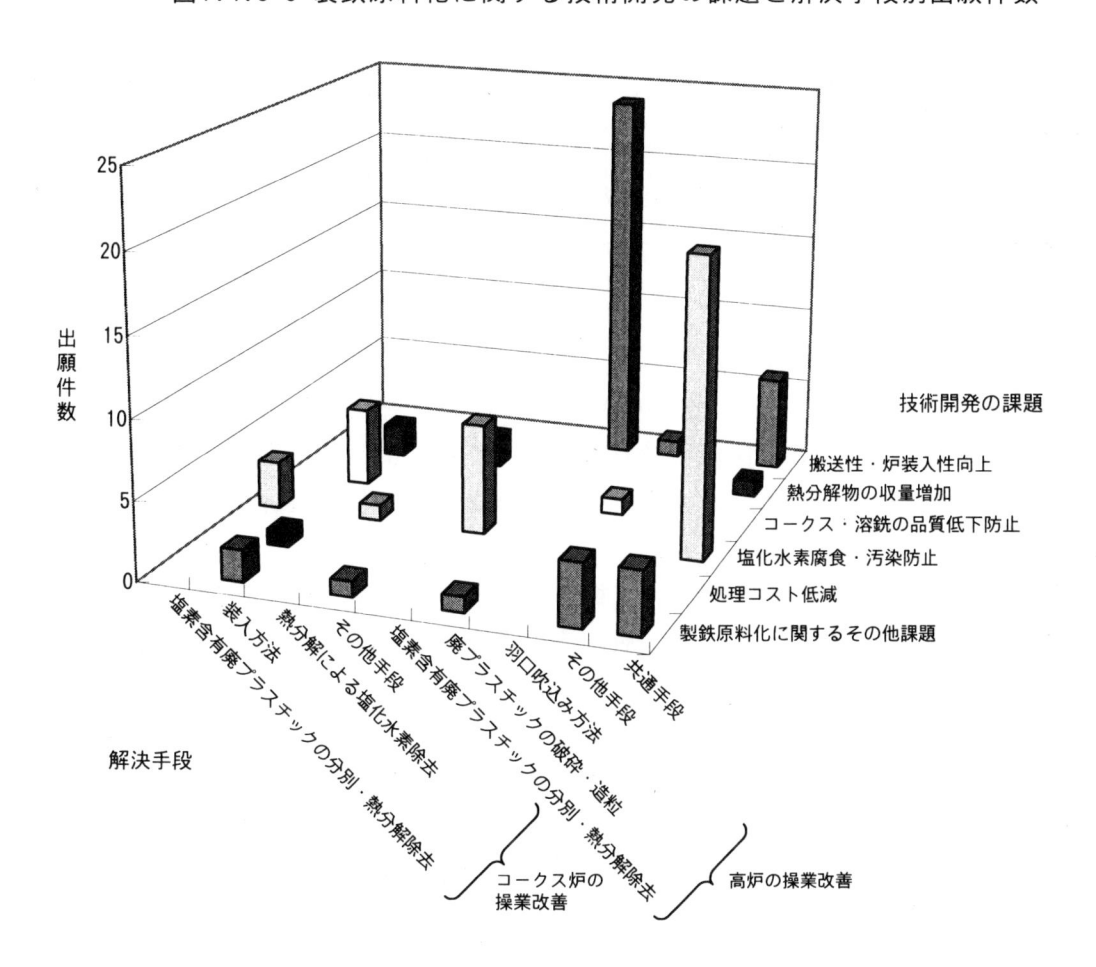

図1.4.3-3 製鉄原料化に関する技術開発の課題と解決手段別出願件数

91年1月1日から01年9月14日公開の出願

表1.4.3-3に製鉄原料化に関する技術開発の課題と解決手段における出願人別件数を示す。出願企業は大手鉄鋼メーカーが主であり、中でも日本鋼管は高炉の操業改善において件数が多い

表1.4.3-3 製鉄原料化に関する技術開発の課題と解決手段における出願人別件数

解決手段＼課題	コークス炉の操業改善				高炉の操業改善				共通手段
	塩素含有廃プラスチックの分別・熱分解除去	装入方法	熱分解塩化水素除去	その他手段	塩素含有廃プラスチックの分別・熱分解除去	廃プラスチックの破砕・造粒	羽口吹込み方法	その他手段	
搬送性・炉装入性向上						日本鋼管㉑ 川崎製鉄② デルグリューネプンクトデュアレスシステムドイチランド① 24件	新日本製鉄① 1件		川崎製鉄③ 日本鋼管① 桐生機械① 吉田忠幸① 6件
熱分解物の収量増加		日本鋼管② 2件		日本鋼管① 新日本製鉄① 2件					平野宏茲① 1件
コークス・溶銑の品質低下防止		新日本製鉄③ 住友金属工業② 5件						日本鋼管① 1件	
塩化水素腐食・汚染防止	新日本製鉄② 日本鋼管① 3件		新日本製鉄① 1件			日本鋼管⑦ 7件			日本鋼管⑭ 川崎製鉄② 明電舎② 吉川公① 19件
処理コスト低減		日本鋼管① 1件							
製鉄原料化に関するその他課題		新日本製鉄② 2件		日本鋼管① 1件		日本鋼管① 1件		日本鋼管③ 電線総合技術センター① 4件	日本鋼管② 新日本製鉄② 4件

91年1月1日から01年9月14日公開の出願

1.4.4 サーマルリサイクル（燃料化）

図1.4.4-1にサーマルリサイクル（燃料化）の技術課題と解決手段別出願件数を示す。サーマルリサイクル（燃料化）に関わる特許に表われた技術開発の課題は、①液体燃料の回収率向上、②固体燃料の回収率向上、③固体＋液体または液体＋固体燃料の回収率向上、④関連プロセスの熱源化に分類される。

一方、この課題に対する解決手段としては、プロセス条件の改善と装置構造の改善に大別でき、さらに前者は、溶融、熱分解、脱塩素化処理、発泡体利用、共通手段・その他に細分化される。

技術開発の課題別でみた場合、固体燃料の回収率向上に関する出願が、液体燃料の回収率向上のそれよりも件数が多い。固体燃料の回収率向上を課題とするもののうち、プラスチック単体を脱塩素化処理で解決する出願が多い。液体燃料の回収率向上に関する課題を熱分解のプロセス改善や装置構造の改善で解決する出願も多い。これら以外にも関連プロセスの熱源化に関する課題に対してもまとまった出願がみられる。

図1.4.4-1 燃料化に関する技術開発の課題と解決手段別出願件数

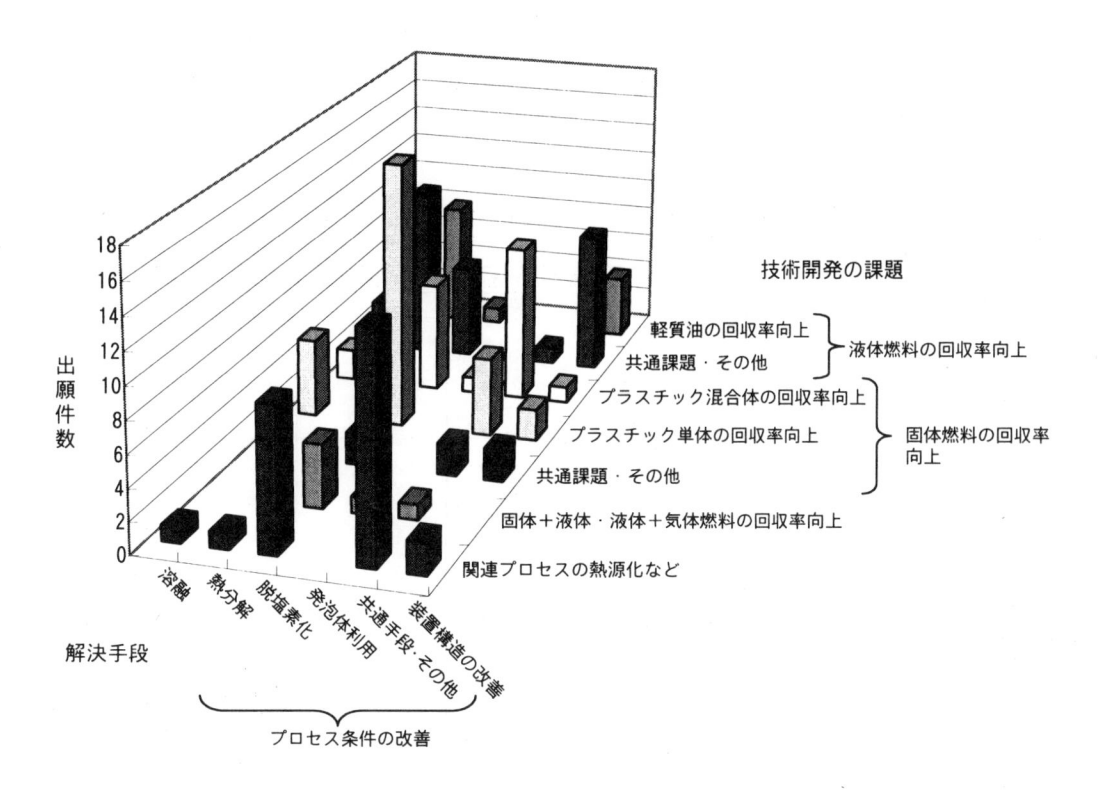

91年1月1日から01年9月14日公開の出願

表1.4.4-1に燃料化の技術課題と解決手段における出願人別件数を示す。出願企業の産業分野は、鉄鋼、機械、電気機器などが主であるが、課題による産業分野の差異は特にみられない。関連プロセスの熱源化を課題とする出願には、セメント製造用のロータリーキルンも適用されるため、セメントメーカーなどの出願人がみられる。

表1.4.4-1 燃料化に関する技術開発の課題と解決手段における出願人別件数

課題	解決手段	プロセス条件の改善 溶融	熱分解	脱塩素化処理	発泡体利用	共通・その他	装置構造の改善
液体燃料の回収率向上	軽質油(ガソリン、灯油、軽油など)の回収率向上		日立製作所③ 新日本製鉄② 東芝① アドバンス① 石川島播磨重工業① 8件	新日本製鉄① 1件			東芝プラント建設② ユーエスエス① 東芝① 4件
	共通課題・その他	クボタ① テイクス① 高茂産業① 3件	日立製作所④ 東芝④ 新日本製鉄② アドバンス① 11件	東芝③ 新日本製鉄① 日立製作所① 明電舎① 6件		新日本製鉄① 1件	東芝④ ユーエスエス② アドバンス① テイクス① 東芝プラント建設① 9件
固体燃料の回収率向上	プラスチック混合体の回収率向上	川崎製鉄② 2件	新日本製鉄① 川崎製鉄① 2件	明電舎③ 東芝② 日本鋼管① 川崎製鉄① 7件	松崎力① 1件	宇部興産⑤ 御池鉄工所② 川崎重工業① 川崎製鉄① 新日本製鉄① 10件	御池鉄工所① 1件
	プラスチック単体の回収率向上	川崎重工業① 関商店① 石川島播磨重工業① 東芝① 日本鋼管① 5件		日本鋼管⑥ 明電舎④ 川崎製鉄④ 太平洋セメント② 川崎重工業① 松崎力① 関商店① 17件	日本鋼管① 1件	日本鋼管③ 太平洋セメント① 新日本製鉄① 5件	東芝② 2件
	共通課題・その他			太平洋セメント② 2件		新日本製鉄① 宇部興産① 2件	新日本製鉄① 御池鉄工所① 2件
固体+液体、液体+気体燃料の回収率向上				東芝③ 松崎力① 4件	日立製作所① 1件	東芝① 1件	
関連プロセスの熱源化など		高茂産業① 1件	東芝① 1件	日本鋼管④ 川崎重工業③ 明電舎① 新日本製鉄① 9件	高茂産業① 1件	平和④ 太平洋セメント④ クボタ② 三菱重工業① 新日本製鉄① 日本鋼管① 石川島播磨重工業① 14件	新日本製鉄② 2件

91年1月1日から01年9月14日公開の出願

2．主要企業等の特許活動

2.1 日本鋼管
2.2 東芝
2.3 日立造船
2.4 日立製作所
2.5 松下電器産業
2.6 新日本製鉄
2.7 三菱重工業
2.8 三井化学
2.9 トヨタ自動車
2.10 ソニー
2.11 三菱化学
2.12 明電舎
2.13 旭化成
2.14 宇部興産
2.15 日本製鋼所
2.16 島津製作所
2.17 住友ベークライト
2.18 川崎製鉄
2.19 東洋紡績
2.20 イノアックコーポレーション

> 特許流通
> 支援チャート
>
> # 2. 主要企業等の特許活動
>
> 主要企業は、それぞれの特徴を生かして活発な技術開発を
> 展開している。その成果が特許出願の随所に見られる。

　本章では、プラスチックリサイクル分野における主要企業について、企業毎に概要、技術移転事例、関連製品・技術および技術開発課題に対応した保有特許を紹介する。

　紹介する特許は、1991年1月1日から01年9月14日までに公開された出願であって、データ取得時点で特許存続中または係属中のものを対象としている。

　主要企業の選定に当たっては、当該テーマ全体における出願件数の多い上位15社と、各技術要素毎に上位3社を採り上げ、重複は除き、合計20社とした。なお、前記上位15社目は3社が同点であったので、広範な分野で活動している日本製鋼所を選んだ。

　各節第1項目の「企業の概要」においては、「技術・資本提携関係」と「関連会社」の項目は、環境事業に関係する代表例に限定している。

　各節第3項目の「プラスチックリサイクル技術に関連する製品・技術」においては、各技術要素毎に特許技術が適用されている可能性のある製品を記載した。

　各節第4項目の「技術開発課題対応保有特許の概要」においては、各企業がどの技術要素に重点を置いて技術開発を行なっているかを明確にするため、その出願比率をグラフ化した。全企業の集計比率については図2-1に示す。

　さらに各企業が保有する特許を技術要素毎に一覧表を作成した。なお、これらの特許のうち、同一技術課題で最先の出願、特徴的技術および他社から異議申立を受けたような牽制効果が大きい出願などを主要特許とみなし、当該一覧表に解決手段の概要を併記、あるいは必要に応じて代表図面を添付した。

　当該一覧表の最右列に記載された印は、出願人が開放する用意のある特許を示している。一方、印のない特許についてライセンスできるかどうかは、各出願人企業の状況により異なる。

図 2-1 全企業における出願比率（総計＝2,885件）

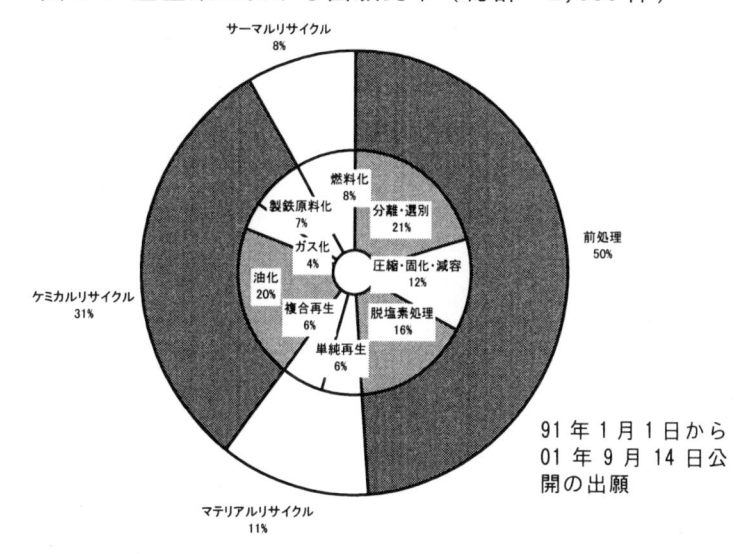

サーマルリサイクル 8%
燃料化 8%
製鉄原料化 7%
ガス化 4%
油化 20%
ケミカルリサイクル 31%
分離・選別 21%
前処理 50%
圧縮・固化・減容 12%
脱塩素処理 16%
複合再生 6%
単純再生 6%
マテリアルリサイクル 11%

91年1月1日から01年9月14日公開の出願

2.1 日本鋼管

2.1.1 企業の概要

表2.1.1-1 日本鋼管の概要

1)	商号	日本鋼管株式会社（呼称：NKK）
2)	設立年月日	1912年6月8日
3)	資本金	2,337億7,310万円（01年3月末現在）
4)	従業員	10,702名（01年3月末現在）
5)	事業内容	製鉄事業、エンジニアリング事業、都市開発事業、リサイクル事業など
6)	技術・資本提携関係	技術提携／IUT社（オーストリア）、トリニケンス（ドイツ）、BRT社（ドイツ）など
7)	事業所	本社／東京　工場／広島、神奈川
8)	関連会社	エヌケーケープラント建設、エヌケーケーテクノス、メンテック機工、エヌケー環境など
9)	業績推移	年間売上高：1兆136億円(99年度)、9,908億円(00年度)、1兆102億円(01年度)
10)	主要製品	鉄鋼製品、エンジニアリング関連設備、リサイクル関連設備（使用済プラスチックのリサイクルシステム）など
11)	主な取引先	丸紅、三菱商事、豊田通商、三井物産、トーメン
12)	技術移転窓口	知的財産部　企画管理グループ

（注）6）技術・資本提携関係と8）関連会社は、環境事業に関する代表例に限定している。

2.1.2 技術移転事例

表2.1.2-1 日本鋼管の技術移転事例

No.	相手先	国名	内　容
1)	イノバティブ・ウンベルトテヒニーク（IUT）	オーストリア	プラスチックボトル材質・色選別技術を供与した。【概要】容器包装系のプラスチックボトルを一列に整列後、センサー部の通過で判定した色と材質信号を受け、選別排出するための機械装置と制御システム。（出典：日本工業新聞　01年9月18日）
2)	トリニケンス	ドイツ	三井物産などとの共同により、廃プラスチックの高炉原料化事業の一環で、家電・OAリサイクル事業分野に関して提携した。（出典：日本工業新聞　97年11月18日）
3)	BRTリサイクリングテクノロジー	ドイツ	エヌケーケープラント建設と共同で、破袋機の技術導入契約を締結した。【概要】プラスチック袋やビニル袋を破って、中に収められた容器包装プラスチック廃棄物を取り出すための前処理設備である。位相差回転ドラム式のため、設置面積が他機種の半分で、処理容量も大きく、確実に破袋できる特徴を持つ。（出典：http://www.nkk.co.jp/release/9911/1118.html　02年1月23日）
4)	日本バイリーン	日本	廃プラスチックの高炉原料化事業の一環で、空調フィルターの再資源化に関して事業提携した。（出典：鉄鋼新聞　01年2月21日）

2.1.3 プラスチックリサイクル技術に関する製品・技術

　日本鋼管におけるプラスチックリサイクルに関する製品・技術の代表例を表2.1.3-1に示す。技術要素のうち分離・選別の項目数が大半を占めており、次ページで紹介する出願件数比率においてもこの傾向が反映されている。一方、各種メディア情報によれば、近年、同社は廃プラスチックの製鉄原料化技術の開発にも注力している模様である。製品・技術の項目数は少ないものの、次ページ図2.1.4-1から明らかなように、製鉄原料化の出願比率および、塩化ビニルなどを製鉄原料化するための脱塩素処理技術の出願比率が高い。

表2.1.3-1 日本鋼管におけるプラスチックリサイクルに関する製品・技術の代表例

技術要素	製品・技術	製品名	発売・実施時期	出典
1)分離・選別	分別ごみ資源化システム	-	-	http://www.nkk.co.jp/products/engineering/e05/05index-top.html(01年12月19日)
	破袋・除袋システム	ツインソーサー式・位相差回転ドラム式	-	
	風力選別機	NKK-WINSEP	-	
	揺動式選別機	NKK-BASEP	-	
	プラスチックボトル自動選別機	-	-	
	プラスチック分離システム(遠心式比重差分離型)	-	-	
2)圧縮・固化・減容	容器包装プラスチックの車載型圧縮梱包システム	-	00年12月仙台市受託	http://www.nittsu.co.jp/press/2000/20001221_1.htm(01年12月19日)
3)製鉄原料化	廃プラスチック高炉原料化技術全般	-	98年	http://www.nkk.co.jp/environment/recycle/index2.html(01年12月19日)

2.1.4 技術開発課題対応保有特許の概要

図2.1.4-1に、日本鋼管におけるプラスチックリサイクル分野の出願比率を示す。前処理とケミカルリサイクルが全体に対して占める割合が高い。

前処理の技術要素としては分離・選別が、ケミカルリサイクルの技術要素としては製鉄原料化が最も多い。

図2.1.4-1 日本鋼管における出願比率（総計＝135件）

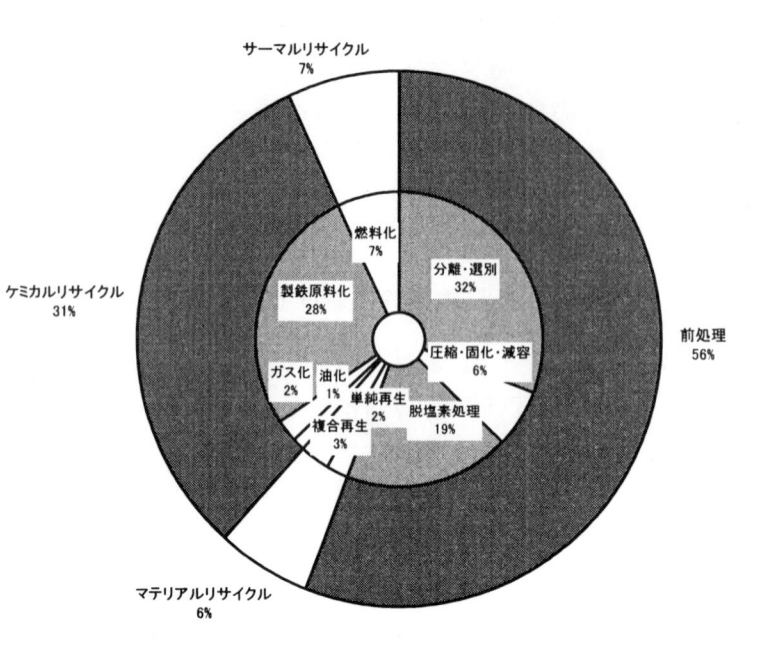

91年1月1日から01年9月14日公開の出願

○：開放の用意がある特許

表2.1.4-1 日本鋼管における保有特許の概要①

技術要素	課題	特許no.	特許分類（筆頭IPC）	概要または発明の名称	
分離・選別	都市ごみ中の特定プラスチック(PVC)の分離・選別	特開平10-225934	B29B 17/00 ZAB	廃棄物の資源化方法	
		特開平10-259272	C08J 11/12	廃棄物中の廃プラスチックの資源化方法	
	都市ごみ中の特定プラスチック(PET)の分離・選別	特開平11-19932	B29B 17/00 ZAB	ガラス瓶、金属缶などの異物を除き、光アレイセンサでボトルのネック部およびラベルの有無を検出、減容する。	
		特開平11-19934	B29B 17/00 ZAB	廃棄プラスチック容器の分別回収装置	
	都市ごみ中のプラスチック一般の分離・選別	特開平9-206688	B07B 4/02	風力選別装置	
		特開平10-298570	C10L 5/46	乾式比重形状分離装置を使用したRDFの製造方法	
		特開平11-116727	C08J 11/04 ZAB	金属複合プラスチックを、分解触媒を含有する200～800℃の粉体流動床に浸漬してプラスチック成分を分解または溶融して回収。	
		特開平11-253885	B07B 4/08	乾式比重形状分離方法	
		特開2000-24616	B09B 3/00	プラスチック／無機物複合廃棄物の熱処理装置	
		特開2000-43044	B29B 17/02 ZAB	プラスチック／無機物複合廃棄物の熱処理装置	
		特開2000-43045	B29B 17/02 ZAB	プラスチック／無機物複合廃棄物からのプラスチックと無機物の分離回収装置	
		特開2000-117740	B29B 17/00 ZAB	加熱溶融の有機媒体中に浸漬したポリマー含有複合廃棄物から分離して液面に浮上するポリマーを有機吸着材に吸着させる。	

表 2.1.4-1 日本鋼管における保有特許の概要②

○：開放の用意がある特許

技術要素	課題	特許no.	特許分類 (筆頭IPC)	概要または発明の名称	
分離・選別	都市ごみ中のプラスチック一般の分離・選別	特開2000-117741	B29B 17/00 ZAB	2段階処理によるポリマー含有複合廃棄物の処理方法	
		特開2000-119670	C10L 5/48	ポリマー含有複合廃棄物浸漬処理用有機媒体及びポリマー含有複合廃棄物の処理方法	
		特開2000-127170	B29B 17/02 ZAB	廃プラスチックおよび紙の分離方法	
		特開2000-157958	B09B 5/00 ZAB	廃棄物からの有機物および無機物の回収装置	
		特開2000-202828	B29B 17/00 ZAB	廃プラスチックの資源化方法	
		特開2000-202829	B29B 17/00 ZAB	廃プラスチックの資源化方法	
		特開2000-256503	C08J 11/06	廃棄物処理後の有機媒体の利用方法	
		特開2001-121127	B09B 5/00 ZAB	一般廃棄物の資源化方法	
		特開2001-121538	B29B 17/02	一般廃棄物の資源化方法	
		特開2001-179210	B09B 3/00	金属複合プラスチック廃棄物の溶解分離設備	
		特開2001-181441	C08J 11/08 ZAB	金属複合プラスチック廃棄物溶解分離設備の熱媒油循環供給装置及びその循環供給方法	
		特開2001-179213	B09B 3/00	金属複合プラスチック廃棄物の溶解分離設備	
		特開2001-179228	B09B 5/00	金属複合プラスチック廃棄物溶解分離設備における搬出・回収装置	
		特開2001-200264	C10B 53/00	無機材料含有廃ポリマーからのコークスの製造方法	
	産業廃棄物中の高分子化合物一般の分離・選別	特開平9-193157	B29B 17/00 ZAB	合成樹脂材の粒状化処理設備	
	プラスチック複合材の分離（金属・ガラスなどとの）	特開平9-155866	B29B 17/00 ZAB	加熱ワイヤ入りポリエチレン管継手のリサイクル方法	
		特開2000-61942	B29B 17/02 ZAB	廃樹脂被覆線材から樹脂を分離する装置	
		特開2000-248108	C08J 11/06	金属複合廃プラスチックを、非酸化性ガス雰囲気下で、200℃〜400℃に加熱された有機媒体中に浸漬し、プラスチック成分を浮上させる際に、ブラスト材を分散させた有機媒体を循環させるブラスト処理を行なう。	
		特開2000-246213	B09B 3/00	金属複合廃プラスチックの処理方法	
		特開2000-306444	H01B 15/00	樹脂被覆線材の連続処理設備	
	プラスチック複合材の表層剥離（プラスチック母材）	特開平8-253620	C08J 11/18	プラスチックの回収処理方法	
		特開2000-127166	B29B 17/02	廃プラスチックおよび紙の分離方法	
		特開2000-127169	B29B 17/02 ZAB	廃プラスチックおよび紙の分離方法	
	プラスチック混合材の分離（PVC）	特開平10-225930	B29B 17/00 ZAB	廃棄プラスチックの資源化方法	
		特開平10-225931	B29B 17/00 ZAB	プラスチックの乾式分離方法	
		特開平10-225932	B29B 17/00 ZAB	混合プラスチックの炉吹き込み原燃料化の前処理方法	
		特開2000-126688	B07B 4/08	塔の下面から流入される上昇空気流を脈動させて廃プラスチックを振動し、プラスチックの種類A、B別に分離する。	
		特開2000-127161	B29B 17/00	廃プラスチックの乾式比重形状分離方法	
		特開2000-127164	B29B 17/00 ZAB	高温流体を用いた廃プラスチックの乾式比重形状分離方法	
		特開2000-127165	B29B 17/00 ZAB	フィルム状廃プラスチックからPVCなどの塩素含有プラスチックを低温脆化温度の差を利用して衝撃分離する。	
		特開2000-254542	B03B 5/28	遠心式比重分離装置によってプラスチックから塩素含有プラスチックを分離する方法	
		特開2000-280245	B29B 17/00 ZAB	遠心式比重分離装置によって廃プラスチックから塩素含有プラスチックを分離する方法	

○：開放の用意がある特許

表 2.1.4-1 日本鋼管における保有特許の概要③

技術要素	課題	特許no.	特許分類（筆頭IPC）	概要または発明の名称
分離・選別	プラスチック混合材の分離（PVC）	特開2001-212518	B07B 4/08	プラスチックの分離方法
		特開2001-212520	B07B 13/08	プラスチックの分離方法
		特開2000-317936	B29B 17/00 ZAB	湿式比重分離装置の水処理方法
	プラスチック混合材の分離（一般・その他）	特開平9-216226	B29B 17/00 ZAB	廃棄プラスチックの比重分離方法
		特開平9-220722	B29B 17/00 ZAB	廃棄プラスチックの比重分離装置
		特開平10-258425	B29B 17/00 ZAB	廃プラスチックからポリエチレンおよびポリプロピレンの粒状物を造粒する方法
		特開平10-258426	B29B 17/00 ZAB	廃プラスチックからポリエチレンおよびポリプロピレンの造粒物を造粒する方法
		特開平10-258427	B29B 17/00 ZAB	廃プラスチックからポリエチレンおよびポリプロピレンの粒状物を造粒する方法
		特開平11-254437	B29B 17/00 ZAB	底板（振動篩）の傾斜角を軽比重物排出側から高比重排出側に近づくにつれ大きくし、底板に設けた噴射孔から上昇空気流を噴射する。
		特開平11-254438	B29B 17/00 ZAB	プラスチックの乾式比重形状分離方法
		特開2000-126689	B07B 4/08	塔径を多段にした廃プラスチックの乾式比重形状分離方法
		特開2000-126692	B07B 4/08	廃プラスチックの乾式比重形状分離方法
		特開2000-126690	B07B 4/08	分離した廃プラスチックの取出し方法
		特開2000-126693	B07B 4/08	エアテーブル型乾式比重形状分離装置の邪魔板
		特開2000-126691	B07B 4/08	廃プラスチックの乾式比重形状分離方法
		特開2000-237625	B02C 23/10	プラスチック系廃棄物の処理装置および処理方法
		特開2001-72795	C08J 11/08	難燃剤成分を含む廃プラスチックの処理方法
		特開2000-308855	B07C 5/02	廃棄プラスチックの選別装置
圧縮・固化・減容	ペットボトルの圧縮・固化・減容	特開平11-19933	B29B 17/00 ZAB	廃棄プラスチックボトルの分別回収装置
	プラスチック一般（ポリエチレン、ポリスチレン、ポリ塩化ビニル、エポキシ、ポリエステルなど）の圧縮・固化・減容	特開平11-19932	B29B 17/00 ZAB	廃棄プラスチックボトルの回収装置
		特開2000-52345	B29B 17/00 ZAB	フィルム系混合廃プラスチックの圧縮供給装置
		特開2000-52346	B29B 17/00 ZAB	フィルム系混合廃プラスチックの圧縮供給装置
		特開2000-52096	B30B 9/28	フィルム系混合廃プラスチックの圧縮供給装置の駆動方法
		特開2000-127161	B29B 17/00	廃プラスチックの乾式比重形状分離方法
		特開2000-127164	B29B 17/00 ZAB	高温流体を用いた廃プラスチックの乾式比重形状分離方法
		特開2000-127170	B29B 17/02	廃プラスチックおよび紙の分離方法
		特開2000-127165	B29B 17/00 ZAB	廃プラスチックの分離方法
		特開2000-24622	B09B 3/00	有機熱媒体を特定の温度範囲で、その沸点以下に加熱するとともに、それに廃プラスチックを浸漬して、廃プラスチックを減溶化させることにより、ハロゲン化炭化水素やプラスチックを無公害で容易に回収できるようにする。
		特開2001-181441	C08J 11/08 ZAB	金属複合プラスチック廃棄物溶解分離設備の熱媒油循環供給装置及びその循環供給方法
		特開2001-179213	B09B 3/00	金属複合プラスチック廃棄物の溶解分離設備

表2.1.4-1 日本鋼管における保有特許の概要④

○：開放の用意がある特許

技術要素	課題	特許no.	特許分類（筆頭IPC）	概要または発明の名称	
圧縮・固化・減容	その他（都市ごみなど）の圧縮・固化・減容	特開平9-193157	B29B 17/00 ZAB	合成樹脂材の粒状化処理設備	
脱塩素処理	塩素含有廃プラスチックの検出および／または分離効率向上	特開平10-57929	B09B 5/00 ZAB	一般廃棄物の資源化方法	
		特開平10-58451	B29B 17/02	揺動式分別で柔らかいものと硬いものに分別し、それぞれ熱特性、赤外線などを利用して塩素含有廃プラスチックを分離除去。	
		特開平10-225933	B29B 17/00 ZAB	プラスチック廃棄物の湿式比重選別工程の水処理方法	
		特開平10-225934	B29B 17/00 ZAB	廃棄物の資源化方法	
		特開平10-235644	B29B 17/00 ZAB	プラスチックごみの縦型湿式比重分離方法	
		特開平10-235645	B29B 17/00 ZAB	プラスチックごみの比重分離方法	
		特開平10-235646	B29B 17/00 ZAB	プラスチックごみの湿式比重分離方法	
		特開平10-258425	B29B 17/00 ZAB	廃プラスチックからポリエチレンおよびポリプロピレンの粒状物を造粒する方法	
		特開平10-258426	B29B 17/00 ZAB	廃プラスチックからポリエチレンおよびポリプロピレンの造粒物を造粒する方法	
		特開平10-258427	B29B 17/00 ZAB	廃プラスチックからポリエチレンおよびポリプロピレンの粒状物を造粒する方法	
		特開平10-258428	B29B 17/00 ZAB	廃プラスチックから塩素含有プラスチックを分離し除去する方法	
		特開2000-254542	B03B 5/28	遠心式比重分離装置によって廃プラスチックから塩素含有プラスチックを分離する方法	
		特開2000-317936	B29B 17/00 ZAB	湿式比重分離装置の水処理方法	
	塩化水素のリサイクル	特開平10-324772	C08J 11/12	塩素含有合成樹脂の処理方法および装置	
		特開平11-19621	B09B 3/00	塩素を含有する合成樹脂の処理方法および装置	
		特開平11-199874	C10G 1/10	所定沸点、芳香族指数の有機媒体を200～400℃、沸点以下に加熱後、塩素含有廃プラスチックを浸漬して脱塩素化後、塩素を回収。	
		特開2000-153522	B29B 17/00	塩素含有樹脂類の処理方法	
	塩化水素の無害化	特開平9-239343	B09B 3/00	合成樹脂類の処理方法及び設備	
		特開平9-239344	B09B 3/00	合成樹脂類の処理方法及び設備	
		特開平10-110931	F23G 7/12 ZAB	合成樹脂類の処理方法及び設備	
		特開平10-225676	B09B 5/00 ZAB	プラスチック系廃棄物の炉原料化方法及び設備	
		特開平10-259272	C08J 11/12	廃棄物中の廃プラスチックの資源化方法	
		特開2000-185320	B29B 17/00	廃プラスチック再生処理設備ならびに気液分離装置および方法	
		特開2000-185269	B09B 3/00	廃プラスチック再生処理設備	
	操業効率の向上	特開平10-263508	B09B 3/00	塩素含有樹脂の処理方法	
		特開平10-263509	B09B 3/00	塩素含有樹脂の処理方法	
		特開平10-263510	B09B 3/00	塩素含有樹脂の処理方法および処理設備	
		特開平10-328641	B09B 3/00	塩素含有樹脂の処理方法および処理設備	
		特開平11-19622	B09B 3/00	熱分解による塩素含有合成樹脂の処理方法及び装置	
		特許3159133	B09B 3/00	ロータリーキルンを外管と内管で構成し、その内管内に含塩素廃プラスチックおよび熱媒体を装入し、内管と外管間に加熱ガスを供給して加熱。	

53

表 2.1.4-1 日本鋼管における保有特許の概要⑤

○：開放の用意がある特許

技術要素	課題	特許no.	特許分類（筆頭IPC）	概要または発明の名称	
脱塩素処理	操業効率の向上	特開平11-47715	B09B 3/00	塩素含有樹脂の処理方法	
		特開平10-259273	C08J 11/12 CEV	含塩素高分子樹脂の塩素除去方法	
		特開平10-306329	C22B 1/00	破砕した含塩素樹脂被覆鋼材をロータリーキルン炉に装入、加熱して樹脂中の塩素を除去し、発生塩化水素を塩酸として回収。	
		特開2000-153526	B29B 17/00 ZAB	塩素含有樹脂類の処理方法	
	設備耐久性向上	特開平10-245606	C21B 7/00 308	合成樹脂類の処理方法及び設備	
		特開平10-245607	C21B 7/00 308	混合廃プラスチックを粉砕、塩素含有廃プラスチックを分別後、押出型熱分解装置で脱塩素化し、炉原料形状に加工後、炉燃料および還元剤として使用。	
		特開平11-267615	B09B 3/00	ロータリーキルンを外管と内管で構成し、その内管内に含塩素廃プラスチックおよび熱媒体を装入し、内管と外管間に加熱ガスを供給して加熱。	
単純再生	熱可塑性樹脂の単純再生（ポリウレタン）	特開平11-138539	B29B 17/00 ZAB	発泡ウレタン廃材の収縮処理方法及び発泡ウレタン廃材を炉へ供給する方法	
		特開平11-138540	B29B 17/00 ZAB	発泡ウレタン廃材の収縮処理方法及び発泡ウレタン廃材を炉へ供給する方法	
	共通・その他の単純再生	特開平11-147973	C08J 11/04	熱硬化性樹脂粉体の処理方法及びその廃材を炉へ供給する方法	
		特開平11-291246	B29B 13/10	廃プラスチック再生処理設備におけるプラスチックを造粒するための装置	
		特開2001-129825	B29B 9/04	廃プラスチック再生処理設備における造粒装置	
複合再生	再生品の品質・機能向上（リサイクル性）	特開2000-218623	B29B 17/00	合成樹脂の溶融造粒方法	
	用途・機能開発（土木材料）	特開平10-264160	B29B 17/02 ZAB	一般廃棄物中の廃プラスチックの資源化方法	
		特開2000-71250	B29B 17/02 ZAB	廃棄物中の廃プラスチックの再利用方法	
		特開2000-71251	B29B 17/02 ZAB	廃棄物中の廃プラスチックの再利用方法	
	用途・機能開発（自動車・家電部品）	特公平7-90554	B29B 17/00	ガラス繊維強化プラスチック成形物のリサイクル用連続シートの製造方法	
	プロセス改善（迅速化・効率化）	特開平11-291246	B29B 13/10	廃プラスチック再生処理設備におけるプラスチックを造粒するための装置	
		特開2001-129825	B29B 9/04	廃プラスチック再生処理設備における造粒装置	
油化	生産効率向上（高速・連続化、回収率向上）	特開2000-86807	C08J 11/08	大型プラスチック含有廃棄物の処理装置及び処理方法	

表 2.1.4-1 日本鋼管における保有特許の概要⑥

○：開放の用意がある特許

技術要素	課題	特許no.	特許分類（筆頭IPC）	概要または発明の名称	
油化	操業トラブル防止（有害物の処理・安全衛生問題）	特開平11-323360	C10L 5/48	廃プラスチックからのポリマー成分の回収方法	
		特開2000-153523	B29B 17/00	ロータリーキルンの内壁に、被処理材を掻き上げる羽根を設けることにより、被処理樹脂材の撹拌性を高め、ダストの発生を抑える。	
ガス化	ガス化（炭化水素系ガス一般）	特開平10-165917	B09B 3/00	廃プラスチックのガス化方法	
製鉄原料化	搬送性・炉装入向上	特開平10-86155	B29B 17/00 ZAB	廃合成樹脂材の粒状化方法	
		特開平9-170009	C21B 7/00 310	フィルム状とその他形状の各合成樹脂に分別し、各々含塩素樹脂を分離除去後、粒状物に加工し、高炉などに気送し、炉内に吹き込む。	
		特開平10-237510	C21B 5/00 320	農業用廃プラスチックフィルムを破砕用回転刃で破砕、かつ摩擦熱で半溶融し、球状に熱収縮後、冷却する。	
		特開平10-225676	B09B 5/00 ZAB	プラスチック系廃棄物の炉原料化方法及び設備	
		特開平10-298570	C10L 5/46	乾式比重形状分離装置を使用したRDFの製造方法	
		特開平10-305429	B29B 17/00 ZAB	廃プラスチック再生処理設備における造粒装置	
		特開平10-305430	B29B 17/00 ZAB	廃プラスチック再生処理設備における造粒装置	
		特開平10-305431	B29B 17/00 ZAB	廃プラスチック再生処理設備における造粒装置	
		特開平10-305432	B29B 17/00 ZAB	廃プラスチック再生処理設備における造粒装置	
		特開平11-147973	C08J 11/04	熱硬化性樹脂粉体の廃材の処理方法及びその廃材を炉へ供給する方法	
		特開平11-138540	B29B 17/00 ZAB	発泡ウレタン廃材の収縮処理方法及び発泡ウレタン廃材を炉へ供給する方法	
		特開平11-156850	B29B 9/12	フィルム状廃棄プラスチック類の造粒方法	
		特開平11-156855	B29B 17/02 ZAB	フィルム状廃プラスチックを破砕、金属などを分別後、複数の貫通孔を有するダイスと転動ローラからなる圧縮成型装置により粒状成型する。	
		特開平11-240015	B29B 17/00 ZAB	塊状合成樹脂類の粒状化処理方法	
		特開2000-52344	B29B 17/00 ZAB	フィルム系廃プラスチックの圧縮造粒方法	
		特開2000-140794	B09B 3/00	プラスチック系廃棄物からなる造粒合成樹脂材およびその製造方法	
		特開2000-192064	C10L 5/44	紙を含有するプラスチック廃棄物の造粒方法	
		特開2000-225352	B02C 18/16	フィルム状合成樹脂材の造粒方法	
		特開2000-282073	C10L 5/48	廃プラスチックの造粒方法	
		特開2001-121538	B29B 17/02	一般廃棄物の資源化方法	

表 2.1.4-1 日本鋼管における保有特許の概要⑦

○：開放の用意がある特許

技術要素	課題	特許no.	特許分類（筆頭IPC）	概要または発明の名称	
製鉄原料化	搬送性・炉装入向上	特開2000-158443	B29B 17/02 ZAB	フィルム状廃プラスチックを破砕、金属などを分別後、複数の貫通孔を有するダイスと転動ローラからなる圧縮成型装置により粒状成型する。	
		特開2000-317935	B29B 17/00 ZAB	高炉吹込剤の加熱造粒効率向上のため、廃プラスチックを乾燥して含水率を20%以下に調整後、ダイス型造粒機で粒状に加工する。	
	熱分解物の収量増加	特開2001-98276	C10B 53/00	コークス炉による廃プラスチックの処理方法	
		特開2001-98277	C10B 53/00	コークス炉による廃プラスチックの処理方法	
		特開2001-200264	C10B 53/00	無機材料含有廃ポリマーからのコークスの製造方法	
	コークス・溶銑品質低下防止	特開平9-239344	B09B 3/00	合成樹脂類の処理方法及び設備	
	塩化水素腐食・汚染防止	特開平10-57929	B09B 5/00 ZAB	一般廃棄物の資源化方法	
		特開平10-110931	F23G 7/12 ZAB	合成樹脂類の処理方法及び設備	
		特開平10-225930	B29B 17/00 ZAB	廃棄プラスチックの資源化方法	
		特開平10-225932	B29B 17/00 ZAB	混合プラスチックの炉吹き込み原燃料化の前処理方法	
		特開平10-235644	B29B 17/00 ZAB	プラスチックごみの縦型湿式比重分離方法	
		特開平10-235645	B29B 17/00 ZAB	プラスチックごみの比重分離方法	
		特開平10-258428	B29B 17/00 ZAB	廃プラスチックから塩素含有プラスチックを分離し除去する方法	
		特開平10-245606	C21B 7/00 308	合成樹脂類の処理方法及び設備	
		特開平10-245607	C21B 7/00 308	合成樹脂類の処理方法及び設備	
		特開平10-263508	B09B 3/00	塩素含有樹脂の処理方法	
		特開平10-263509	B09B 3/00	塩素含有樹脂の処理方法	
		特開平10-324772	C08J 11/12	塩素含有合成樹脂の処理方法および装置	
		特開平11-19622	B09B 3/00	熱分解による塩素含有合成樹脂の処理方法及び装置	
		特許3159133	B09B 3/00	含塩素高分子樹脂の塩素除去方法	
		特開平10-259273	C08J 11/12 CEV	含塩素高分子樹脂の塩素除去方法	
		特開平10-306329	C22B 1/00	塩素含有樹脂被覆鋼材の原料化処理方法および装置	
		特開平11-199874	C10G 1/10	塩素含有廃プラスチックの処理方法	
		特開2000-127161	B29B 17/00	廃プラスチックの乾式比重形状分離方法	
		特開2000-126693	B07B 4/08	エアテーブル型乾式比重形状分離装置の邪魔板	
		特開2000-126691	B07B 4/08	廃プラスチックの乾式比重形状分離方法	
		特開2000-185320	B29B 17/00	廃プラスチック再生処理設備ならびに気液分離装置および方法	
		特開2000-185269	B09B 3/00	廃プラスチック再生処理設備	
	処理コスト低減	特開平9-132782	C10B 53/00	粉砕費低減と熱分解付着物抑制を目的とし、コークス炉下部に粗粒廃プラスチックを装入し、この上に石炭を装入し乾留する。	
	製鉄原料化に関するその他の課題	特開平10-235646	B29B 17/00 ZAB	プラスチックごみの湿式比重分離方法	
		特開平11-263980	C10B 53/00	コークス炉による廃棄プラスチックの処理方法	
		特開2000-87018	C09K 5/00	ポリマー含有廃棄物処理用熱媒体およびポリマー含有廃棄物の処理方法	
		特開2000-126690	B07B 4/08	分離した廃プラスチックの取出し方法	
		特開2000-192115	C21B 5/00 301	プラスチック廃棄物の高炉原料化方法および装置	
		特開2001-72795	C08J 11/08	難燃剤成分を含む廃プラスチックの処理方法	
		特開2001-121127	B09B 5/00 ZAB	一般廃棄物の資源化方法	

表 2.1.4-1 日本鋼管における保有特許の概要⑧

○：開放の用意がある特許

技術要素	課題	特許no.	特許分類（筆頭IPC）			概要または発明の名称	
燃料化	プラスチックと他材料の混合物からなる固体燃料の回収	特開平10-58451	B29B	17/02		廃棄物から塩素含有プラスチックを除去する方法および塩素含有プラスチックを含まない燃料を製造する方法	
	プラスチック単独からなる固体燃料の回収	特開平10-245606	C21B	7/00	308	合成樹脂類の処理方法及び設備	
		特開平10-245607	C21B	7/00	308	合成樹脂類の処理方法及び設備	
		特開平10-315236	B29B	17/00	ZAB	廃プラスチック再生処理設備における造粒装置	
		特開平10-324772	C08J	11/12		塩素含有合成樹脂の処理方法および装置	
		特開平11-138539	B29B	17/00	ZAB	発泡ウレタン廃材の収縮処理方法及び発泡ウレタン廃材を炉へ供給する方法	
		特開2000-140794	B09B	3/00		プラスチック系廃棄物からなる造粒合成樹脂材およびその製造方法	
		特開2000-282073	C10L	5/48		廃プラスチックの造粒方法	
		特開2001-72795	C08J	11/08		難燃剤成分を含む廃プラスチックの処理方法	
		特開2001-121127	B09B	5/00	ZAB	一般廃棄物の資源化方法	
		特開2001-212518	B07B	4/08		流動層に投入された廃プラスチックを脈動空気流の噴射によって、塩素含有プラスチックと非塩素含有プラスチックとに分別する。	
		特開2001-212520	B07B	13/08		プラスチックの分離方法	
	燃料化に関するその他の課題	特開平10-263508	B09B	3/00		塩素含有樹脂の処理方法	
		特開平10-298570	C10L	5/46		廃棄物を一次破砕後乾燥し、乾式比重形状分離装置1を用いて不燃物を除去し、残った可燃物を二次破砕し、造粒する。	
		特許3159133	B09B	3/00		含塩素高分子樹脂の塩素除去方法	
		特開平10-259273	C08J	11/12	CEV	含塩素高分子樹脂の塩素除去方法	
		特開2000-153526	B29B	17/00	ZAB	塩素含有樹脂類の処理方法	

2.1.5 技術開発拠点

東京都：本社

2.1.6 研究開発者

　研究開発者数にほぼ対応した実質発明者数と出願件数について、その推移を図2.1.6-1、図2.1.6-2に示す。なお、図2.1.6-2は2年毎の平均値で表示している。1995年より出願件数が増加し始め、98年がピークとなっている。発明者数についても同時期にピークの36名に達している。

図2.1.6-1 発明者数と出願件数の推移（日本鋼管）

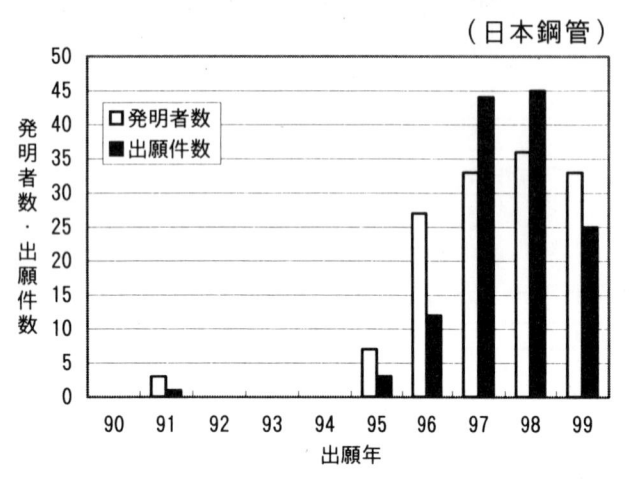

図2.1.6-2 発明者数と出願件数の関係推移（日本鋼管）

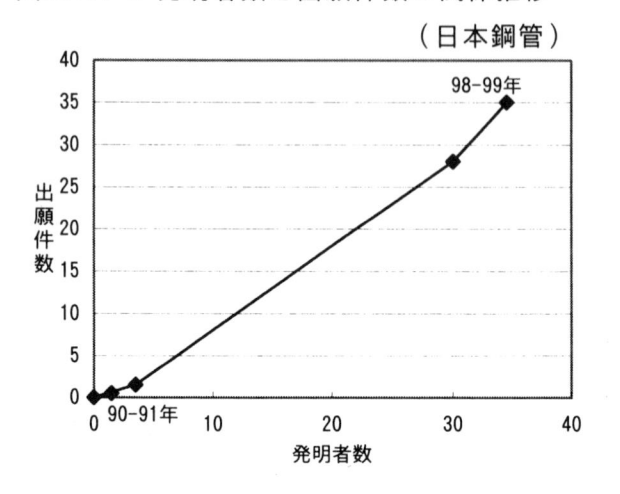

2.2 東芝

2.2.1 企業の概要

表2.2.1-1 東芝の概要

1)	商号	株式会社　東芝
2)	設立年月	1904年6月
3)	資本金	2,749億円（01年3月末現在）
4)	従業員	52,263名（01年3月末現在）
5)	事業内容	発電機・電動機・その他の電気機械器具製造業、通信機械器具製造業など
6)	技術・資本提携関係	技術提携／PKA社(ドイツ)など
7)	事業所	本社／東京　工場／東京、神奈川、埼玉、栃木、愛知、三重、大阪、兵庫、福岡、大分
8)	関連会社	東芝エンジニアリング、テルム、札幌プラスチックリサイクル、西日本家電リサイクル、東芝プラント建設など
9)	業績推移	年間売上高：3兆4,076億円(98年度)、3兆5,053億円(99年度)、3兆6,789億円(00年度)
10)	主要製品	民生用電気機械器具、産業用電気機械・情報通信機械器具など
11)	主な取引先	東京電力　三井物産　東芝情報機器　東芝デバイス　KDD海底ケーブルシステム
12)	技術移転窓口	知的財産部　企画担当

(注) 6) 技術・資本提携関係と8) 関連会社は、環境事業に関する代表例に限定している。

2.2.2 技術移転事例

表2.2.2-1 東芝の技術移転事例

No.	相手先	国名	内容
1)	PKA社	ドイツ	熱分解ガス化システムについて技術提携契約を締結した。【概要】廃棄物を低温かつ空気を絶った状態で熱分解し、発生したガスを高温分解することにより、ダイオキシンなどの有害物質を分解・除去し、クリーンガスを作り出す。(出典：http://www.toshiba.co.jp/about/press/1997_12/pr_j1601.htm　01年12月20日)
2)	新日鐵化学	日本	共同開発により、テレビ用プラスチックのマテリアルリサイクル技術を確立した。【概要】家電リサイクル工場で材料別に分別・破砕したプラスチックを新開発の乾式洗浄を行ない、異物除去後、バージン材と混合させてテレビ筐体用に再利用する。(出典：電波新聞　01年12月5日)
3)	帝人化成 エビナ電化工業 テルム	日本	パソコンの解体・分別技術、メッキ剥離技術、再生材配合プラスチックの製造技術を提供し合って再資源化事業を行なう。(出典：日本経済新聞　99年12月15日)

2.2.3 プラスチックリサイクル技術に関する製品・技術

東芝におけるプラスチックリサイクルに関する製品・技術の代表例を表2.2.3-1に示す。同社では、テレビやパソコンなどのプラスチックリサイクル技術の研究開発、および回収プラスチックの熱分解・改質・溶融油化などの設備販売や事業化を行なっている。

表2.2.3-1 東芝におけるプラスチックリサイクルに関する製品・技術の代表例

技術要素	製品・技術	発売・実施時期	出典
1)マテリアルリサイクル	テレビ用プラスチックのリサイクル技術開発	01年12月発表	http://www.toshiba.co.jp/about/press/2001_12/pr_j0401.htm（01年12月20日）
	パソコン用プラスチックのリサイクル	00年4月実施	日本経済新聞（99年12月15日）
2)油化	プラスチック油化・再商品化事業	00年4月稼働	http://www.toshiba.co.jp/env/m073/main.htm（01年12月19日） http://www.nce-ltd.co.jp/new.htm（02年1月23日）
	塩化ビニル混入廃プラスチック油化処理装置	96年11月発売	http://www.toshiba.co.jp/about/press/1996_10/pr_j2201.htm（02年1月23日）
3)ガス化	熱分解ガス化改質・溶融システム	－	http://www.toshiba.co.jp/env/m073/main.htm（02年1月23日）

2.2.4 技術開発課題対応保有特許の概要

図2.2.4-1に、東芝におけるプラスチックリサイクル分野の出願比率を示す。ケミカルリサイクルと前処理が全体に対して占める割合が高い。

ケミカルリサイクルの技術要素においては、油化が最も多く、前処理の技術要素においては、脱塩素処理が最も多い。

図2.2.4-1 東芝における出願比率（総計＝102件）

サーマルリサイクル 15%
前処理 34%
分離・選別 4%
燃料化 15%
圧縮・固化・減容 4%
製鉄原料化 1%
脱塩素処理 26%
ガス化 4%
単純再生 1%
油化 40%
複合再生 5%
ケミカルリサイクル 45%
マテリアルリサイクル 6%

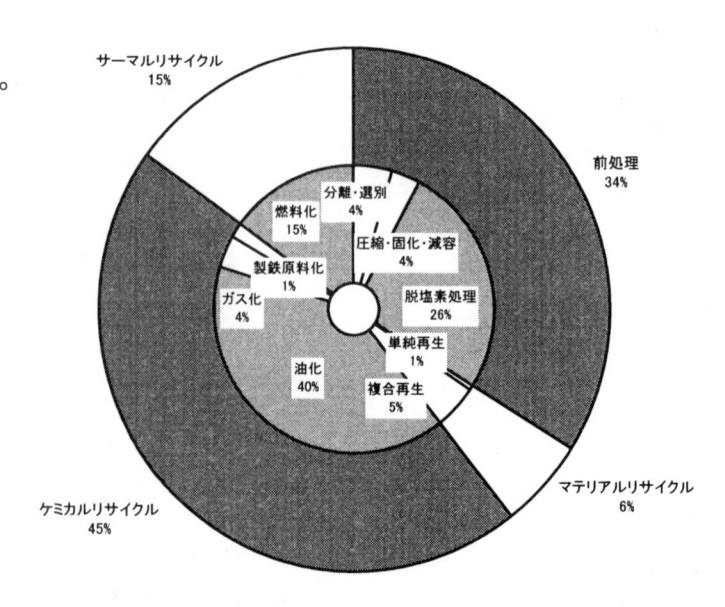

91年1月1日から01年9月14日公開の出願

表 2.2.4-1 東芝における保有特許の概要①

○：開放の用意がある特許

技術要素	課題	特許no.	特許分類（筆頭IPC）		概要または発明の名称	
分離・選別	都市ごみ中のプラスチック一般の分離・選別	特開平10-99815	B09B 3/00		処理装置および処理方法	
		特開平10-298342	C08J 11/00	ZAB	有機ハロゲン化合物を含有する廃プラスチックの処理装置	
		特開平11-92590	C08J 11/12	CFF	発泡プラスチックを含む廃棄物の処理方法及び処理装置	
		特開平10-314713	B09B 5/00	ZAB	混合廃棄物の処理方法および処理装置	
		特開平11-105031	B29B 17/00		廃棄物の処理方法および処理装置	
		特開2000-167833	B29B 17/00	ZAB	廃プラスチック処理装置	
圧縮・固化・減容	発泡プラスチック（スチロール樹脂など）の圧縮・固化・減容	特開平9-235406	C08J 11/20	ZAB	樹脂成形体の減容方法	
		特開平9-234735	B29B 17/00	ZAB	樹脂成形体の減容方法	
	自動車・家電部品などの圧縮・固化・減容	特開2001-87744	B09B 3/00	ZAB	廃棄物処理装置	
	プラスチック一般（ポリエチレン、ポリスチレン、ポリ塩化ビニル、エポキシ、ポリエステルなど）の圧縮・固化・減容	特開平9-227715	C08J 11/12		プラスチック材料の溶融分解装置	
		特開平9-276819	B09B 3/00		廃プラスチックの処理装置および処理方法	
脱塩素処理	塩化水素のリサイクル	特開平9-286988	C10G 1/10		廃プラスチック熱分解装置	
		特開平10-314694	B09B 3/00		廃棄物熱分解処理装置	
	塩化水素の無害化	特開平9-291287	C10G 1/10		廃プラスチック処理方法および処理装置	
		特開平10-309555	B09B 3/00		廃棄物処理装置	
		特開平11-114531	B09B 3/00		廃棄プラスチック処理装置	
		特開平11-158319	C08J 11/10	ZAB	ポリ塩化ビニル含有廃プラスチック処理装置およびその処理方法	
		特開平11-315162	C08J 11/10	ZAB	熱処理方法、および熱処理装置	
		特許3004980	C08J 11/12	CEV	廃プラスチック処理装置	
	操業効率の向上	特開平7-82570	C10G 1/10		加熱油化方法及びその装置	
		特開平8-92412	C08J 11/10	ZAB	プラスチックの再資源化方法	
		特開平9-77906	C08J 11/16	ZAB	廃プラスチックの熱分解方法及び装置	
		特開平10-217245	B29B 17/00	ZAB	廃プラスチック脱塩素処理装置	
		特開平11-140459	C10G 1/10	ZAB	プラスチックの加熱処理方法	
		特開平11-246702	C08J 11/12	ZAB	廃プラスチック処理装置	
		特開平11-319757	B09B 3/00		廃棄物処理方法と廃棄物処理装置	
		特開平11-323007	C08J 11/12	ZAB	廃プラスチック処理装置	
		特開平11-349728	C08J 11/12	ZAB	廃プラスチック処理装置	
		特開2000-167833	B29B 17/00	ZAB	廃プラスチック処理装置	
		特開2000-297176	C08J 11/10		脱塩素装置	
		特開2000-313887	C10G 1/10		廃プラスチック処理装置	
		特開2001-106826	C08J 11/12	CEU	廃プラスチック処理装置	
		特開2001-164265	C10G 1/10		押出機型熱分解装置の下方に熱分解溶融物および脱塩ガスの一時貯留用溶融槽を接続。	
		特開2001-200093	C08J 11/12	ZAB	廃プラスチック処理装置	
		特開2001-206977	C08J 11/10	ZAB	廃プラスチック処理装置	
	生成プラスチックの品質向上	特開平7-216128	C08J 11/12	CEV	塩素含有廃プラスチック中の塩素量を測定し、この値に基づいてアルカリを添加して塩素含有廃プラスチック熱分解後、熱分解ガスを凝集して回収。	
		特開平9-249765	C08J 11/00	ZAB	可塑剤および塩素含有廃プラスチックを押出機型熱分解装置で加熱して可塑剤およびHClを脱離後、残留物を乾留熱分解して油化回収。	

○：開放の用意がある特許

表2.2.4-1 東芝における保有特許の概要②

技術要素	課題	特許no.	特許分類(筆頭IPC)	概要または発明の名称
脱塩素処理	生成プラスチックの品質向上	特開平9-249766	C08J 11/00　ZAB	プラスチック廃棄物の処理方法
		特開平9-263773	C10G 1/10　ZAB	可塑剤および塩素含有廃プラスチックを押出機型熱分解装置で低温および高温の2段加熱して可塑剤およびHClを脱離後、残留物を油化回収。
		特開平9-291284	C10B 53/00	廃塩化ビニル樹脂処理装置
		特開平9-290230	B09B 3/00	プラスチックの処理方法及び熱分解装置
		特開平9-291290	C10G 1/10　ZAB	プラスチック処理装置及びプラスチック油化処理装置
		特開平9-310077	C10G 1/10　ZAB	塩化ビニルを含むプラスチック廃棄物の処理方法
	設備耐久性向上	特開平8-100183	C10G 1/10　ZAB	合成樹脂材の油化処理装置とその油化処理方法
		特開平8-269461	C10G 1/10　ZAB	プラスチック油化処理装置
		特開平11-244817	B09B 3/00	廃プラスチック処理装置
		特開2001-164264	C10G 1/10　ZAB	廃プラスチック処理装置
単純再生	熱可塑性樹脂の単純再生（ポリオレフィン共通）	特開平8-245717	C08F 6/00	弗素樹脂を水素を含有した窒素雰囲気中で加熱して気化し、気化した弗素樹脂を冷却して凝縮することにより精製弗素樹脂を回収する。
複合再生	再生品の品質・機能向上（リサイクル性）	特開平11-235571	B09B 5/00	浮上式鉄道地上コイルの廃棄処理方法及び建設用資材
	用途・機能開発（日用品）	特開平8-92413	C08J 11/16　ZAB	プラスチックの再資源化方法及び装置
		特開平9-78070	C10B 53/00	プラスチックの再資源化方法及び炭素電極製造用炭素材の製造方法
	用途・機能開発（土木材料）	特開2000-70895	B09B 3/00	網目構造の容器または篭などの容器の中央部分に乾燥汚泥を充填するとともに、容器の内周面部分に溶融廃プラスチックを充填し、パッケージ化された固化体を生成する。
	プロセス改善（分離・除去・無害化）	特開平11-92588	C08J 11/00　ZAB	処理装置
油化	生産効率向上（高速・連続化、回収率向上）	特開平7-82570	C10G 1/10	加熱油化方法及びその装置
		特開平7-197032	C10G 1/10　ZAB	廃プラスチックの熱分解装置
		特開平8-81684	C10G 1/10	合成樹脂油化装置
		特開平8-170081	C10G 1/10　ZAB	廃棄プラスチック材の油化処理装置および油化処理方法
		特開平9-291288	C10G 1/10　ZAB	廃プラスチックを加熱溶融状態で吸収性を有する物質と接触させて、プラスチックに含まれる配合物を溶出させる。
		特開平9-291289	C10G 1/10　ZAB	プラスチック油化装置及び樹脂熱分解方法
		特開平10-237215	C08J 11/10	樹脂廃棄物の分解処理方法および分解処理装置
		特許2965933	C10G 1/10　ZAB	廃プラスチック加熱油化装置
		特開平11-92588	C08J 11/00　ZAB	処理装置
		特開平11-207284	B09B 3/00	廃棄物加熱処理炉
		特許2955551	C10G	廃棄プラスチック連続処理装置
		特開2000-281831	C08J 11/18	発泡樹脂の分解装置及び発泡樹脂の分解方法
		特開2001-200093	C08J 11/12　ZAB	廃プラスチック処理装置
	生産効率向上（低コスト化・省エネルギー）	特開平11-209509	C08J 11/10　ZAB	樹脂廃棄物の処理装置および処理方法

○：開放の用意がある特許

表2.2.4-1 東芝における保有特許の概要③

技術要素	課題	特許no.	特許分類 （筆頭IPC）	概要または発明の名称	
油化	操業トラブル防止（有害物の処理・安全衛生問題）	特開平8-100183	C10G 1/10 ZAB	合成樹脂材の油化処理装置とその油化処理方法	
		特開平9-234447	B09B 3/00	塩化ビニルのような塩素系ポリマーを含むプラスチック廃棄物を油化する際に、残渣や生成油に含まれる鉛を回収する。	
		特開平9-249765	C08J 11/00 ZAB	プラスチック廃棄物の処理方法および処理装置	
		特開平9-249766	C08J 11/00 ZAB	プラスチック廃棄物の処理方法	
		特開平9-286988	C10G 1/10	廃プラスチック熱分解装置	
		特開平9-290230	B09B 3/00	プラスチックの処理方法及び熱分解装置	
		特開平9-291290	C10G 1/10 ZAB	プラスチック処理装置及びプラスチック油化処理装置	
		特開平11-114531	B09B 3/00	廃棄プラスチック処理装置	
		特開平11-263871	C08J 11/10 ZAB	超臨界水下で、窒素原子またはハロゲン原子を含む廃有機物を、脱水素および／または酸化触媒と接触させることにより、分解処理する。	
		特開2000-129270	C10G 1/10	廃プラスチックの油化装置及び油化方法	
		特開2000-167833	B29B 17/00 ZAB	廃プラスチック処理装置	
		特許3057069	C10G 1/10 ZAB	廃プラスチック加熱油化装置	
		特開2001-164264	C10G 1/10	廃プラスチック処理装置	
		特開2001-164265	C10G 1/10	廃プラスチック処理装置	
	操業トラブル防止（残渣などの固着・付着問題）	特開平7-82571	C10G 1/10	プラスチックを内管に連続的に流入させ、分解反応を促進させ、生成した気化成分を捕集し凝縮させ、残渣を排出させる二重管式加熱反応装置。	
		特開平8-20781	C10G 1/10	廃棄プラスチックの油化装置と、残渣処理装置および残渣処理方法	
		特開平8-73865	C10G 1/10 ZAB	廃プラスチックの回収方法および回収装置	
		特開平8-169977	C08J 11/10	プラスチックの熱分解方法及び装置	
		特開平8-311459	C10G 1/10 ZAB	プラスチック廃棄物の加熱油化装置	
		特開平9-188881	C10G 1/10 ZAB	廃棄プラスチックを熱分解し、効率よく残渣を除去することができる廃棄プラスチック油化装置。	
		特開平9-263774	C10G 1/10 ZAB	廃プラスチック油化装置及び方法	
		特開平11-349727	C08J 11/10 ZAB	廃プラスチック処理装置	
		特開2000-129031	C08J 11/12	廃プラスチック処理装置	
		特開平11-315162	C08J 11/10 ZAB	熱分解で発生するHClガスを塩酸の形で回収し、かつ無水フタル酸などの針状結晶の生成も抑え、残渣の固着やワックスの閉塞を防止する。	
		特許3004980	C08J 11/12 CEV	廃プラスチック処理装置	
		特開2000-198988	C10G 1/10 ZAB	廃プラスチック連続処理装置	
		特開2001-89768	C10G 1/10	廃プラスチック処理装置	
		特開2001-123181	C10G 1/10	廃プラスチック処理装置	
	操業トラブル防止に関するその他の課題	特開2000-167834	B29B 17/00 ZAB	廃プラスチック熱分解装置	
	設備課題（小型化・簡略化）	特開平11-21563	C10G 1/10	プラスチック廃棄物を極低温にして脆化し、次いで密閉空間内での爆発による粉砕と加熱溶融による油化とを行なう。	

○：開放の用意がある特許

表 2.2.4-1 東芝における保有特許の概要④

技術要素	課題	特許no.	特許分類（筆頭IPC）	概要または発明の名称	
油化	設備に関するその他の課題	特開平8-269461	C10G 1/10 ZAB	プラスチック油化処理装置	
		特開平10-130657	C10G 1/10 ZAB	廃プラスチック油化処理装置および方法	
	原料課題（難リサイクル樹脂の処理）	特開平8-85736	C08J 11/10 ZAB	熱硬化性樹脂の熱分解方法及び装置	
		特開平9-263772	C10G 1/10 ZAB	廃プラスチックの処理装置及び処理方法	
		特開2001-59683	F27B 7/22	ロータリキルン式熱分解炉	
		特開2001-81235	C08J 11/28 ZAB	熱硬化性樹脂のリサイクル方法	
	原料課題（副産物の処理）	特開平9-248548	B09B 5/00 ZAB	廃棄物の処理方法および処理装置	
		特開平9-248549	B09B 5/00 ZAB	処理装置、処理システムおよび処理方法	
		特開平10-217246	B29B 17/00 ZAB	廃プラスチックを加熱分解する際、副次的に回収される酸無水物とアルコール成分から可塑剤を再生する。	
		特開2000-176934	B29B 17/00	廃プラスチック処理装置	
	原料に関するその他の課題	特開平11-279564	C10G 1/10	廃棄プラスチック処理装置及び処理方法	
	製品に関するその他の課題	特開平10-88149	C10G 1/10 ZAB	プラスチックの熱分解方法及び熱分解装置	
	油化に関するその他の課題	特開平8-92412	C08J 11/10 ZAB	プラスチックの再資源化方法	
		特開平8-94797	G21F 9/32	原子力発電所の廃棄物処理システム	
ガス化	ガス化（炭化水素系ガス一般）	特開平11-188333	B09B 3/00	廃棄物処理システム	
		特開2000-42512	B09B 3/00	フロン含有廃棄物の処理方法及び処理装置	
		特開2000-202419	B09B 5/00 ZAB	廃棄物の処理方法および処理装置	
	ガス化（塩化水素ガス）	特開平10-314694	B09B 3/00	廃棄物熱分解処理装置	
	ガス化に関する共通・その他の課題	特開平10-296053	B01D 53/86	廃棄物の処理方法および処理装置	
燃料化	軽質油（ガソリン、灯油、軽油）の回収	特開平8-81684	C10G 1/10	合成樹脂油化装置	
		特開平10-88149	C10G 1/10 ZAB	プラスチックの熱分解方法及び熱分解装置	
	液体燃料の回収に関する共通・その他の課題	特開平7-82570	C10G 1/10	複数種類の廃プラスチックに水分を含有させ発泡剤と混合し、押し出し成形後急冷、切断し、加熱分解し、燃料油を得る。	
		特開平7-82571	C10G 1/10	2重管式加熱反応装置	
		特開平7-197032	C10G 1/10 ZAB	廃プラスチックの熱分解装置	
		特開平7-216128	C08J 11/12 CEV	廃プラスチックの熱分解方法及び装置	
		特開平8-169977	C08J 11/10	プラスチックの熱分解方法及び装置	
		特開平8-94797	G21F 9/32	原子力発電所の廃棄物処理システム	
		特開平9-248549	B09B 5/00 ZAB	処理装置、処理システムおよび処理方法	
		特開平9-263772	C10G 1/10 ZAB	廃プラスチックの処理装置及び処理方法	
		特開平11-140459	C10G 1/10 ZAB	プラスチックの加熱処理方法	
		特開平11-279564	C10G 1/10	廃棄プラスチック処理装置及び処理方法	
		特開2000-297177	C08J 11/12	廃プラスチック処理装置	
	プラスチックと他材料の混合物からなる固体燃料の回収	特開平10-287891	C10L 5/48 ZAB	固形燃料およびその製造方法	
		特開2000-70895	B09B 3/00	汚泥／廃プラスチック処理システム	
	プラスチック単独からなる固体燃料の回収	特開平9-291284	C10B 53/00	廃塩化ビニル樹脂処理装置	
		特開2000-15223	B09B 3/00	複合材廃棄物の処理方法	
		特開2001-206977	C08J 11/10 ZAB	廃プラスチック処理装置	
	固体＋液体または液体＋気体燃料の回収	特開平9-291287	C10G 1/10	廃プラスチック処理方法および処理装置	
		特開2000-159924	C08J 11/10	有機物回収装置	
		特開2001-164264	C10G 1/10	廃プラスチック処理装置	
		特開2001-164265	C10G 1/10	廃プラスチック処理装置	
	燃料化に関するその他の課題	特開2001-96259	B09B 3/00 302	廃棄物熱分解プラント及びその運転方法	

64

2.2.5 技術開発拠点

東京都：本社事務所、府中工場

神奈川県：横浜事業所、住空間システム技術研究所、環境技術研究所、京浜事業所、
浜川崎工場、生産技術研究所、研究開発センター

2.2.6 研究開発者

図2.2.6-1に東芝におけるプラスチックリサイクル技術に関わる発明者数と出願件数の推移を示す。また、図2.2.6-2には発明者数と出願件数の関係推移（プロットは2年ごとの平均値）を示す。出願件数と発明者数は1994年頃から増加し始め、97年前後にピークを示しているが、その後はやや停滞している。

図2.2.6-1 発明者数と出願件数の推移（東芝）

図2.2.6-2 発明者数と出願件数の関係推移（東芝）

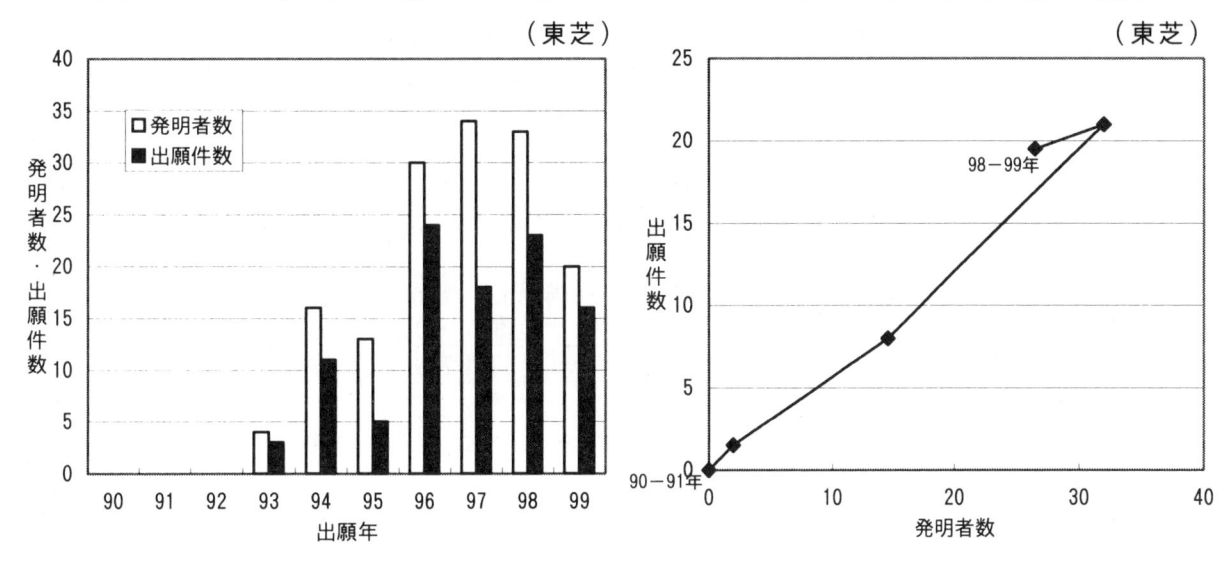

2.3 日立造船

2.3.1 企業の概要

表2.3.1-1 日立造船の概要

1)	商号	日立造船株式会社
2)	設立年月日	1881年4月1日
3)	資本金	502億9,400万円（01年3月末現在）
4)	従業員	2,251名（01年3月末現在）
5)	事業内容	船舶・海洋関連事業、プラント製造業、鉄鋼構造物・建設機械製造業、物流関連事業、環境関連事業など
6)	技術・資本提携関係	今回の調査範囲・方法では、該当するものは見当たらなかった。
7)	事業所	本社／大阪、東京　工場／茨城、神奈川、京都、大阪、広島、熊本　研究所／大阪など
8)	関連会社	アイメックス、ニチゾウ技術サービス、関西サービス、エコマネジ、日神サービス、エコテクノス、日立造船メカニカル、日立造船プラント、舞鶴プラント、日立造船プラント技術サービスなど
9)	業績推移	年間売上高：3,948億円(98年度)、3,586億円(99年度)、3,361億円（00年度）
10)	主要製品	船舶、海洋構造物、鉄鋼構造物、建設機械、産業機械、環境装置（ごみ処理施設、環境保全設備など）、プラントなど
11)	主な取引先	三井物産、住友商事、丸紅、日商岩井、伊藤忠商事
12)	技術移転窓口	技術管理部　知的財産グループ

（注）6) 技術・資本提携関係と8) 関連会社は、環境事業に関する代表例に限定している。

2.3.2 技術移転事例

今回の調査範囲・方法では、該当するものは見当たらなかった。

2.3.3 プラスチックリサイクル技術に関する製品・技術

日立造船におけるプラスチックリサイクルに関する製品・技術の代表例を表2.3.3-1に示す。技術要素では前処理の中でも分離・選別の製品が多く、他にケミカルリサイクルの油化とサーマルリサイクルの燃料化についてそれぞれ製品がある。

表2.3.3-1 日立造船におけるプラスチックリサイクルに関する製品・技術

技術要素	製品・技術	製品名	発売・実施時期	出典
1)分離・選別	プラスチック静電分離装置	ES-F	-	http://www.hitachizosen.co.jp/kankyo/seiden/index.html （02年1月19日）
	静電金属除去装置	ESP-C	-	http://www.hitachizosen.co.jp/kankyo/corena/index.html （02年1月19日）
	塩ビの溶剤分離技術開発	-	-	日経産業新聞（98年12月2日）
2)油化	廃プラスチック油化システム	-	-	http://www.hitachizosen.co.jp/kankyo/recyclin/recycl2.html （02年1月19日）
3)燃料化	RDF（ごみの固形燃料化）プラント	-	-	

2.3.4 技術開発課題対応保有特許の概要

図 2.3.4-1 に、日立造船におけるプラスチックリサイクル分野の出願比率を示す。前処理とケミカルリサイクルで、ほぼ全体を占めている。

前処理の技術要素としては分離・選別、ケミカルリサイクルの技術要素としては油化が多い。

図 2.3.4-1 日立造船における出願比率（総計＝85 件）

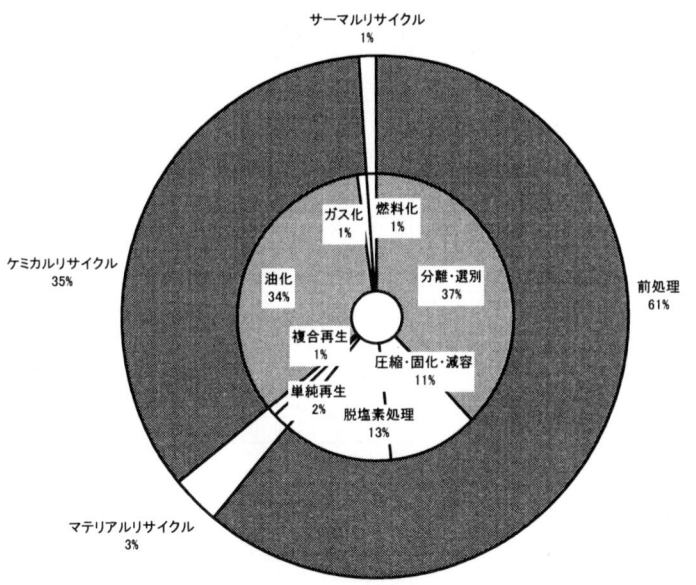

91 年 1 月 1 日から 01 年 9 月 14 日公開の出願

○：開放の用意がある特許

表2.3.4-1 日立造船における保有特許の概要①

技術要素	課題	特許no.	特許分類（筆頭IPC）	概要または発明の名称	
分離・選別	都市ごみ中のプラスチック一般の分離・選別	特許3059064	B07B 13/00	加熱された外周部材にプラスチック類を付着させて、滑落する摩擦抵抗の差により紙類とプラスチック類とを分離。	
		特開平10-277530	B09B 5/00 ZAB	ドラムに溶融付着したプラスチック類を掻き取ることによって、プラスチックとそれ以外の紙、木片などを分別して回収する。	
		特開平11-129255	B29B 17/02 ZAB	廃プラスチック浄化装置	
		特開2001-46973	B07B 4/08	廃棄物の分離装置	
	産業廃棄物中の高分子化合物一般の分離・選別	特許2876276	C10G 1/10 ZAB	プラスチックの熱分解装置	
		特許2604312	C10G 1/10 ZAB	プラスチックの熱分解装置における異物、残渣の除去方法	
		特許2604313	C10G 1/10 ZAB	プラスチックの熱分解装置	
	プラスチック複合材の分離（金属・ガラスなどとの）	特開平10-202661	B29B 17/00 ZAB	複合材廃棄物を加熱し、溶融プラスチックを噴射水により急冷し、プラスチックフレークを系外へ排出する。	
		特開平10-204444	C10G 1/10 ZAB	廃プラスチック複合材の処理装置	
		特開平10-272433	B09B 3/00	廃ポリエチレン金属複合材の処理方法およびその装置	

○：開放の用意がある特許

表2.3.4-1 日立造船における保有特許の概要②

技術要素	課題	特許no.	特許分類（筆頭IPC）	概要または発明の名称	
分離・選別	プラスチック複合材の分離（金属・ガラスなどとの）	特開平11-76979	B09B 3/00	熱可塑性プラスチック金属複合材の処理装置	
		特開2000-233409	B29B 17/02 ZAB	廃プラスチック金属複合材の処理装置	
		特開2001-47435	B29B 17/02	廃プラスチック金属複合材の処理装置	
	プラスチック複合材の表層剥離（プラスチック母材）	特開2000-237733	B09B 5/00 ZAB	写真フィルムのマテリアルリサイクル方法	
	プラスチック混合材の分離（PVC）	特許2840804	B09B 3/00	複合廃プラスチックからのポリ塩化ビニル非含有プラスチックの回収方法およびその装置	
	プラスチック混合材の分離（PET）	特開平8-99317	B29B 17/00	プラスチックボトル回収装置	
	プラスチック混合材の分離（一般・その他）	特許2753668	B29B 17/00	廃プラスチックの分離回収装置	
		特許2753669	B29B 17/00	廃プラスチック混合物を比重差により分離するに当たり、処理すべき廃プラスチックを濡れ性付与処理する。	
		特許2961293	B03B 5/28	プラスチックの分離回収装置	
		特開平8-243430	B03B 5/28	プラスチックの分離回収装置	
		特開平9-299830	B03C 7/02	プラスチック片を基準プラスチック材製の内筒体に摩擦接触させ帯電させ、プラスチック片にマイナスの電荷を帯電させ、分離用静電場を通過させる。	
		特開平9-299828	B03C 7/02	プラスチックの選別方法および装置	
		特開平11-347441	B03B 5/28	プラスチック選別装置	
		特開2000-140703	B03C 7/06	プラスチック選別装置	
		特開2000-140702	B03C 7/02	摩擦帯電装置	
		特開2000-246143	B03C 7/02	プラスチック選別装置	
		特開2000-325832	B03C 7/02	プラスチック選別装置	
		特開2000-342997	B03C 7/06	プラスチック選別装置	
		特開2000-342998	B03C 7/06	プラスチック選別装置	
		特開2000-210589	B03C 7/02	プラスチック選別方法	
		特開2000-126649	B03C 7/02	プラスチック選別方法およびプラスチック選別装置	
		特開2001-96195	B03C 7/06	プラスチック選別装置	
		特開2000-308837	B03C 7/06	プラスチック選別装置	
		特開2001-129434	B03C 7/02	プラスチック選別装置	
		特開2001-129435	B03C 7/02	プラスチック選別装置	
	単一プラスチックの異物除去	特開2001-105432	B29B 17/00 ZAB	廃プラスチックの汚れ除去方法	
圧縮・固化・減容	ペットボトルの圧縮・固化・減容	特開2000-95219	B65B 63/02	ペットボトル圧縮梱包機	
	その他容器の圧縮・固化・減容	特開2001-79685	B30B 9/30	リサイクル材の減容装置	
	プラスチック一般（ポリエチレン、ポリスチレン、ポリ塩化ビニル、エポキシ、ポリエステルなど）の圧縮・固化・減容	特許2920339	C10G 1/10	廃プラスチックの連続油化装置	
		特許3089523	B29B 17/00 ZAB	廃プラスチックの減容機	
		特開平9-254153	B29B 17/00	廃プラスチックの減容装置	
		特開平11-80418	C08J 11/08 CET	発泡ポリスチレンの減容化方法およびリサイクル方法	
		特開平11-106556	C08J 11/08 CET	発泡ポリスチレンの減容化方法	
		特開2001-62831	B29B 17/00 ZAB	廃プラスチックの減容装置	
		特開2001-71186	B30B 9/28	廃プラスチックの減容装置	
		特開2001-71187	B30B 9/28	廃プラスチックの減容装置	
脱塩素処理	塩素含有廃プラスチックの検出および/または分離効率向上	特許2961293	B03B 5/28	上部に攪拌機を有するスラリー調整槽、底部に高比重物回収装置をそれぞれ配置した比重分離槽。	
		特開2000-44723	C08J 11/08 CEV	プラスチック混合物からのポリ塩化ビニル樹脂の分離方法	

○：開放の用意がある特許

表2.3.4-1 日立造船における保有特許の概要③

技術要素	課題	特許no.	特許分類（筆頭IPC）	概要または発明の名称
脱塩素処理	塩化水素の無害化	特許2840804	B09B 3/00	第1溶融槽で加熱された廃プラスチック溶融液中に塩素含有廃プラスチックを投入し、脱塩素化後の浮上廃プラを排出、更に第2溶融槽で加熱油化。
		特許2949560	C10G 1/10 ZAB	塩化ビニルの熱分解物捕集装置
		特開平9-221680	C10G 1/10	廃プラスチック融解液からの脱塩方法
		特開平9-279155	C10G 1/10	PVCなど含有廃プラスチックを熱分解して油蒸気およびガス化、水冷かつHClの固定化後、冷却水のアルカリ中和および凝縮油分と水分の分離。
		特開平10-216674	B09B 3/00	塩素含有プラスチック廃棄物の処理方法およびその装置
		特開平11-343364	C08J 11/12 ZAB	廃塩素系プラスチックの処理装置
	操業効率の向上	特開平9-221679	C10G 1/10	廃プラスチックの熱分解油化方法および装置
	設備耐久性向上	特許3018027	C10G 1/10	塩素含有廃プラスチックを熱分解後、熱分解ガスを脱塩剤とともに脱塩化塔内に下向きに流入し含有HClガスを塩化物として分離除去。
		特許2964379	C10G 1/10 ZAB	廃プラスチックを熱分解槽で熱分解するとともに、この溶融液中に高温燃焼ガスを吹込みHClを放出して燃焼ガスを冷却後吸着剤で脱塩化。
		特開平10-273676	C10G 1/10 ZAB	廃プラスチック油化装置
単純再生	熱可塑性樹脂の単純再生（ポリエチレン(PE)）	特開平10-211480	B09B 3/00	廃ポリエチレン金属複合材の処理方法
	熱可塑性樹脂の単純再生（ポリスチレン(PS)）	特開2000-248109	C08J 11/08 CET	スチレン系合成樹脂のリサイクル方法
複合再生	用途・機能開発（土木材料）	特開平8-229946	B29B 17/00 ZAB	分別廃プラスチックの処理方法
油化	生産効率向上（高速・連続化、回収率向上）	特許2920339	C10G 1/10	廃プラスチックの連続油化装置
		特許2984968	C10G 1/10	廃プラスチックの油化における廃プラスチックの投入方法
		特許2905956	C10G 1/10	異物除去の際のエネルギーロスを低減し、熱分解に要する燃費を向上させ、異物除去効率および熱分解効率を向上させる。
		特開平8-100181	C10G 1/10 ZAB	プラスチックの熱分解装置
		特許2964024	C10G 1/10 ZAB	原料廃プラスチックの減容、粉砕、篩分けなどの処理が必要でなく、廃プラスチックを熱分解釜へ支障なく連続的に供給できる原料供給装置。
		特許3118684	C10G 1/10 ZAB	廃プラスチック熱分解油化システムにおける原料供給装置
		特開平10-279953	C10G 1/10 ZAB	廃プラスチック油化装置
		特開2000-153525	B29B 17/00 ZAB	廃プラスチック分別回収方法
	生産効率向上に関するその他の課題	特開平10-231486	C10G 1/10	廃プラスチックの油化生成物の脱色方法

表2.3.4-1 日立造船における保有特許の概要④

○：開放の用意がある特許

技術要素	課題	特許no.	特許分類（筆頭IPC）		概要または発明の名称	
油化	操業トラブル防止（有害物の処理・安全衛生問題）	特許2964022	C10G	1/10		廃プラスチック油化装置	
		特許2949560	C10G	1/10 ZAB	塩化ビニルの熱分解物捕集装置	
		特開平8-269460	C10G	1/10	回収オイルや処理廃水に含まれる硫化物やシアン化物を除去して有害ガスフリーのオイルを得る廃プラスチック熱分解装置。	
		特開平9-221679	C10G	1/10	廃プラスチックの熱分解油化方法および装置	
		特開平9-279155	C10G	1/10	廃プラスチック油化装置	
		特開平10-245569	C10G	1/10 ZAB	回収した生成オイルの回収槽に、生成オイル中の低沸点成分を追い出すストリッピングガス吹込み口と、低沸点成分含有ストリッピングガス排出口とが設けられている。	
		特開2000-44723	C08J	11/08 CEV	プラスチック混合物からのポリ塩化ビニル樹脂の分離方法	
	操業トラブル防止（残渣などの固着・付着問題）	特許2622932	C10G	1/10 ZAB	廃プラスチック融解液からの油蒸気の液化方法	
		特許2622933	C10G	1/10 ZAB	廃プラスチック融解液からの油蒸気の液化方法	
		特許2964378	C10G	1/10	廃プラスチック油化装置	
		特開平8-165478	C10G	1/10 ZAB	プラスチック熱分解釜におけるコーキング層形成防止装置	
		特開平9-157659	C10G	1/10 ZAB	廃プラスチック熱分解油化システム	
		特開平10-273677	C10G	1/10 ZAB	廃プラスチック油化生成物の凝固点降下装置	
	操業トラブル防止に関するその他の課題	特許2920344	C10G	1/10	廃プラスチック油化システム	
		特許2958607	C10G	1/10 ZAB	廃プラスチックの熱分解反応釜からの異物含有融解液の定量抜出し方法	
		特開平8-243430	B03B	5/28	プラスチックの分離回収装置	
		特開平9-316459	C10G	1/10	廃プラスチックの熱分解油化システム	
		特開平10-158661	C10G	1/10 ZAB	廃プラスチック油化装置における改質器の調温装置	
		特開平10-279952	C10G	1/10	廃プラスチック熱分解油化システムにおける原料供給装置	
	設備課題（小型化・簡略化）	特開平10-273676	C10G	1/10 ZAB	廃プラスチック油化装置	
	原料課題（難リサイクル樹脂の処理）	特開平11-70373	B09B	3/00	熱可塑性プラスチック金属複合材の処理方法および装置	
	原料課題（副産物の処理）	特開平10-72586	C10G	1/10 ZAB	廃プラスチック熱分解油化装置	
	製品課題（回収油の高品質化）	特開平11-42642	B29B	17/02	熱可塑性プラスチック金属複合材の処理装置	
ガス化	ガス化（炭化水素系ガス一般）	特開平10-279953	C10G	1/10 ZAB	廃プラスチック油化装置	
燃料化	液体燃料の回収に関する共通・その他の課題	特開平11-100582	C10G	1/10	廃プラスチックのサーマルリサイクル方法	

2.3.5 技術開発拠点

大阪府：本社、旧本社（此花区）

2.3.6 研究開発者

図2.3.6-1に日立造船におけるプラスチックリサイクル技術に関わる発明者数と出願件数の推移を示す。また、図2.3.6-2には同じく発明者数と出願件数の関係推移（プロットは２年ごとの平均値）を示す。出願件数と発明者数は1993年頃から増加し始め、特に発明者数は94年にかけて急激に増加し、その後も全体的には増加傾向を維持している。

図2.3.6-1 発明者数と出願件数の推移（日立造船）

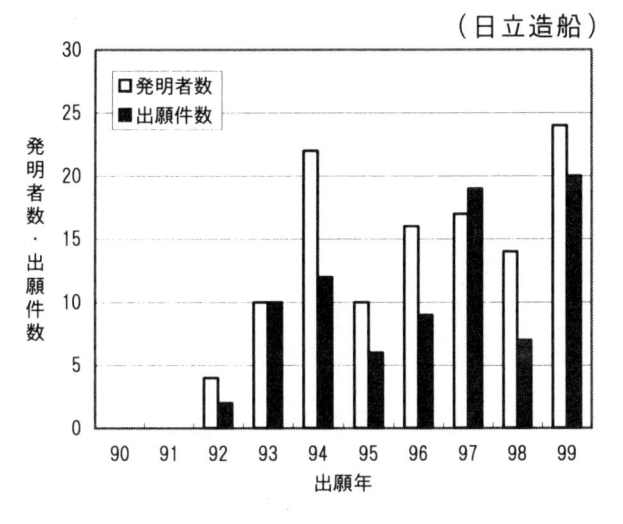

図2.3.6-2 発明者数と出願件数の関係推移（日立造船）

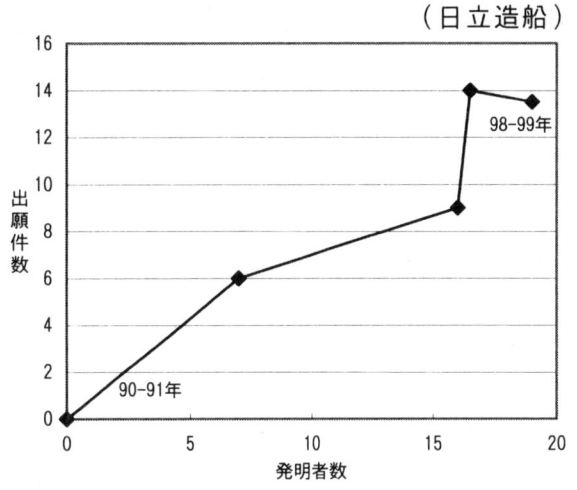

2.4 日立製作所

2.4.1 企業の概要

表2.4.1-1 日立製作所の概要

1)	商号	株式会社　日立製作所
2)	設立年月日	1920年2月1日
3)	資本金	2,817億5,400万円（01年3月末現在）
4)	従業員	55,609名（01年3月末現在）
5)	事業内容	発電機・電動機・その他の電気機械器具製造業、通信機械器具製造業など
6)	技術・資本提携関係	技術提携／DSD社（ドイツ）など
7)	事業所	本社／東京　工場／茨城　研究所／茨城、東京、埼玉、神奈川
8)	関連会社	日立プラント建設、日立化成工業、日立電線など
9)	業績推移	年間売上高：3兆7,811億円(98年度)、3兆7,719億円(99年度)、4兆158億円(00年度)
10)	主要製品	民生用電気機械器具、産業用電気機械器具、情報通信機械器具など
11)	主な取引先	日立ハイテクノロジーズ、日立セミコンデバイス、日立キャピタル
12)	技術移転窓口	知的財産権本部　ライセンス第一部

（注）6) 技術・資本提携関係と8) 関連会社は、環境事業に関する代表例に限定している。

2.4.2 技術移転事例

表2.4.2-1 日立製作所の技術移転事例

No.	相手先	国名	内容
1)	デュアルシステム・ドイツ社（DSD）	ドイツ	包装リサイクルの中核企業であるDSD社と、廃プラスチック再利用のための造粒化に関する技術契約を締結した。 【概要】分別回収された廃プラスチックを破砕、選別、再利用するため、直径1～10mm程度に造粒する技術。高炉還元剤や油化原料に利用される。（出典：電気新聞　97年8月27日、日本工業新聞　97年8月27日）

2.4.3 プラスチックリサイクル技術に関する製品・技術

　日立製作所におけるプラスチックリサイクルに関する製品・技術の代表例を表2.4.3-1に示す。同社では、各種分離・選別・回収装置といった前処理システム、および油化設備に代表されるケミカルリサイクル技術など、広範囲の製品・技術を提供している。次々ページ図2.4.4-1に示す出願比率においても、分離・選別、油化の技術要素が多い。

表2.4.3-1 日立製作所におけるプラスチックリサイクルに関する製品・技術の代表例

技術要素	製品・技術	製品名	発売・実施時期	出典
1)分離・選別	PVCボトル回収装置	-	-	http://www.hitachi.co.jp/Div/kankyo/kan31180.html（02年1月24日）
	プラスチック選別装置	-	-	http://www.hitachi.co.jp/Div/kankyo/kan31460.html（02年1月24日）
	廃プラスチックリサイクルシステム	-	-	http://www.hitachi.co.jp/Div/kankyo/kan31440.html#iti（02年1月24日）
2)圧縮・減容・固化	発泡スチロール専用減容機	スチロールマスター	-	http://www.hitachi.co.jp/Div/kankyo/kan31130.html（02年1月24日）
	発泡スチロール溶解減容車	-	-	http://www.hitachi.co.jp/Div/kankyo/kan31470.html（02年1月24日）
3)脱塩素処理	ダイオキシン分解触媒	-	-	http://www.hitachi.co.jp/Div/kankyo/kan31510.html（02年1月24日）
4)油化	廃プラスチック処理技術	アグロメレイト	-	http://www.hitachi.co.jp/Sp/TJ/1998/hrnaug98/hrn0805j.htm（02年1月24日）
	廃プラスチック油化発電システム	-	98年4月より実証運転中	http://www.hitachi.co.jp/Div/kankyo/kanfram1.html（02年1月24日） http://www.hitachi.co.jp/New/cnews/9803/0319.html（02年1月24日）
5)燃料化	RDF化リサイクル設備	-	-	http://www.hitachi.co.jp/New/cnews/9510/1019.html（02年1月24日）

2.4.4 技術開発課題対応保有特許の概要

図 2.4.4-1 に、日立製作所におけるプラスチックリサイクル分野の出願比率を示す。前処理とケミカルリサイクルが全体に対して占める割合が高い。

前処理の技術要素としては分離・選別が、ケミカルリサイクルの技術要素としては油化が最も多い。

図 2.4.4-1 日立製作所における出願比率（総計＝72件）

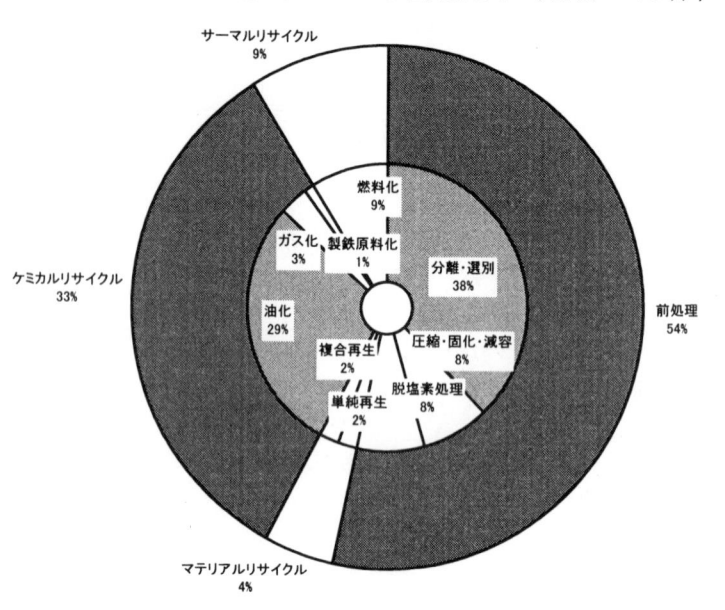

91年1月1日から01年9月14日公開の出願

○：開放の用意がある特許

表2.4.4-1 日立製作所における保有特許の概要①

技術要素	課題	特許no.	特許分類（筆頭IPC）	概要または発明の名称	
分離・選別	都市ごみ中の特定プラスチック(その他)の分離・選別	特許2785759	B29B 17/02 ZAB	発泡断熱材の発泡ガスの回収方法および装置	
	都市ごみ中のプラスチック一般の分離・選別	特開平6-226241	B09B 5/00 ZAB	廃棄物の処理装置	
		特開平8-276158	B07B 4/02	風力分別装置	
		特開平8-52453	B09B 5/00 ZAB	廃棄物処理装置への廃棄物供給装置	
		特許3140383	B29B 17/02 ZAB	発泡断熱材の分別装置	
		特許3140387	B29B 17/02	発泡断熱材の分別方法及び装置	
		特開平11-90933	B29B 17/02	発泡断熱材の発泡ガスの回収方法及び装置	
		特開平11-138126	B09B 3/00	廃棄物の超臨界水処理装置および処理方法	
		特開2000-15235	B09B 5/00 ZAB	不燃廃棄物の処理装置	
		特開2000-167838	B29B 17/02	不燃廃棄物の処理装置	
		特開2001-212824	B29B 17/02 ZAB	一般廃棄物プラスチックの処理システム	
	プラスチック複合材の分離（金属・ガラスなどとの）	特許2735040	B29B 17/02 ZAB	発泡断熱成形材を含む廃棄物を第1の破砕装置にて破砕しながら発泡成形材を薄板から遊離させ、この遊離した発泡断熱成形材を第2破砕装置にて破砕し樹脂部分と発泡剤とに分離する。	○
		特開2001-9435	B09B 5/00 ZAB	廃棄物処理方法及び装置	
		特開2001-196255	H01F 41/12	モールドコイルの解体方法	
	プラスチック複合材の表層剥離（プラスチック母材）	特開平11-277537	B29B 17/02 ZAB	積層樹脂材料の剥離装置及び方法	
		特開2000-271932	B29B 17/02	プラスチック樹脂表面の剥離装置	

表2.4.4-1 日立製作所における保有特許の概要②

○：開放の用意がある特許

技術要素	課題	特許no.	特許分類（筆頭IPC）	概要または発明の名称	
分離・選別	プラスチック混合材の分離（PVC）	特開2000-84930	B29B 17/00 ZAB	二つのエアテーブルを用いて、混合プラスチックからPVCを分離する。	
		特開2001-88126	B29B 17/00	プラスチック廃棄物の処理方法およびその処理装置	
	プラスチック混合材の分離（一般・その他）	特許2923152	B03B 5/28 ZAB	プラスチックの比重選別装置	
		特開平7-144147	B03B 5/28	プラスチックの比重選別装置	
		特許2924612	B03B 5/28	比重選別装置	
		特許2924661	B29B 17/00	比重選別と脆化温度の違いを利用し破砕しながら選別する低温破砕選別から構成される材質別に選別を行なうシステム。	
		特開平8-300354	B29B 17/00 ZAB	プラスチック分別装置	
		特開平8-47927	B29B 17/02 ZAB	廃棄物の処理方法及び装置	
		特開平9-57146	B03B 5/28 ZAB	比重選別装置	
		特開平9-108590	B03B 5/28 ZAB	比重選別装置	
		特開平10-315231	B29B 17/00	混合プラスチックの分別装置	
		特開2000-246735	B29B 17/00 ZAB	廃プラスチックの分別装置及び方法	
		特開2000-246736	B29B 17/00 ZAB	廃プラスチックの分別装置	
		特開2000-246136	B03B 9/06	廃プラスチックの分別方法	
		特開2000-288422	B03B 7/00	混合プラスチックの分別方法と装置	
	単一プラスチックの異物除去	特開2001-170935	B29B 17/00 ZAB	フロン分離方法及びその装置	
		特開2001-170936	B29B 17/00 ZAB	発泡断熱材の発泡ガスの回収方法	
	単一プラスチックの高純度化	特開平8-183031	B29B 17/00	リサイクル樹脂材料と成形品及びその製造方法と製造装置及び製品工場	
圧縮・固化・減容	ペットボトルの圧縮・固化・減容	特開平11-70526	B29B 17/00 ZAB	プラスチックボトル選別減容装置において、プラスチックの種類ごとに材質、色を識別し、圧縮する装置。	
	その他特定形状・機能材の圧縮・固化・減容	特許3079878	B29B 17/00 ZAB	廃ウレタンの減容処理方法及び装置	○
		特許3163914	B29B 17/02 ZAB	廃ウレタン処理方法及び装置	○
	プラスチック一般（ポリエチレン、ポリスチレン、ポリ塩化ビニル、エポキシ、ポリエステルなど）の圧縮・固化・減容	特開平11-156336	B09B 5/00 ZAB	不燃廃棄物の回収・処理装置及び方法	
		特開平11-226538	B09B 3/00	廃プラスチックの処理装置	
		特開平11-226539	B09B 3/00	廃プラスチックの処理装置	
		特開平11-226540	B09B 3/00	廃プラスチックの処理装置	
脱塩素処理	塩化水素の無害化	特開平11-156336	B09B 5/00 ZAB	不燃廃棄物の回収・処理装置及び方法	
	操業効率の向上	特開平8-239671	C10G 1/10 ZAB	混合廃プラスチックの処理方法およびその処理装置	
		特開平9-286989	C10G 1/10 ZAB	廃プラスチック油化システム	
	生成プラスチックの品質向上	特開平11-61149	C10G 1/10 ZAB	熱分解ガス中のハロゲン化合物の除去方法	
		特開2000-169858	C10G 1/10	廃プラスチックの油化方法及び油化装置	
		特開2001-40364	C10G 1/10	ポリ塩化ビニール系樹脂の熱分解処理方法及び装置	
	設備耐久性向上	特開平11-140223	C08J 11/10 ZAB	ハロゲン含有プラスチック処理方法および装置	
単純再生	熱可塑性樹脂の単純再生（ポリオレフィン共通）	特開2001-40268	C09D125/10	塗料組成物	
	共通・その他の単純再生	特開平8-183031	B29B 17/00	リサイクル樹脂材料と成形品及びその製造方法と製造装置及び製品工場	

○：開放の用意がある特許

表2.4.4-1 日立製作所における保有特許の概要③

技術要素	課題	特許no.	特許分類（筆頭IPC）		概要または発明の名称	
複合再生	用途・機能開発（自動車・家電部品）	特開2001-38729	B29B 17/00	ZAB	家庭電化製品及びOA機器製品の再製品化システム	
		特開2001-38727	B29B 17/00	ZAB	スチレン系、オレフィン系樹脂の塗装成型品を塗膜剥離なく再生し表面にエラストマを含む塗膜を形成することにより強度や外観などの特性劣化を防止する。	
油化	生産効率向上（高速・連続化、回収率向上）	特許2979876	B09B 5/00	ZAB	樹脂類を熱分解後、分解ガスと溶融残渣および金属類に分離し、乾留ガスを油化工程で処理し、他の混合物を粉砕、選別工程を経て分別処理し、有用物を回収する。	
		特開平9-104874	C10G 1/10	ZAB	プラスチックの熱分解方法及び装置	
		特開平10-80674	B09B 3/00		廃プラスチック処理・発電システム	
		特開平11-80745	C10G 1/10		廃プラスチックリサイクルシステム	
		特開2000-189921	B09B 3/00		廃スポンジボールの処理方法および処理装置	
	生産効率向上（低コスト化・省エネルギー）	特開平8-100182	C10G 1/10	ZAB	熱硬化性樹脂廃棄物および熱可塑性樹脂廃棄物を同時に熱分解することにより、熱硬化性樹脂の分解率を高め同時に油回収率の向上と消費エネルギーの低減を図る。	
		特開平8-252824	B29B 17/00		排熱回収型プラスチック油化精製装置並びに発電システム	
		特開平9-31473	C10G 1/10	ZAB	廃プラスチック油化ならびに発電システム	
		特開平10-204443	C10G 1/10	ZAB	廃プラスチックの油化処理装置の運転方法	
		特開2001-207176	C10G 1/10	ZAB	廃プラスチックの熱分解油化方法	
	操業トラブル防止（有害物の処理・安全衛生問題）	特開平8-239671	C10G 1/10	ZAB	混合廃プラスチックの処理方法およびその処理装置	
		特開平8-267455	B29B 17/02		廃棄物の処理装置	
		特開平9-286989	C10G 1/10	ZAB	廃プラスチックを熱分解した際に発生する含ハロゲンガスのハロゲンを連続的に固定化処理する装置を備えた廃プラスチックの油化システムを提供する。	
		特開平11-61149	C10G 1/10	ZAB	熱分解ガス中のハロゲン化合物の除去方法	
		特開2000-169858	C10G 1/10		ポリ塩化ビニール系樹脂を、カルシウム化合物が混入された油の中でガス化し、発生した塩化水素ガスをガス中より除去することにより、クリーンな燃料油を得る。	
		特開2001-40364	C10G 1/10		ポリ塩化ビニール系樹脂の熱分解処理方法及び装置	
	操業トラブル防止（残渣などの固着・付着問題）	特開平9-104873	C10G 1/10	ZAB	高分子化合物の熱分解油化方法及び装置	
		特開平10-46159	C10G 1/10	ZAB	高分子廃棄物の油化装置	
		特開平11-80748	C10G 1/10	ZAB	還流ラインへの重質成分の固化による管閉塞を防止することにより、触媒を用いることなくガス生成率を低減して重質油分を還流軽質化し軽質油を製造する。	
		特開2001-152164	C10G 1/10		廃プラスチック熱分解残渣の塊状化抑制方法	
	操業トラブル防止に関するその他の課題	特開2000-273465	C10G 1/10		廃プラスチック油化装置	
	設備に関するその他の課題	特開平11-92589	C08J 11/10	ZAB	プラスチック処理システム	
		特開平11-138126	B09B 3/00		廃棄物の超臨界水処理装置および処理方法	
		特開平11-140224	C08J 11/10	ZAB	超臨界水或いは亜臨界水を用いて、熱硬化性廃プラスチックを処理することにより、モノマー、油、ガスのように再利用可能な有価物に変換する。	

76

表2.4.4-1 日立製作所における保有特許の概要④

○：開放の用意がある特許

技術要素	課題	特許no.	特許分類（筆頭IPC）	概要または発明の名称	
油化	原料に関するその他の課題	特開2000-212574	C10G 1/10 ZAB	プラスチック廃棄物の油化生成処理と該生成油の燃焼処理とを一貫してできる廃棄プラスチックの油化・燃焼処理装置。	
ガス化	ガス化（炭化水素系ガス一般）	特開平8-239671	C10G 1/10 ZAB	混合廃プラスチックの処理方法およびその処理装置	
		特開平9-31473	C10G 1/10 ZAB	廃プラスチック油化ならびに発電システム	
		特開2001-207176	C10G 1/10 ZAB	廃プラスチックの熱分解油化方法	
	ガス化に関する共通・その他の課題	特開平10-202223	B09B 3/00	廃棄物処理設備	
燃料化	軽質油（ガソリン、灯油、軽油）の回収	特開平9-31473	C10G 1/10 ZAB	廃プラスチック油化ならびに発電システム	
		特開平10-88148	C10G 1/10 ZAB	廃プラスチック油化システム及び油化発電システム	
		特開平11-138125	B09B 3/00	廃プラスチック油化発電システム	
	液体燃料の回収に関する共通・その他の課題	特許2979876	B09B 5/00 ZAB	廃棄物の処理方法	○
		特開平9-104874	C10G 1/10 ZAB	プラスチックの熱分解方法及び装置	
		特開平10-80674	B09B 3/00	廃プラスチックを熱分解し、発生した流体燃料を燃焼させ高温高圧水を造り、プラスチック含有複合材をこの高温高圧水で分解する。	
		特開平11-61149	C10G 1/10 ZAB	熱分解ガス中のハロゲン化合物の除去方法	
		特開2000-212574	C10G 1/10 ZAB	廃棄プラスチックの油化・燃焼処理装置、及びその油化・燃焼方法	
	固体＋液体または液体＋気体燃料の回収	特開平8-267455	B29B 17/02	廃棄物の処理装置	

2.4.5 技術開発拠点

東京都：本社、デザイン研究所、機電事業部、電力・電機開発研究所
茨城県：日立研究所、機械研究所、日立工場、電力・電機開発本部
山口県：笠戸工場、笠戸事業所

2.4.6 研究開発者

　図2.4.6-1に日立製作所におけるプラスチックリサイクル技術に関わる発明者数と出願件数の推移を示す。また、図2.4.6-2には同じく発明者数と出願件数の関係推移（プロットは2年ごとの平均値）を示す。出願件数と発明者数は、年ごとにばらつきはあるものの、1993年頃から増加し始め、95年から97年がピークとみられる。

図2.4.6-1　発明者数と出願件数の推移（日立製作所）

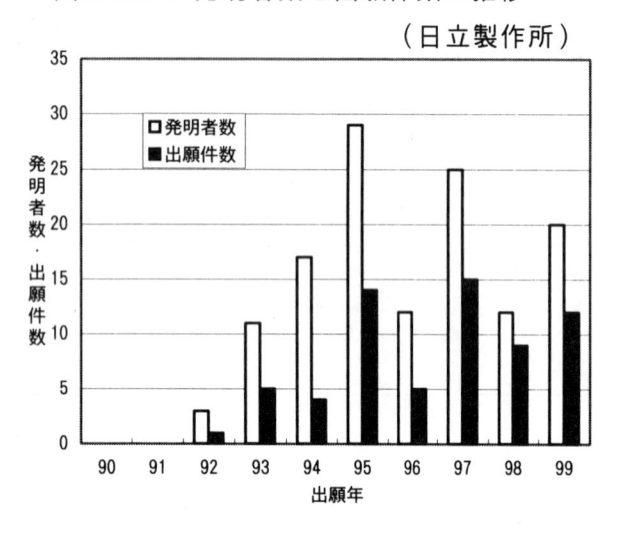

図2.4.6-2　発明者数と出願件数の関係推移（日立製作所）

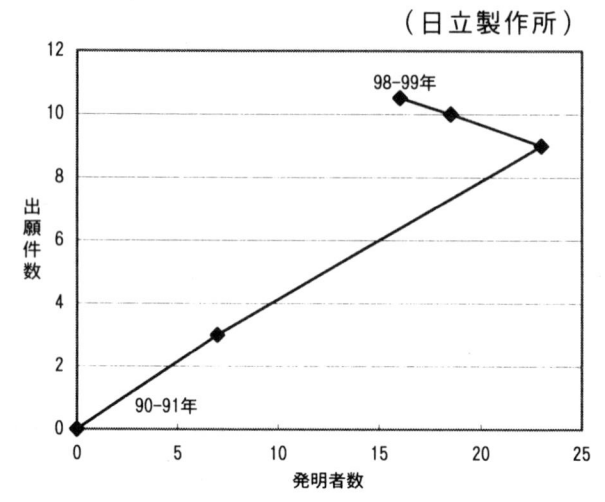

2.5 松下電器産業

2.5.1 企業の概要

表2.5.1-1 松下電器産業の概要

1)	商号	松下電器産業株式会社
2)	設立年月日	1935年12月1日
3)	資本金	2,109億9,457万円（01年3月末現在）
4)	従業員	44,951名（01年3月末現在）
5)	事業内容	電気機械器具製造業、通信機械器具製造業など
6)	技術・資本提携関係	今回の調査範囲・方法では、該当するものは見当たらなかった。
7)	事業所	本社／大阪　研究所・営業本部／京都、東京など
8)	関連会社	松下通信工業、松下電子部品、松下産業機器、松下電池工業、松下冷機、松下エコテクノロジーセンターなど
9)	業績推移	年間売上高：4兆5,976億円(99年度)、4兆5,532億円(00年度)、4兆8,319億円(01年度)
10)	主要製品	民生用電気機械器具、産業用電気機械器具、情報通信機械器具など
11)	主な取引先	直系販売会社
12)	技術移転窓口	IPRオペレーションカンパニー　ライセンスセンター

（注）6) 技術・資本提携関係と8) 関連会社は、環境事業に関する代表例に限定している。

2.5.2 技術移転事例

表2.5.2-1 松下電器産業の技術移転事例

No.	相手先	国名	内容
1)	島津製作所	日本	使用済テレビのプラスチック部品を赤外線で識別し、マテリアルリサイクルする技術を共同開発した。 【概要】回収したプラスチックの塊から小さな断片を切り抜き、表面と断面に赤外線を放射させて、反射光の波長によって再生できる部品を選ぶシステム。（出典：産経新聞（大阪）　01年12月4日）

2.5.3 プラスチックリサイクル技術に関する製品・技術

　松下電器産業におけるプラスチックリサイクルに関する製品・技術の代表例を表2.5.3-1に示す。製品の技術要素は分離・選別と圧縮・固化・減容であり、すべて前処理に関わる。このことは次ページの図2.5.4-1に示す技術要素別の出願比率において前処理が大部分を占めていることと対応している。

表2.5.3-1 松下電器産業におけるプラスチックリサイクルに関する製品・技術の代表例

技術要素	製品・技術	製品名	発売・実施時期	出典
1)分離・選別	テレビ、洗濯機、エアコン、冷蔵庫など使用済み家電製品の再商品化処理技術	-	-	http://www.matsushita.co.jp/environment/en_0003.html（02年1月19日）
	廃プラスチック材質自動識別装置	プラセレクター	02年度発売予定	日刊工業新聞（01年12月4日）
2)圧縮・固化・減容	小型簡易廃プラスチック減容装置開発	-	96年発売予定	日刊工業新聞（95年3月31日）

2.5.4 技術開発課題対応保有特許の概要

図2.5.4-1に、松下電器産業におけるプラスチックリサイクル分野の出願比率を示す。9割近くを前処理が占めている。

前処理の技術要素においては圧縮・固化・減容が最も多い。

図2.5.4-1 松下電器産業における出願比率（総計＝67件）

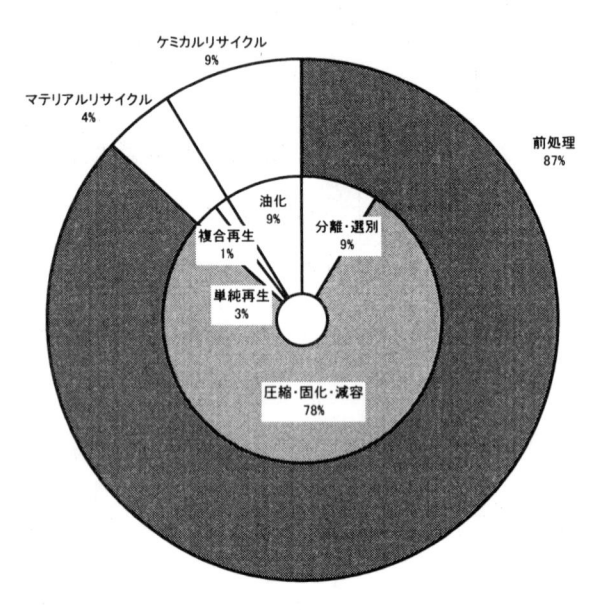

ケミカルリサイクル 9%
マテリアルリサイクル 4%
油化 9%
複合再生 1%
分離・選別 9%
単純再生 3%
圧縮・固化・減容 78%
前処理 87%

91年1月1日から01年9月14日公開の出願

○：開放の用意がある特許

表2.5.4-1 松下電器産業における保有特許の概要①

技術要素	課題	特許no.	特許分類（筆頭IPC）	概要または発明の名称	
分離・選別	プラスチック複合材の分離（金属・ガラスなどとの）	特許3045157	B29C 45/14	アウトサート成型品	
		特開2000-273462	C10B 57/00	乾留装置と乾留方法	
		特開2001-49355	C22B 1/00 601	含金属樹脂乾留処理装置	
	プラスチック複合材の表層剥離（プラスチック母材）	特開平9-187751	B09B 3/00	プリント基板の処理方法	
	プラスチック混合材の分離（一般・その他）	特開2000-198875	C08J 11/08 CET	難燃剤を含有する熱可塑性樹脂組成物の処理方法	
		特開2001-151930	C08J 11/08	難燃剤を含有する熱可塑性樹脂組成物の処理方法	

○：開放の用意がある特許

表 2.5.4-1 松下電器産業における保有特許の概要②

技術要素	課題	特許no.	特許分類（筆頭IPC）		概要または発明の名称	
圧縮・固化・減容	発泡プラスチック（スチロール樹脂など）の圧縮・固化・減容	特許3063249	B09B	3/00	ごみ処理装置内において、熱風を所定の経路で循環させて、発泡プラスチック廃棄物などの熱変形しやすいごみを高速減容・固化させる。	
		特開平8-11135	B29B	17/00	発泡スチロール減容装置	
		特開平11-34055	B29B	17/00 ZAB	廃プラスチック材減容装置	
	ペットボトルの圧縮・固化・減容	特開平8-258045	B29B	17/00 ZAB	ペットボトル処理方法および装置	
	プラスチック一般（ポリエチレン、ポリスチレン、ポリ塩化ビニル、エポキシ、ポリエステルなど）の圧縮・固化・減容	特許3156306	B29B	17/00	プラスチックごみ処理装置	
		特開平6-269761	B09B	3/00 303	ゴミ処理機	
		特開平6-269762	B09B	3/00 303	ゴミ処理機	
		特開平7-124949	B29B	17/00 ZAB	家庭の台所、あるいは小規模事業場で発生するプラスチックごみを対象として、加熱圧縮することによりプラスチックを減容化させ、廃棄までの保管、廃棄時の回収効率、および埋立処理効率などを向上させるための装置。	
		特許3177368	B29B	17/00	プラスチックごみ処理装置	
		特許3087551	B09B	3/00 301	プラスチックごみ処理方法およびその装置	
		特開平7-223223	B29B	17/00	廃プラスチック材処理装置	
		特許2836472	B29B	17/00 ZAB	容積可変手段と、この動作による圧縮圧を検知する検知部を備え、検知部が検知した圧縮圧が所定時間を経過した後も所定値以上に達しない場合は、一旦大気圧まで減圧した後再度加圧する。	
		特開平7-227848	B29B	17/00 ZAB	プラスチックゴミ処理装置	
		特開平7-304039	B29B	17/00 ZAB	プラスチックごみ処理装置	
		特開平7-314449	B29B	17/00 ZAB	プラスチック処理装置	
		特開平8-24818	B09B	3/00	プラスチックごみ処理装置及び脱臭装置	
		特開平8-39037	B09B	3/00	プラスチックゴミ処理装置	
		特開平8-150620	B29B	17/00	プラスチックゴミ処理装置	
		特開平8-183033	B29B	17/00	廃プラスチック材の処理装置	
		特開平8-300353	B29B	17/00 ZAB	プラスチックゴミ処理装置	
		特開平8-336836	B29B	17/00 ZAB	廃プラスチック材処理装置	
		特開平9-19925	B29B	17/00 ZAB	発泡プラスチック減容化装置	
		特開平9-24517	B29B	17/00 ZAB	発泡ポリスチレンの減容化方法および装置	
		特開平9-109153	B29B	17/00 ZAB	廃プラスチック処理装置	
		特開平9-155865	B29B	17/00 ZAB	廃プラスチック減容装置	
		特開平9-187819	B29B	17/00	廃プラスチック材減容装置	
		特開平9-201824	B29B	17/00 ZAB	廃プラスチック材減容装置	
		特開平9-25358	C08J	11/22 CET	ポリスチレンの溶解性に優れるとともに、作業環境上も安全なポリスチレンの容剤および同容剤を用いたポリスチレンの減容化方法。	
		特開平9-277257	B29B	17/00 ZAB	廃プラスチック材減容装置	
		特開平9-300349	B29B	17/00 ZAB	廃プラスチック処理装置	
		特開平9-300352	B29B	17/00 ZAB	廃プラスチック材減容装置	
		特開平9-314090	B09B	3/00	廃プラスチック材減容装置	
		特開平9-314093	B09B	3/00	廃プラスチック減容装置及び廃プラスチック減容処理方法	
		特開平10-24416	B29B	17/00 ZAB	廃プラスチック減容装置	
		特開平10-34653	B29B	17/00 ZAB	廃プラスチック材減容装置及びその運転方法	
		特開平10-44147	B29B	17/00 ZAB	廃プラスチック材減容装置	
		特開平10-44148	B29B	17/00 ZAB	廃プラスチック材減容装置	

○：開放の用意がある特許

表 2.5.4-1 松下電器産業における保有特許の概要③

技術要素	課題	特許no.	特許分類 (筆頭IPC)		概要または発明の名称	
圧縮・固化・減容	プラスチック一般（ポリエチレン、ポリスチレン、ポリ塩化ビニル、エポキシ、ポリエステルなど）の圧縮・固化・減容	特開平10-95016	B29B 17/00	ZAB	廃プラスチック材減容装置	
		特開平10-110060	C08J 11/08	CFD	プラスチック成形体の処理方法	
		特開平10-128751	B29B 17/00	ZAB	廃プラスチック材減容装置	
		特開平10-146830	B29B 17/00		発泡ポリスチレン減容化装置	
		特開平10-180760	B29B 17/00	ZAB	廃プラスチック材減容装置	
		特開平10-180761	B29B 17/00	ZAB	廃プラスチック材減容装置	
		特開平10-192816	B09B 3/00		廃プラスチック材減容装置	
		特開平10-249858	B29B 17/00	ZAB	プラスチックを加熱し、熱収縮あるいは溶解させ減容化させる省エネルギータイプのプラスチック減容化装置。	
		特開平10-305428	B29B 17/00	ZAB	廃棄プラスチック減容装置	
		特開平11-10115	B09B 3/00		プラスチック減容機	
		特開平11-114958	B29B 17/00		プラスチック減容機	
		特開平11-198140	B29B 17/00		プラスチック減容機	
		特開平11-226953	B29B 17/00	ZAB	廃プラスチック材減容装置	
		特開平11-226954	B29B 17/00	ZAB	廃プラスチック材減容装置	
		特開2001-172428	C08J 11/24		ポリエステルを含む構造材を、少なくとも塩基と親水性溶媒とを含む分解溶液に浸漬するとともに、その分解溶液の沸点よりも低い温度で加熱して、その構造材の一部を分解して減容化する。	
単純再生	共通・その他の単純再生	特開2001-113258	B09B 5/00		情報記録媒体のクローズド回収システム	
		特開2001-179232	B09B 5/00	ZAB	廃記録媒体より記録材料の回収方法	
複合再生	用途・機能開発（建築材料）	特開平11-77836	B29C 67/20		平均粒径が500μm以下に粉砕したプリント基板を原料として平均空隙率を26％以上となるよう成型し多孔質建材を製造する。	
油化	生産効率向上に関するその他の課題	特開平11-349373	C04B 35/00		フェノール樹脂硬化物の再生利用方法	
	原料課題（難リサイクル樹脂の処理）	特開平8-253619	C08J 11/10	CFD	プラスチック成形体の処理方法	
		特開2000-290424	C08J 11/00	ZAB	臭素系難燃剤を含有する熱可塑性樹脂組成物の再生処理方法	
		特開2000-198877	C08J 11/10	ZAB	熱硬化性樹脂硬化物を含む製品の分解処理方法および分解処理装置	
	製品に関するその他の課題	特開平8-134340	C08L 67/06		熱硬化性組成物、その製造方法、モールド材、熱硬化性組成物の分解処理方法および熱硬化性組成物の分解処理装置	
	油化に関するその他の課題	特開平9-316311	C08L 67/06		モールド材、モールドモータおよびモールド材の分解処理方法	

2.5.5 技術開発拠点

　大阪府：本社

2.5.6 研究開発者

図2.5.6-1に松下電器産業におけるプラスチックリサイクル技術に関わる発明者数と出願件数の推移を示す。また、図2.5.6-2には同じく発明者数と出願件数の関係推移（プロットは2年ごとの平均値）を示す。出願件数と発明者数のいずれも時期的な変動があるが、おおむね1996年、97年を境に横這いまたは漸減傾向がみられる。

図 2.5.6-1 発明者数と出願件数の推移（松下電器産業）

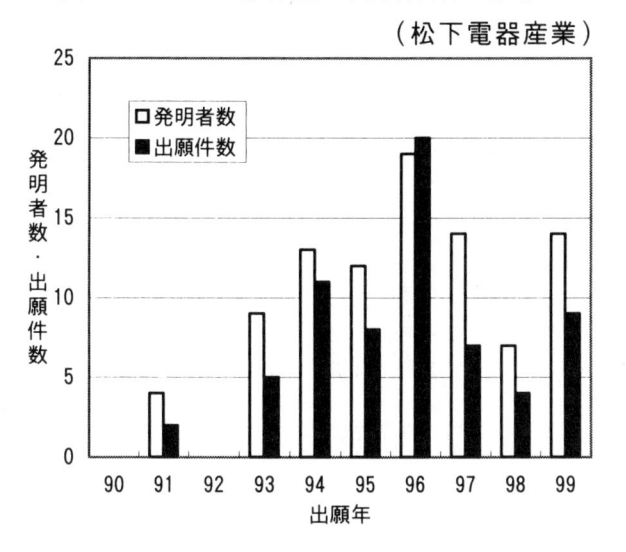

図 2.5.6-2 発明者数と出願件数の関係推移（松下電器産業）

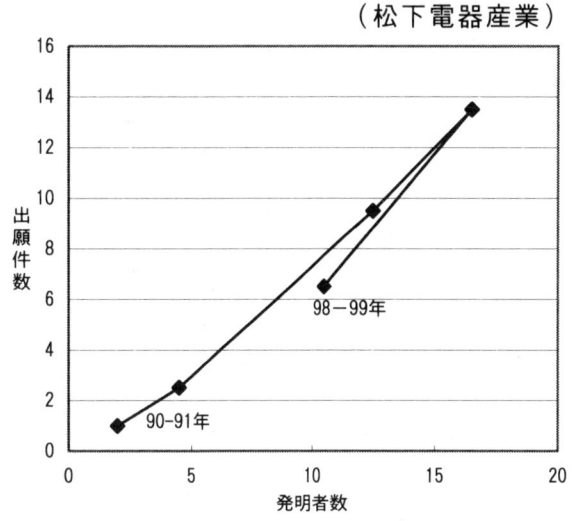

2.6 新日本製鐵

2.6.1 企業の概要

表2.6.1-1 新日本製鉄の概要

1)	商号	新日本製鐵株式会社
2)	設立年月日	1950年4月1日
3)	資本金	4,195億2,400万円（01年3月末現在）
4)	従業員	18,918名（01年3月末現在）
5)	事業内容	製鉄事業、エンジニアリング事業、都市開発事業、化学非鉄素材事業、エレクトロニクス・情報通信事業
6)	技術・資本提携関係	今回の調査範囲・方法では、該当するものは見当たらなかった。
7)	事業所	本社／東京　工場／北海道、岩手、東京、千葉、愛知、大阪、兵庫、山口、福岡、大分　研究所／千葉
8)	関連会社	新日鐵化学、日鉄環境プラントサービスなど
9)	業績推移	年間売上高：1兆9,185億円（98年度）、1兆8,108億円（99年度）、1兆8,487億円（00年度）
10)	主要製品	鉄鋼製品、エンジニアリング設備（製鉄プラント、環境プラントなど）、海洋構造物など
11)	主な取引先	三井物産、日商岩井、三菱商事
12)	技術移転窓口	－

（注）6) 技術・資本提携関係と8) 関連会社は、環境事業に関する代表例に限定している。

2.6.2 技術移転事例

表2.6.2-1 新日本製鉄の技術移転事例

No.	相手先	国名	内容
1)	ニッテツ室蘭エンジニアリング	日本	廃プラスチック用移動式圧縮梱包車に関する技術を共同開発した。 【概要】大型トレーラーに圧縮梱包装置、投入装置、電源などをコンパクトに搭載したもの。処理能力は最大2トン／時間で、約10分の1に減容できる。（出典：鉄鋼新聞　01年5月7日）
2)	ダイセル化学	日本	プラスチックを高温状態でガス化し、化学反応させて化学品に再生・回収する技術を共同開発する。 【概要】廃プラスチックを部分酸化によって一酸化炭素と水素、塩化水素を主成分とするガスを生成させ、一酸化炭素と水素を反応させてメタノールを合成すると同時に、塩化水素から塩酸を回収する。（出典：日刊工業新聞　00年5月18日）

2.6.3 プラスチックリサイクル技術に関する製品・技術

新日本製鉄におけるプラスチックリサイクルに関する製品・技術の代表例を表2.6.3-1に示す。製品の技術要素は圧縮・固化・減容と脱塩素処理の前処理関係、油化・ガス化・製鉄原料化のケミカルリサイクル関係である。

表2.6.3-1 新日本製鉄におけるプラスチックリサイクルに関する製品・技術の代表例

技術要素	製品・技術	製品名	発売・実施時期	出典
1)圧縮・固化・減容	廃プラスチック用移動式圧縮梱包車	-	01年	鉄鋼新聞（01年5月7日）
2)脱塩素処理	廃プラスチック前処理システム	-	00年秋	化学工業日報（01年3月6日）
3)油化・ガス化	廃プラスチック化学原料化	-	01年実証プラント試験運転	http://www0.nsc.co.jp/news/2000/20000517.html（02年1月24日）
4)製鉄原料化	廃プラスチックのコークス炉装入原料化	-	00年秋	日本工業新聞（01年11月21日）

2.6.4 技術開発課題対応保有特許の概要

図2.6.4-1に、新日本製鉄におけるプラスチックリサイクル分野の出願比率を示す。ケミカルリサイクルの割合が全体の半数近くに及んでいる。

技術要素別では、油化が最も多い。これに続いて、脱塩素処理と燃料化が同じ比率となっている。

図2.6.4-1 新日本製鉄における出願比率（総計＝57件）

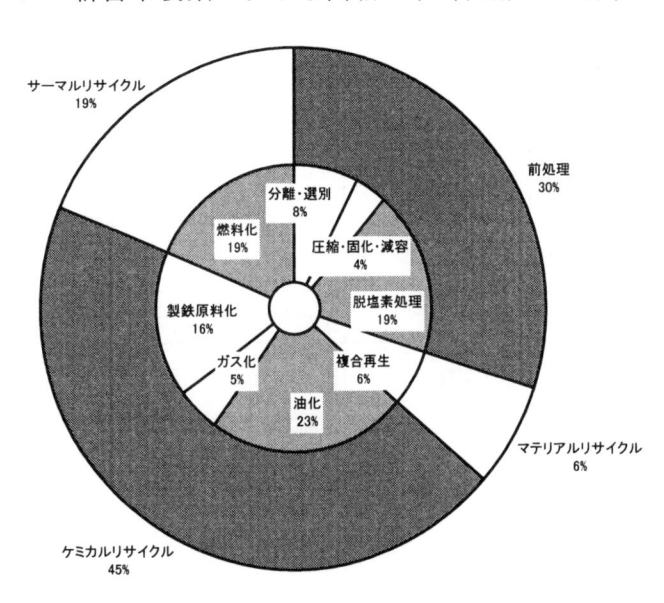

91年1月1日から01年9月14日公開の出願

表 2.6.4-1 新日本製鉄における保有特許の概要①

○：開放の用意がある特許

技術要素	課題	特許no.	特許分類 （筆頭IPC）	概要または発明の名称	
分離・選別	都市ごみ中の特定プラスチック(その他)の分離・選別	特許3183617	C08J 11/12	廃プラスチックからポリエチレン、ポリプロピレン及びポリスチレンを分離する方法及び油化方法	
	産業廃棄物中の特定プラスチックの分離・選別	特開平9-24293	B03B 9/06	廃プラスチックの分別方法	
	プラスチック複合材の分離（金属・ガラスなどとの）	特開平9-48873	C08J 11/00 CFD	製缶材表面被覆フィルムの剥離方法	
	プラスチック複合・混合材の異物除去	特開2001-50910	G01N 23/04	X線をプラスチック梱包物に照射して得る透過影像の影の形状を判定することにより、異物を検知および排除する。	
		特開2001-46979	B07C 5/34	廃棄プラスチックの異物除去方法	
		特開2001-208704	G01N 23/04	使用済みプラスチックの異物検知方法、異物除去方法および、圧縮梱包方法	
圧縮・固化・減容	プラスチック一般（ポリエチレン、ポリスチレン、ポリ塩化ビニル、エポキシ、ポリエステルなど）の圧縮・固化・減容	特開平8-117719	B09B 3/00	廃プラスチックのフラフ減容乾燥機	
		特開平9-66274	B09B 3/00	廃プラスチックの減容化方法並びに減容混合槽及び貯槽	
		特開2001-123180	C10B 57/04	石炭のコークス化と塩素含有廃プラスチックの処理を並行して行なう方法、およびタール、軽油の製造方法	
脱塩素処理	塩化水素の無害化	特開平9-85046	B01D 53/68	廃プラスチックを溶融・熱分解後、熱分解ガスをアルミナ粒を充填した脱HCl化水素槽に導入し、HClをアルミナと反応させて除去。	
		特開平9-95678	C10G 1/10 ZAB	廃プラスチック油化生成物からの塩化アルミニウム除去方法	
		特開平10-281437	F23G 7/12 ZAB	塩素含有プラスチックの処理方法及び装置	
		特開平11-216445	B09B 3/00	廃プラスチックの処理方法	
		特許3129711	C10B 53/00	含塩素廃プラスチックをコークス炉で乾留してコークス化し、発生ガス中HClを安水中に塩化物として固定後、強塩基を添加し強塩基塩とする。	
		特開2001-123180	C10B 57/04	石炭のコークス化と塩素含有廃プラスチックの処理を並行して行なう方法、およびタール、軽油の製造方法	
	操業効率の向上	特開平10-192638	B01D 53/14	熱分解ガス中の塩化水素を除去する装置	
		特開平11-148084	C10G 1/10 ZAB	廃プラスチック油化処理方法	
	生成プラスチックの品質向上	特開平8-112580	B09B 3/00	複合廃棄物の連続処理方法	
		特開平9-67581	C10G 1/10 ZAB	塩化ビニルを含む廃プラスチック中からの塩化水素の除去方法	
		特開平9-279171	C10L 3/10	油分を含む熱分解ガスの精製方法	
	設備耐久性向上	特許2895714	B29B 17/00 ZAB	破砕されたプラスチックを一次溶融する押出機において、ケーシング内面とフィーダーを樹脂コーティングして、HCl腐食を防止する。	
		特許2922760	C10G 1/10	熱分解槽および接触分解槽の最上流側に廃プラスチックの撹拌および熱分解油の循環手段を持つ複数の原料混合槽を設け、脱塩素化する。	
		特許2948489	C10G 1/10	廃プラスチックの再生処理設備における押出機構造	
		特開平8-120284	C10G 1/10	廃プラスチックの再生処理設備における押出機構造	

○：開放の用意がある特許

表 2.6.4-1 新日本製鉄における保有特許の概要②

技術要素	課題	特許no.	特許分類（筆頭IPC）	概要または発明の名称	
複合再生	再生品の品質・機能向上（機械的特性）	特開平6-320609	B29C 49/22	ブロー成形品とその使用方法及びフロート	
	再生品の品質・機能向上（劣化防止）	特許3110207	B29B 17/00	繊維強化熱可塑性樹脂多孔質成形品のリサイクル成形方法	
	再生品の品質・機能向上（リサイクル性）	特開平9-208738	C08J 11/08 CES	廃プラスチック材からプラスチック粉末を回収する方法	
	用途・機能開発（土木材料）	特開2000-191927	C08L101/16	セメント添加プラスチック硬化体及びその製造方法	
油化	生産効率向上（高速・連続化、回収率向上）	特開平8-112580	B09B 3/00	複合廃棄物の連続処理方法	
		特開平10-237460	C10G 1/10 ZAB	廃プラスチックからの生成油の収率を高めることができるとともに、廃プラスチック油化処理設備を簡素化できる処理方法。	
		特開2000-249470	F27B 1/00	複合廃棄物の処理方法	
	生産効率向上（低コスト化・省エネルギー）	特開平9-221682	C10G 1/10 ZAB	廃プラスチックの溶融・熱分解方法	
		特開2000-297175	C08J 11/08	安価で簡易・安定運転可能な装置で、廃プラスチックの油化処理を効率良く行ない、軽質油と重質油を回収する。	
	操業トラブル防止（有害物の処理・安全衛生問題）	特許2948489	C10G 1/10	廃プラスチックの再生処理設備における押出機構造	
		特開平8-120284	C10G 1/10	廃プラスチックの再生処理設備における押出機構造	
		特開平9-67581	C10G 1/10 ZAB	塩化ビニルを含む廃プラスチック中からの塩化水素の除去方法	
		特開平9-85046	B01D 53/68	廃プラスチック材の熱分解ガスに含まれる塩化水素の除去方法及びこの方法を用いる廃プラスチック材の油化処理設備	
		特開平9-95678	C10G 1/10 ZAB	廃プラスチック油化生成物からの塩化アルミニウム除去方法	
	操業トラブル防止（残渣などの固着・付着問題）	特開平8-120113	C08J 11/12 CFD	ポリエステル類を含む廃プラスチックの油化処理方法	
		特開平9-87637	C10G 1/10 ZAB	廃プラスチック材の油化方法	
		特開平9-87638	C10G 1/10 ZAB	余分な油を固形物側へ排出することなく、軽油などの油の回収率を向上することが可能な廃プラスチック材の油化処理設備における残渣除去方法。	
		特開平9-125073	C10G 1/10 ZAB	カーボン残渣の処理方法	
		特開平11-148084	C10G 1/10 ZAB	廃プラスチック油化処理方法	
	設備課題（小型化・簡略化）	特開平8-127780	C10G 1/10	廃プラスチックの油化処理設備	
		特開平10-237461	C10G 1/10 ZAB	廃プラスチックの油化処理方法	
	製品課題（回収油の高品質化）	特許2922760	C10G 1/10	廃プラスチックの油化製造設備	
		特開平7-197033	C10G 1/10 ZAB	廃プラスチックの再生処理装置	
		特許3183617	C08J 11/12	廃プラスチックからポリエチレン、ポリプロピレン及びポリスチレンを分離する方法及び油化方法	
ガス化	ガス化（水素ガス）	特開平10-281437	F23G 7/12 ZAB	塩素含有プラスチックの処理方法及び装置	
		特開平11-216445	B09B 3/00	廃プラスチックの処理方法	
	ガス化（炭化水素系ガス一般）	特開平9-279171	C10L 3/10	油分を含む熱分解ガスの精製方法	
		特開平10-168462	C10G 1/10 ZAB	廃プラスチックの二次廃棄物の有効利用方法	
製鉄原料化	搬送性・炉装入性向上	特開2001-139952	C10B 31/04	コークス炉への廃プラスチック装入方法及び装入装置	

87

○：開放の用意がある特許

表 2.6.4-1 新日本製鉄における保有特許の概要③

技術要素	課題	特許no.	特許分類(筆頭IPC)	概要または発明の名称
製鉄原料化	熱分解物の収量増加	特開2001-187406	B29B 17/00 ZAB	プラスチック系一般廃棄物を開梱、重量分離、磁着物、非鉄金属および重量固形物の除去後、細破砕、半溶融成形してコークス炉原料化。
	コークス・溶銑品質低下防止	特開2001-49263	C10B 57/06	コークスの製造方法
		特開2001-49261	C10B 53/00	廃棄プラスチックの再利用方法、および、廃棄プラスチック加工方法
		特開2001-200263	C10B 53/00	廃プラスチックを用いた高炉用コークスの製造方法
	塩化水素腐食・汚染防止	特許3095739	C10B 53/00	塩素含有廃プラスチックを石炭に対して0.05～2％でコークス炉に装入、乾留し、安水で熱分解ガス中塩素を塩化物として固定。
		特許3129711	C10B 53/00	石炭のコークス化と、塩素含有樹脂または塩素含有機化合物、あるいはそれらを含む廃プラスチックの処理を並行して行なう方法
		特開2001-123180	C10B 57/04	高塩素含有量の廃プラスチックを高炉還元剤として処理し、低塩素含有量の廃プラスチックをコークス炉処理後、HClを安水中に塩化物として固定。
	製鉄原料化に関するその他の課題	特開2001-115163	C10B 31/04	コークス炉への石炭及び廃プラスチック装入方法及び装入装置
		特開2001-200268	C10B 57/04	繊維強化プラスチックを用いたコークス炉の操業方法
		特開2001-208314	F23G 5/24 ZAB	ダスト還元処理炉の廃プラスチック吹き込み方法
		特開2001-208316	F23G 5/24 ZAB	ダスト還元処理炉のコークスベッド上端レベル制御方法
燃料化	軽質油（ガソリン、灯油、軽油）の回収	特開平8-302362	C10J 3/00	プラスチックの熱分解制御方法
		特開平9-67581	C10G 1/10 ZAB	塩化ビニルを含む廃プラスチック中からの塩化水素の除去方法
		特開平9-221682	C10G 1/10 ZAB	廃プラスチックの溶融・熱分解方法
	液体燃料の回収に関する共通・その他の課題	特開平8-120113	C08J 11/12 CFD	ポリエステル類を含む廃プラスチックの油化処理方法
		特開平9-87637	C10G 1/10 ZAB	廃プラスチック材の油化方法
		特開平9-95678	C10G 1/10 ZAB	廃プラスチック油化生成物からの塩化アルミニウム除去方法
		特開平9-268297	C10L 1/32 ZAB	廃プラスチックの処理方法
	プラスチックと他材料の混合物からなる固体燃料の回収	特開平11-153309	F23G 5/00 115	廃棄物溶融処理方法及び廃棄物溶融処理装置
		特開2001-129512	B09B 3/00	ダストまたは粉鉱石の乾燥方法
	プラスチック単独からなる固体燃料の回収	特開2001-49261	C10B 53/00	廃棄プラスチックの再利用方法、および、廃棄プラスチック加工方法
	固体燃料の回収に関する共通・その他の課題	特開平9-95690	C10L 7/00	プラスチック熱分解残渣の処理方法
		特開平9-100421	C09C 1/56	固液分離装置より分離されるカーボン残渣の処理装置
	燃料化に関するその他の課題	特開平10-168462	C10G 1/10 ZAB	廃プラスチックの二次廃棄物の有効利用方法
		特開平10-281437	F23G 7/12 ZAB	塩素含有プラスチックを1,300～1,600℃で酸素ガスとガス化炉で反応させCO,H_2およびHClガスに分解する。
		特開2000-74344	F23G 5/24 ZAB	廃棄物溶融炉への廃プラスチック吹き込み方法
		特開2000-74345	F23G 5/24 ZAB	廃棄物溶融炉への廃プラスチック吹込み方法

2.6.5 技術開発拠点
東京都：本社
千葉県：技術開発本部、君津製鉄所
愛知県：名古屋製鉄所
福岡県：エンジニアリング事業本部、機械・プラント事業部
大分県：大分製鉄所

2.6.6 研究開発者
図2.6.6-1に新日本製鉄におけるプラスチックリサイクル技術に関わる発明者数と出願件数の推移を示す。また、図2.6.6-2には同じく発明者数と出願件数の関係推移（プロットは2年ごとの平均値）を示す。出願件数は1995年までは単調増加の傾向であったが、それ以降は、やや減少気味である。発明者数は99年を除けば、ほぼ横這いに近い推移である。

図2.6.6-1 発明者数と出願件数の推移（新日本製鉄）

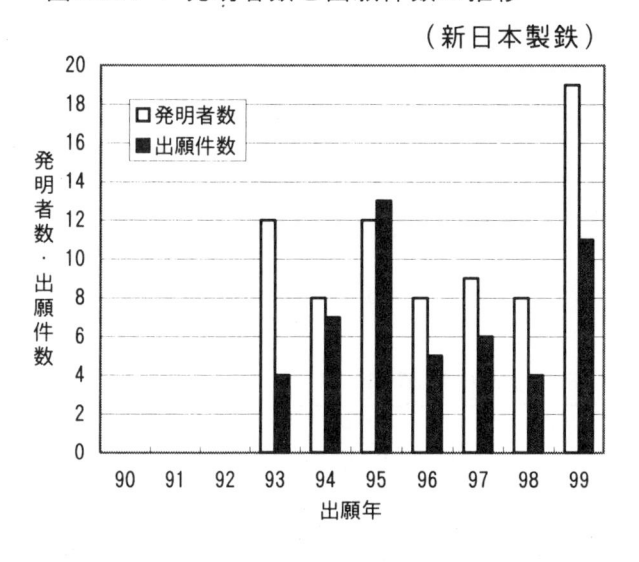

図2.6.6-2 発明者数と出願件数の関係推移（新日本製鉄）

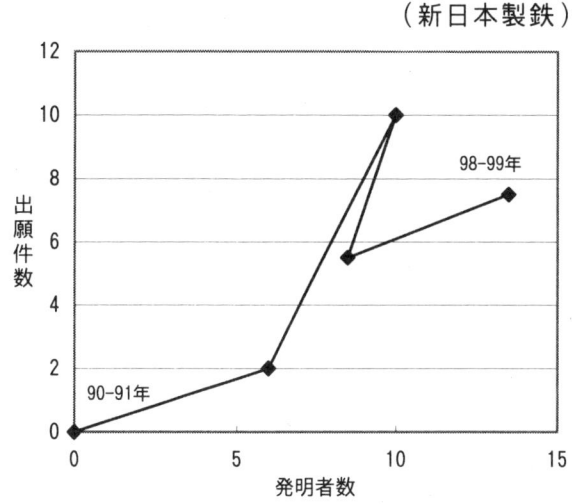

2.7 三菱重工業

2.7.1 企業の概要

表2.7.1-1 三菱重工業の概要

1)	商号	三菱重工業株式会社
2)	設立年月日	1950年1月11日
3)	資本金	2,654億円（01年3月末現在）
4)	従業員	37,754名（01年4月1日現在）
5)	事業内容	船舶・海洋、鉄鋼構造物建設、原動機、原子力、機械、航空宇宙などの各種関連事業
6)	技術・資本提携関係	共同開発／東北電力など
7)	事業所	本社／東京　工場／長崎、兵庫、山口、神奈川、広島など
8)	関連会社	三菱重工環境エンジニアリングなど
9)	業績推移	年間売上高：2兆4,791億円(99年度)、2兆4,538億円(00年度)、2兆6,377億円(01年度)
10)	主要製品	船舶、鉄鋼構造物、各種プラント設備、環境装置など
11)	主な取引先	防衛庁、北海道電力、関西電力、三菱自動車工業、九州電力
12)	技術移転窓口	－

（注）6) 技術・資本提携関係と8) 関連会社は、環境事業に関する代表例に限定している。

2.7.2 技術移転事例

表2.7.2-1 三菱重工業の技術移転事例

No.	相手先	国名	内容
1)	東北電力	日本	廃プラスチックの油化に関する技術に関して両社共同開発。98年実証プラント稼働。【概要】超臨界水法を用いることによって、触媒を使用せず、廃プラスチックを良質な油として効率良く回収することが可能な技術。（出典：電気新聞　97年5月23日）

2.7.3 プラスチックリサイクル技術に関する製品・技術

　三菱重工業におけるプラスチックリサイクルに関する製品・技術の代表例を表2.7.3-1に示す。製品の技術要素は前処理関連の分離選別が多く、その他はケミカルリサイクルに関わる油化とガス化、およびサーマルリサイクルの燃料化である。

表2.7.3-1 三菱重工業におけるプラスチックリサイクルに関する製品・技術の代表例

技術要素	製品・技術	製品名	発売・実施時期	出典
1)分離・選別	プラスチックボトル選別装置	打撃反応＋近赤外線方式	-	http://www.mhi.co.jp/machine/product/enviro/03_05.htm (01年12月19日)
	振動風力選別機	FD-60×1,000	-	http://www.mhi.co.jp/machine/product/enviro/03_03.htm (01年12月19日)
	垂直搬送選別コンベヤ	M29-345H	-	
	破袋機	-	-	http://www.mhi.co.jp/machine/product/enviro/03_02.htm (01年12月19日)
	危険物検出装置	-	-	
2)油化	廃プラスチック熱分解油化技術	-	実証プラント稼働99年度～	オートメーションVol.45,No.8 (00年8月1日)
	廃プラスチック超臨界水油化技術	-	実証試験97年秋～	電気新聞（97年5月23日）
3)ガス化	廃プラスチックガス化設備	-		朝日新聞（97年12月10日）
4)燃料化	ごみ固形燃料化(RDF)プロセス	-	-	http://www.mhi.co.jp/machine/product/enviro/02_01f.htm (01年12月19日)

2.7.4 技術開発課題対応保有特許の概要

図2.7.4-1に、三菱重工業におけるプラスチックリサイクル分野の出願比率を示す。ケミカルリサイクルと前処理が全体に対して占める割合が高い。

ケミカルリサイクルの技術要素としては、油化、ガス化の順に多く、前処理の技術要素としては、脱塩素処理が多い。

図2.7.4-1 三菱重工業における出願比率（総計＝55件）

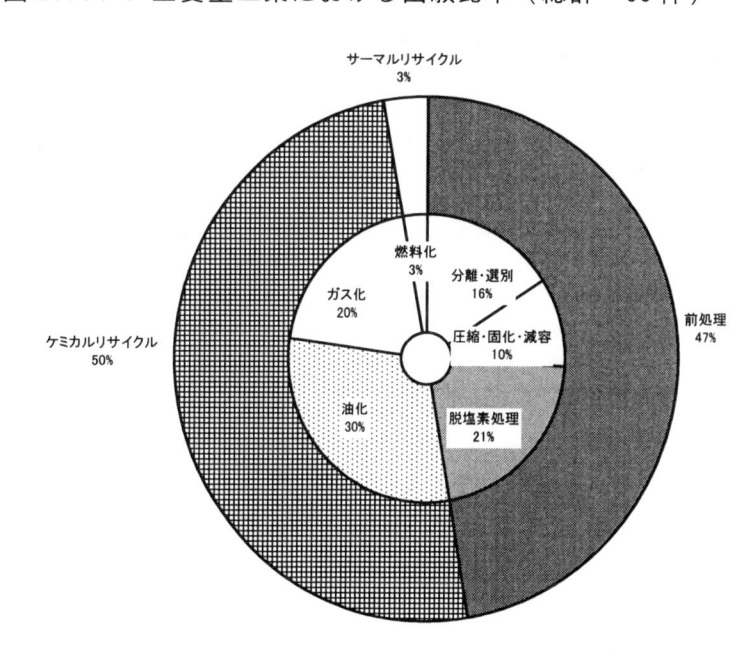

91年1月1日から01年9月14日公開の出願

表2.7.4-1 三菱重工業における保有特許の概要①

○：開放の用意がある特許

技術要素	課題	特許no.	特許分類（筆頭IPC）	概要または発明の名称
分離・選別	産業廃棄物中の特定プラスチックの分離・選別	特許3124142	B29B 17/00 ZAB	水の付着した廃プラスチックに近赤外線を投光し、特定プラスチックの官能基を特定波長の赤外あるいは他の特定波長の近赤外の吸収により判定し、種類により分別する。
	プラスチック複合材の分離（金属・ガラスなどとの）	特開平9-299916	B09B 5/00	樹脂被覆鋼板再生化装置
	プラスチック複合材の表層剥離（プラスチック母材）	特許3202385	B29B 17/00	塗装プラスチックの再生処理方法
		特開平9-99434	B29B 17/00 ZAB	樹脂表面塗膜除去方法及びその装置
		特開2000-25040	B29B 17/02 ZAB	高分子層の剥離、回収方法
	プラスチック混合材の分離（PET）	特開平8-39562	B29B 17/00 ZAB	ペットボトルのアルミニウム製蓋を誘導加熱し、蓋3を磁界と渦電流との相互作用ではじき飛ばして分離する。
	プラスチック混合材の分離（一般・その他）	特開平7-285127	B29B 17/00	廃プラスチックの分別装置
		特開平9-21748	G01N 21/27	有機物の組成判定方法
		特開平9-89768	G01N 21/35	プラスチックの材質識別装置
		特開平11-34056	B29B 17/00 ZAB	分離槽内に微小気泡を注入する手段と、プラスチック混合物を撹拌するアジテータと、かき上げて外部に排出する沈殿物排出装置とを具備する。
圧縮・固化・減容	発泡プラスチック（スチロール樹脂など）の圧縮・固化・減容	特開2001-200091	C08J 11/08 CET	廃発泡プラスチックの処理装置
		特開2001-200090	C08J 11/08	廃発泡プラスチックの処理装置
	ペットボトルの圧縮・固化・減容	特開平10-119045	B29B 17/00	廃プラスチック容器の減容処理装置
		特開平10-119046	B29B 17/00	廃プラスチック容器の減容処理装置
	プラスチック一般（ポリエチレン、ポリスチレン、ポリ塩化ビニル、エポキシ、ポリエステルなど）の圧縮・固化・減容	特開平9-12766	C08J 11/16	廃プラスチック類の処理方法
		特開平9-225432	B09B 3/00	塩素含有プラスチック廃棄物の処理方法
		特開平11-70525	B29B 17/00 ZAB	廃プラスチック容器の減容処理装置
		特開2001-200091	C08J 11/08 CET	廃発泡プラスチックの処理装置
脱塩素処理	塩化水素のリサイクル	特許3197041	F23G 7/12	キルン式PVC熱分解炉でPVC高含有廃プラスチックの脱HCl化後、その残渣をPVC低含有廃プラスチックとともに焼却炉で熱分解処理。
	塩化水素の無害化	特開平7-286062	C08J 11/12	塩素含有廃プラスチックを熱分解容器内で撹拌しつつ250～350℃に加熱して熱分解・脱HCl化後、HClおよび熱分解ガスを分離。
		特開平9-109149	B29B 17/00	塩素含有プラスチックを含む廃棄物の処理方法及び装置
		特開平10-314697	B09B 3/00	廃棄物の脱塩素処理方法
		特開2000-15635	B29B 13/10	廃棄物の脱塩素処理方法並びに脱塩素化燃料の製造方法及び装置
	操業効率の向上	特開平9-71684	C08J 11/12 CEV	PVC含有廃プラスチックをロータリーキルンにより高温の砂と混合、350℃以下で加熱して脱塩素化後、更に350℃以上で加熱して油化。
		特開2001-64654	C10G 1/10	廃プラスチックの油化システム

表2.7.4-1 三菱重工業における保有特許の概要②

○：開放の用意がある特許

技術要素	課題	特許no.	特許分類（筆頭IPC）		概要または発明の名称
脱塩素処理	生成プラスチックの品質向上	特開平10-95985	C10G 1/10	ZAB	廃プラスチックからの油回収方法
		特開2001-107058	C10G 1/10		廃プラスチックの熱分解油化方法
	設備耐久性向上	特開平9-111249	C10G 1/10	ZAB	塩素含有プラスチック廃棄物の油化方法
		特開平9-225432	B09B 3/00		塩素含有プラスチック廃棄物の処理方法
		特開平9-324181	C10G 1/10	ZAB	プラスチック廃棄物の油化方法及び装置
		特開平10-95984	C10G 1/10	ZAB	廃プラスチックからの油回収方法
		特開平10-101841	C08J 11/14	ZAB	廃棄物の熱処理方法
		特開平10-332117	F23G 50/27	ZAB	高PVC含有廃プラスチックをロータリーキルンで脱塩化後、含HClガスの熱回収、中和処理し、残渣は低PVC含有廃プラスチックとともに燃焼炉で焼却。
油化	生産効率向上（高速・連続化、回収率向上）	特開平9-235562	C10G 1/10	ZAB	廃プラスチックからの油回収装置
		特開平9-324181	C10G 1/10	ZAB	プラスチック廃棄物を高速で分解、油化することができ、塩素による装置の腐食も防止できる超臨界水法によるプラスチック廃棄物の処理方法。
		特開平10-67991	C10G 1/10	ZAB	プラスチック廃棄物の油化方法及び装置
		特開平10-95983	C10G 1/10	ZAB	廃プラスチックからの油回収方法
		特開平10-292177	C10G 1/10		プラスチック廃棄物の油化方法及び装置
		特開2001-31978	C10G 1/10		廃プラスチックの油回収方法とその装置
	生産効率向上（低コスト化・省エネルギー）	特開2001-181651	C10G 1/10		廃プラスチックから所望の油またはガスが容易に回収でき、しかも熱経済性が従来よりも格段に向上した廃プラスチック処理方法および装置。
	生産効率向上に関するその他の課題	特開平11-286572	C08J 11/10	ZAB	プラスチック廃棄物の油化反応器ユニット及び油化装置
	操業トラブル防止（有害物の処理・安全衛生問題）	特開平9-111249	C10G 1/10	ZAB	塩素含有プラスチック廃棄物の油化方法
		特開2000-308875	B09B 5/00	ZAB	超臨界水によるプラスチック廃棄物の処理方法
		特開2001-64654	C10G 1/10		廃プラスチックの油化システム
		特開2001-107058	C10G 1/10		廃プラスチックの熱分解油化方法
	操業トラブル防止に関するその他の課題	特開平9-71684	C08J 11/12	CEV	廃プラスチックからの油回収方法
	設備課題（小型化・簡略化）	特開平9-235563	C10G 1/10	ZAB	廃プラスチックからの油回収方法とそのシステム
		特開平10-95984			廃プラスチックを熱分解で燃料油回収する装置において、脱塩素工程と熱分解工程の省設置スペース化を図り、効率よく搬送できるようにする。
		特開平10-95985	C10G 1/10	ZAB	廃プラスチックからの油回収方法
		特開2001-81475	C10G 1/10	ZAB	廃プラスチックの油化方法および装置
	設備に関するその他の課題	特開2000-72720	C07C 69/82		ポリエチレンテレフタレートのモノマー化法
	原料課題（難リサイクル樹脂の処理）	特開2001-181653	C10G 1/10		主鎖に酸素原子を含む高分子化合物からの炭化水素系油製造方法
	原料課題（副産物の処理）	特開2000-301194	C02F 3/34	ZAB	廃プラスチックを超臨界水で分解するに際して、発生する排水を石油系炭化水素資化性微生物を用いて処理する。
	製品課題（回収油の高品質化）	特開平9-235560	C10G 1/10		廃プラスチックからの油回収方法
ガス化	ガス化（水素ガス）	特許3009541	C10J 3/00		原料廃棄物の一部をO_2で部分酸化して800～1,000℃に加熱し、更に水蒸気によりガス化してH_2とCO濃度の高いガスとする。
		特許2989449	C10J 3/00		グラスファイバ強化プラスチックのガス化処理方法及び装置
		特開平8-143873	C10J 3/00	ZAB	有機系廃棄物のガス化方法

表2.7.4-1 三菱重工業における保有特許の概要③

○：開放の用意がある特許

技術要素	課題	特許no.	特許分類（筆頭IPC）	概要または発明の名称
ガス化	ガス化（炭化水素系ガス一般）	特許2989448	C10J 3/00	グラスファイバ強化プラスチック廃棄物をガス化して、空気と水蒸気を加えて燃焼時に発生する熱量を回収する。
		特開平9-109149	B29B 17/00	塩素含有プラスチックを含む廃棄物の処理方法及び装置
		特開平9-235563	C10G 1/10 ZAB	廃プラスチックからの油回収方法とそのシステム
		特開平9-263776	C10J 3/00	有機系廃棄物のガス化処理方法及び固定床ガス化炉
		特開平10-314697	B09B 3/00	廃棄物の脱塩素処理方法
		特開平11-293260	C10G 1/10	廃プラスチックのガス化装置
		特開2000-42514	B09B 3/00	廃棄物処理装置
		特開2000-296378	B09B 3/00	廃棄物の処理方法
		特開2000-336203	C08J 11/12	プラスチック廃棄物処理方法及びその装置
		特開2001-49025	C08J 11/14 CFF	ポリウレタン廃棄物の処理方法
	ガス化に関する共通・その他の課題	特開平10-67991	C10G 1/10 ZAB	プラスチック廃棄物の油化方法及び装置
燃料化	固体＋液体または液体＋気体燃料の回収	特開2001-181651	C10G 1/10	廃プラスチックの処理方法及び装置
	燃料化に関するその他の課題	特許3009541	C10J 3/00	廃棄物のガス化方法

2.7.5 技術開発拠点

東京都：本社

神奈川県：横浜研究所、横浜製作所、横須賀研究所

愛知県：名古屋研究所、名古屋機器製作所

兵庫県：神戸造船所、高砂研究所

広島県：広島製作所

山口県：下関造船所

長崎県：長崎研究所、長菱エンジニアリング

2.7.6 研究開発者

図2.7.6-1に三菱重工業におけるプラスチックリサイクル技術に関わる発明者数と出願件数の推移を示す。また、図2.7.6-2には同じく発明者数と出願件数の関係推移（プロットは2年ごとの平均値）を示す。出願件数と発明者数は、1997年に一時的に減少したが、全体的には増加傾向を維持している。

図2.7.6-1 発明者数と出願件数の推移（三菱重工業）

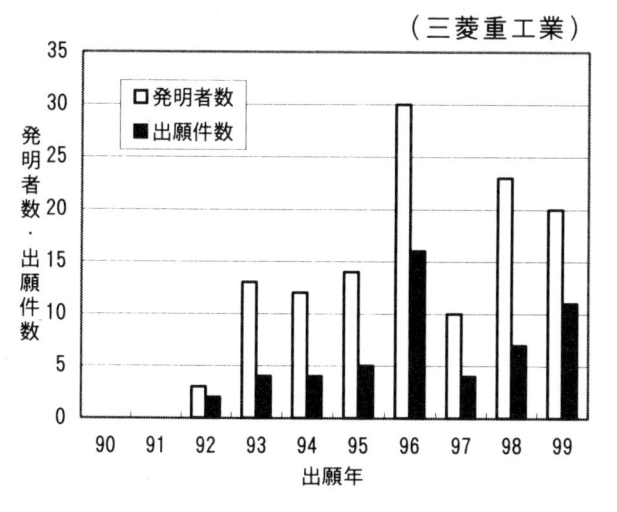

図2.7.6-2 発明者数と出願件数の関係推移（三菱重工業）

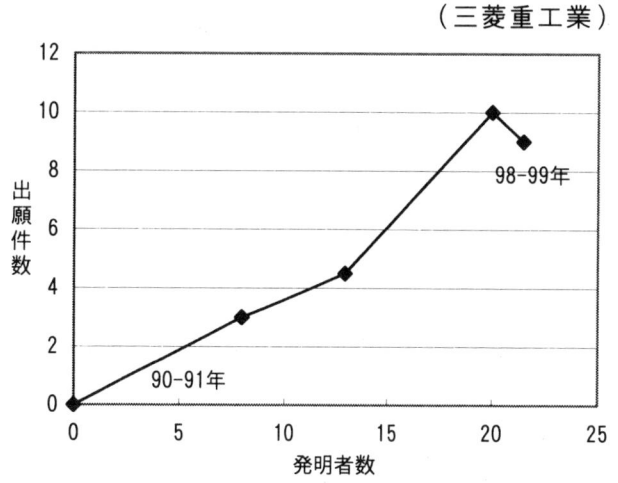

2.8 三井化学

2.8.1 企業の概要

表2.8.1-1 三井化学の概要

1)	商号	三井化学株式会社
2)	設立年月	1947年7月
3)	資本金	1,032億2,600万円（01年8月現在）
4)	従業員	5,386名（01年3月末現在）
5)	事業内容	石油化学事業、基礎化学品事業、機能樹脂事業、機能化学品事業など
6)	技術・資本提携関係	今回の調査範囲・方法では、該当するものは見当たらなかった。
7)	事業所	本社／東京　工場／千葉、愛知、大阪、山口、福岡　研究所／千葉
8)	関連会社	三井化学エンジニアリングなど
9)	業績推移	年間売上高：6,159億円（98年度）、6,345億円（99年度）、6,811億円（00年度）
10)	主要製品	石油化学原料、合成繊維原料、工業薬品、化学品、工業樹脂、樹脂加工品など
11)	主な取引先	三井物産、伊藤忠商事、全農
12)	技術移転窓口	知的財産部

（注）6）技術・資本提携関係と8）関連会社は、環境事業に関する代表例に限定している。

2.8.2 技術移転事例

今回の調査範囲・方法では、該当するものは見当たらなかった。

2.8.3 プラスチックリサイクル技術に関する製品・技術

三井化学におけるプラスチックリサイクルに関する製品・技術の代表例を表2.8.3-1に示す。製品の技術要素は単純再生と複合再生であり、いずれもマテリアルリサイクルに関する。

表2.8.3-1 三井化学におけるプラスチックリサイクルに関する製品・技術の代表例

技術要素	製品・技術	製品名	発売時期	出典
1)単純再生	ペットボトルリサイクルプラント	-	93年8月	化学工業日報（00年2月29日）
	リサイクル可能プラスチック製型枠	-	93年7月	日刊工業新聞（98年7月14日）
	バンパーのリサイクル技術	-	-	http://www.mitsui-chem.co.jp/responce/rc00_j.pdf（02年2月16日）
2)複合再生	廃ポリウレタンのグランド材、床材、舗装材への活用	-	-	

2.8.4 技術開発課題対応保有特許の概要

図 2.8.4-1 に、三井化学におけるプラスチックリサイクル分野の出願比率を示す。ケミカルリサイクルと前処理が全体に対して占める割合が高い。

ケミカルリサイクルの技術要素はすべて油化であって、全体の半数以上を占め非常に多い。次いで、前処理の技術要素である分離・選別が約4分の1を占める。

図 2.8.4-1 三井化学における出願比率（総計＝43件）

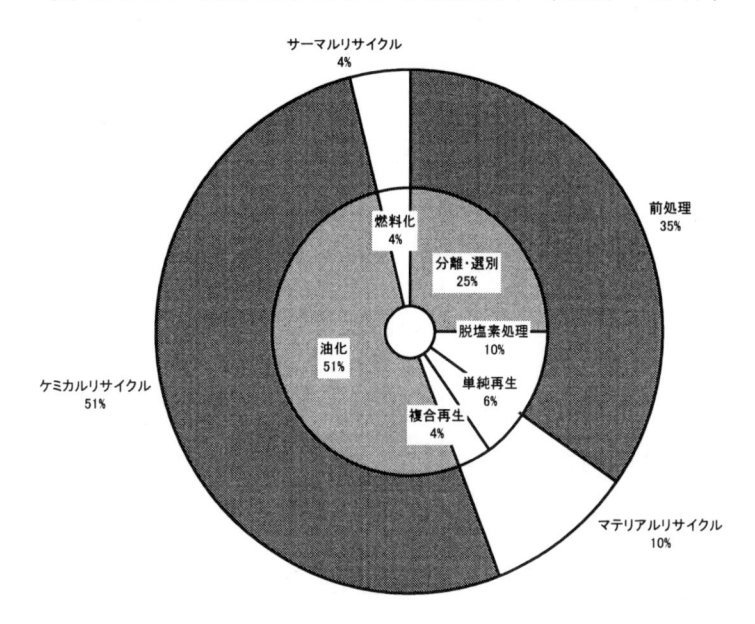

91年1月1日から01年9月14日公開の出願

○：開放の用意がある特許

表 2.8.4-1 三井化学における保有特許の概要①

技術要素	課題	特許no.	特許分類（筆頭IPC）	概要または発明の名称	
分離・選別	産業廃棄物中の特定プラスチックの分離・選別	特開平7-126343	C08G 18/83	硬質ポリイソシアヌレートフォーム廃棄物からポリオールを得る方法	
		特開平7-126344	C08G 18/83	ポリウレタンのリサイクル法	
	プラスチック複合材の表層剥離（プラスチック母材）	特許3117808	C09D 9/00	表面被膜を有する樹脂基体を、濃度0.1wt%以上のアルカリ水溶液中、温度110℃以上で処理し、さらにスクリューフィーダーなどを用いて、該基体表面同志を接触させて研磨する。	
		特許3117809	C09D 9/00	被膜の除去方法	
		特開平7-266337	B29B 17/00	樹脂基体表面の被膜の除去方法	
		特開平8-245826	C08J 11/24	被膜の除去方法	○
		特開平9-141657	B29B 17/00	樹脂基体表面の被膜の除去方法	○
		特開平10-34650	B29B 17/00	積層フィルムを加熱し、圧着ロールで加熱圧着して、コーティング層を転写ロールに移行させる。	○
	プラスチック混合材の分離（一般・その他）	特開平6-240004	C08J 3/00 CFJ	分解性ポリマー組成物に着色することにより、該分解性ポリマー組成物を非分解性ポリマー組成物と区別する。	
		特開平6-240045	C08J 11/00 ZAB	分解性ポリマー組成物の分別方法	
		特開平6-297458	B29B 17/00	分解性ポリマー組成物の分別方法	
		特開平6-315935	B29B 17/00 ZAB	分解性ポリマー組成物の分別方法	
	単一プラスチックの高純度化	特開平8-73646	C08J 11/08	熱可塑性ポリエステル樹脂の精製方法	○

○：開放の用意がある特許

表 2.8.4-1 三井化学における保有特許の概要②

技術要素	課題	特許no.	特許分類（筆頭IPC）	概要または発明の名称	
脱塩素処理	塩化水素の無害化	特開平8-302061	C08J 11/10 CFD	芳香族ポリエステル廃棄物から芳香族ジカルボン酸の回収方法	
	生成プラスチックの品質向上	特開平8-209151	C10G 1/10 ZAB	合成重合体の熱分解による油の製造方法	○
		特開平9-48981	C10G 17/00	廃プラスチック分解油からの精製油の製造方法	○
		特開平9-48983	C10G 45/04	廃プラスチック分解油からの精製油の製造方法	○
	設備耐久性向上	特開平8-259728	C08J 11/16 CFD	芳香族ジカルボン酸およびアルキレングリコールの製造方法	
単純再生	熱可塑性樹脂の単純再生（ポリエチレンテレフタレート(PET)）	特許3117808	C09D 9/00	被膜の除去方法	
		特許3117809	C09D 9/00	被膜の除去方法	
		特許3179230	C08J 3/00 CFD	着色高分子材料から着色剤を除去する淡色高分子材料の製造方法	
複合再生	再生品の品質・機能向上（劣化防止）	特開平10-156830	B29B 17/00 ZAB	ポリオレフィン樹脂成形品の製造方法	
		特開平10-237241	C08L 23/20	ポリ4-メチルペンテン樹脂成形品	
油化	生産効率向上（高速・連続化、回収率向上）	特許3179231	C08J 11/10 ZAB	ポリエステル樹脂から芳香族ジカルボン酸及びアルキレングリコールを製造する方法	
		特開平8-20664	C08J 11/14 CFD	ポリエステルから芳香族ジカルボン酸を製造する方法	
		特開平8-151581	C10G 1/10 ZAB	合成重合体の熱分解による分解油の製造装置及び分解油の製造方法	○
		特開平9-71784	C10G 1/10 ZAB	廃プラスチックの油化方法	○
		特開平9-48980	C10G 1/10 ZAB	合成重合体の分解による油状物の製造方法	○
		特開平9-221681	C10G 1/10 ZAB	プラスチックの油化方法	○
		特開平9-221683	C10G 1/10 ZAB	合成重合体の分解による油状物の製造方法	○
		特開平9-227878	C10G 1/10 ZAB	合成重合体の分解による油状物の製造方法	○
		特開平9-255971	C10G 1/10 ZAB	プラスチックの油化方法	○
		特開平9-241658	C10G 1/10 ZAB	合成重合体の分解による油状物の製造方法	○
		特開平9-268293	C10G 1/10 ZAB	廃棄プラスチックに分解促進触媒を添加して接触分解装置で連続的に溶融および接触分解することによって高収率で分解油を製造回収する。	○
		特開平9-302356	C10G 1/10 ZAB	プラスチックの油化方法	○
		特開平9-302357	C10G 1/10 ZAB	プラスチックを溶融した後に、固体酸触媒と接触させることにより、オレフィンなどを含むプラスチック混合物をも効率的に油化する。	○
		特開平9-302358	C10G 1/10 ZAB	プラスチックの油化方法	○
		特開平10-8067	C10G 1/10 ZAB	プラスチックの油化方法	○
		特開平10-8066	C10G 1/10	プラスチックの油化方法	○
		特開平10-46157	C10G 1/10 ZAB	廃プラスチックの熱分解方法	○
		特開平10-46158	C10G 1/10 ZAB	廃プラスチックの熱分解方法	○
	生産効率向上（低コスト化・省エネルギー）	特開平8-259728	C08J 11/16 CFD	芳香族ジカルボン酸およびアルキレングリコールの製造方法	
	操業トラブル防止（有害物の処理・安全衛生問題）	特開平9-48981	C10G 17/00	廃プラスチック分解油からの精製油の製造方法	○
		特開平9-48983	C10G 45/04	廃プラスチック分解油からの精製油の製造方法	○
	原料課題（副産物の処理）	特開2000-136264	C08J 11/16 ZAB	イソシアナート製造時に副生する固体残渣を、アルカリなどの加水分解促進剤を添加することなく、再利用可能なアミンに変換する方法。	

表2.8.4-1 三井化学における保有特許の概要③

○：開放の用意がある特許

技術要素	課題	特許no.	特許分類（筆頭IPC）	概要または発明の名称	
油化	原料に関するその他の課題	特開2000-169621	C08J 11/08 CES	環状オレフィン系樹脂成形体の処理方法	
	製品課題（回収油の高品質化）	特開平8-209151	C10G 1/10 ZAB	合成重合体の熱分解による油の製造方法	○
		特開平8-302061	C08J 11/10 CFD	芳香族ポリエステル廃棄物から芳香族ジカルボン酸の回収方法	
		特開平9-48982	C10G 170/85	廃プラスチック分解油からの精製油の製造方法	○
		特許3062173	C08F291/02	スチレン系樹脂およびそれを用いた樹脂組成物	
燃料化	液体燃料の回収に関する共通・その他の課題	特開平9-221683	C10G 1/10 ZAB	合成重合体の分解による油状物の製造方法	○
		特開平9-227878	C10G 1/10 ZAB	合成重合体の分解による油状物の製造方法	○

2.8.5 技術開発拠点
東京都：本社
千葉県：市原工場
大阪府：大阪工場
山口県：岩国大竹工場

2.8.6 研究開発者

　図2.8.6-1に三井化学におけるプラスチックリサイクル技術に関わる発明者数と出願件数の推移を示す。また、図2.8.6-2には同じく発明者数と出願件数の関係推移（プロットは2年ごとの平均値）を示す。出願件数と発明者件数は1992年から96年にかけておおむね増加傾向であったが、97年以降は急激に少なくなった。

図2.8.6-1 発明者数と出願件数の推移（三井化学）

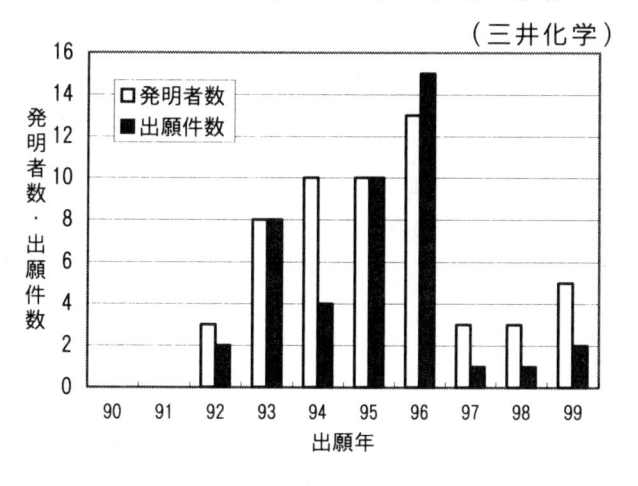

図2.8.6-2 発明者数と出願件数の関係推移（三井化学）

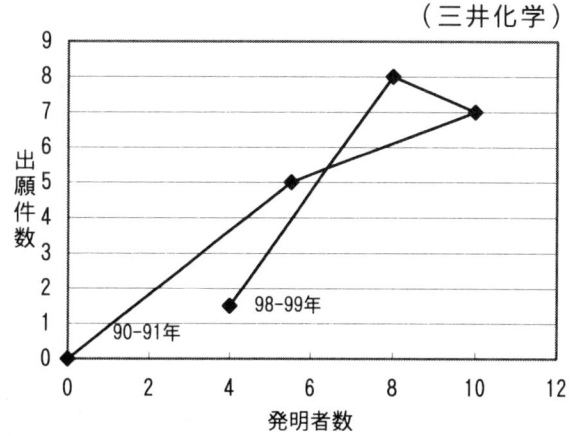

2.9 トヨタ自動車

2.9.1 企業の概要

表2.9.1-1 トヨタ自動車の概要

1)	商号	トヨタ自動車株式会社
2)	設立年月日	1937年8月28日
3)	資本金	3,970億円（01年3月末現在）
4)	従業員	66,005名（01年3月末現在）
5)	事業内容	車両、住宅などの生産と販売
6)	技術・資本提携関係	今回の調査範囲・方法では、該当するものは見当たらなかった。
7)	事業所	本社／愛知、東京　工場・研究所／愛知、静岡、北海道など
8)	関連会社	豊田自動織機、愛知製鋼、豊田工機、豊田中央研究所、豊田メタル、豊通リサイクル、キャタラー工業、豊田ケミカルエンジニアリングなど
9)	業績推移	年間売上高：7兆5,256億円(99年度)、7兆4,080億円(00年度)、7兆9,036億円(01年度)
10)	主要製品	車両、住宅
11)	主な取引先	住友商事、日商岩井、トーメン、トヨタ系ディーラー
12)	技術移転窓口	知的財産部　企画総括室

(注) 6) 技術・資本提携関係と8) 関連会社は、環境事業に関する代表例に限定している。

2.9.2 技術移転事例

表2.9.2-1 トヨタ自動車の技術移転事例

No.	相手先	国名	内容
1)	イノアックコーポレーション	日本	ウレタン製バンパーのマテリアルリサイクル技術に関して共同開発した。【概要】ウレタンの端材を粉砕し、二軸押出機で最適な可塑化温度に保ちながらポリプロピレンを混ぜ、再生利用可能なペレットに加工する技術。（出典：日刊工業新聞　96年7月12日）

2.9.3 プラスチックリサイクル技術に関する製品・技術

トヨタ自動車におけるプラスチックリサイクルに関する製品・技術の代表例を表2.9.3-1に示す。製品の技術要素は単純再生と複合再生であり、いずれも自動車に用いられるプラスチック部品のマテリアルリサイクルに関する。このことは次ページの図2.9.4-1に示す技術要素別の出願比率おいて、マテリアルリサイクルが半数以上を占めていることと対応する。

表2.9.3-1 トヨタ自動車におけるプラスチックリサイクルに関する製品・技術の代表例

技術要素	製品・技術	製品名	発売・実施時期	出典
1)単純再生	塗膜付きバンパーの再生	TSOPバンパー	97年6月	http://www.toyota.co.jp/eco/kankyo/chapter2/p2_8.html （02年1月6日）
2)複合再生	バンパー回収・リサイクルシステム	-	91年12月	http://www.toyota.co.jp/eco/kankyo/chapter2/p2_7.html （02年1月6日）
	廃FRP樹脂のエンジンヘッドカバーへのリサイクル	-	-	http://www.toyota.co.jp/eco/kankyo/chapter2/r2_8.html （02年1月6日）
	シュレッダーダストの自動車防音材へのリサイクル	RSPP	98年8月	http://www.toyota.co.jp/eco/kankyo/chapter2/r2_12.html （02年1月6日）

2.9.4 技術開発課題対応保有特許の概要

図2.9.4-1に、トヨタ自動車におけるプラスチックリサイクル分野の出願比率を示す。マテリアルリサイクルが全体の半数以上を占め、次に前処理の出願が多い。

マテリアルリサイクルの技術要素としては複合再生の比率が、前処理の技術要素としては分離・選別の比率が高い。

図2.9.4-1 トヨタ自動車における出願比率（総計＝40件）

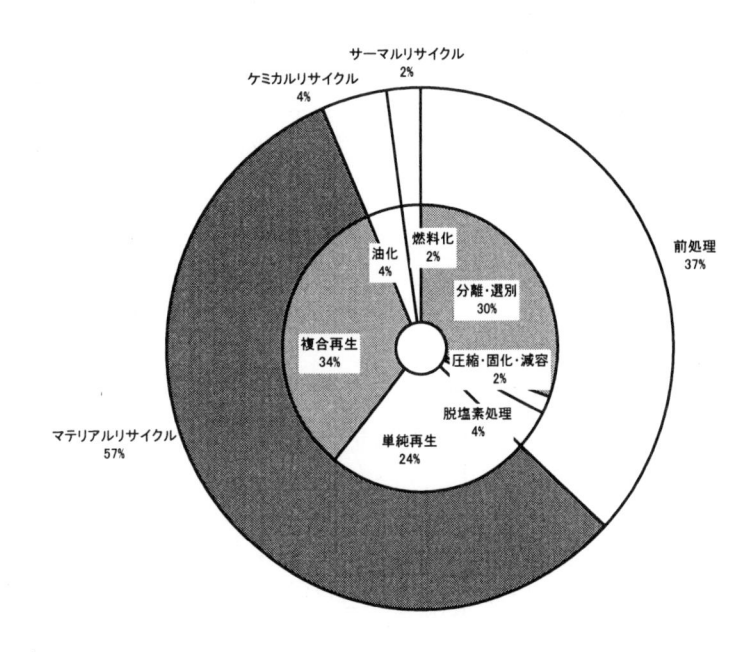

- サーマルリサイクル 2%
- ケミカルリサイクル 4%
- 油化 4%
- 燃料化 2%
- 前処理 37%
  - 分離・選別 30%
  - 圧縮・固化・減容 2%
  - 脱塩素処理 4%
- マテリアルリサイクル 57%
  - 複合再生 34%
  - 単純再生 24%

91年1月1日から01年9月14日公開の出願

表 2.9.4-1 トヨタ自動車における保有特許の概要①

○：開放の用意がある特許

技術要素	課題	特許no.	特許分類(筆頭IPC)		概要または発明の名称	
分離・選別	都市ごみ中のプラスチック一般の分離・選別	特開平8-117730	B09B 5/00	ZAB	シュレッダーダストの処理方法	○
		特開平11-347529	B09B 5/00	ZAB	シュレッダーダストの分別方法および装置	○
	プラスチック複合材の表層剥離（プラスチック母材）	特許2649419	B29B 17/00		複合材廃棄物の分離回収方法	
		特許2742604	B07B 4/02		複合材廃棄物の分離回収方法	
		特許2842086	B29B 17/00		塗膜付合成樹脂廃材の連続加水分解装置	○
		特許3144660	C08J 11/14	ZAB	ポリウレタン発泡複合体の剥離方法	
		特許3117108	B29B 17/00	ZAB	塗膜付合成樹脂廃材を粉砕し水と混合して加熱、撹拌して粉砕材表面の塗膜を加水分解するとともに剪断応力を作用して、粉砕材を水と分離する。	○
		特許3178246	B29B 17/00	ZAB	塗膜付プラスチック廃品の再生処理方法と再生処理装置	○
		特許3175899	B29B 17/00	ZAB	塗膜付プラスチック廃品の処理方法	○
		特開平8-244034	B29B 17/00	ZAB	塗膜付き樹脂製品からの塗膜除去方法及びその装置	
		特許3081132	B29B 17/00	ZAB	塗膜付き樹脂の再生処理方法	
		特開2001-179739	B29B 17/00		塗膜付き樹脂材の再生処理方法	
	プラスチック混合材の分離（PVC）	特開2000-304616	G01J 3/42		塩化ビニル識別方法	○
	プラスチック複合・混合材の異物除去	特開2000-118724	B65G 65/48		異物検出除去装置	○
圧縮・固化・減容	自動車・家電部品などの圧縮・固化・減容	特開平8-117730	B09B 5/00	ZAB	シュレッダーダストの処理方法	
脱塩素処理	生成プラスチックの品質向上	特開平11-28441	B09B 3/00		塩素含有樹脂を含む廃材の処理方法	
	設備耐久性向上	特開平10-324769	C08J 11/04		樹脂廃材の脱塩素処理方法	
単純再生	熱可塑性樹脂の単純再生（ポリプロピレン(PP)）	特開平10-298347	C08J 11/16		粉砕後、塗膜分解して得た分解溶融物に脱揮助剤を添加して、生成した黄変原因物質を脱揮し、或いは黄変しにくい物質に変化させ、黄変を防止した樹脂材に再生処理する。	○
		特開2000-176938	B29B 17/00	ZAB	塗装バンパリサイクル材の塗装性向上方法	○
		特開2001-179739	B29B 17/00		塗膜付き樹脂材の再生処理方法	○
	熱可塑性樹脂の単純再生（ポリオレフィン共通）	特開平10-86152	B29B 17/00	ZAB	ポリオレフィン架橋材を架橋切断剤とともに加熱し、架橋結合を架橋切断剤により切断し成形可能な熱可塑性樹脂に再生する。	
	熱可塑性樹脂の単純再生（ポリウレタン）	特開3074419	B29C 43/18		ポリウレタン樹脂バンパー廃材のリサイクル方法	
		特許3144660	C08J 11/14	ZAB	ポリウレタン発泡複合体に接合されている各積層部を水を主成分とする処理液中で加熱処理してそれぞれポリウレタン発泡体から分離する。	
		特開平10-87845	C08J 3/20	CFF	架橋ウレタン樹脂材料とその製造方法	
	熱可塑性樹脂の単純再生（共通・その他）	特許3081132	B29B 17/00		塗膜付き樹脂の再生処理方法	
		特開平10-217244	B29B 17/00		プラスチックの成形装置	
		特開平10-337729	B29B 17/00	ZAB	樹脂廃材の処理方法	
	共通・その他の単純再生	特許2921281	B29B 17/00		塗膜付合成樹脂廃材の連続再生方法および装置	○
複合再生	再生品の品質・機能向上（機械的特性）	特許2668137	C08J 11/04	CFF	ポリウレタン樹脂廃材の再生方法	
		特許2932114	C08J 11/04		廃材からの再生樹脂の製造方法	
	再生品の品質・機能向上（均質性）	特開平10-217244	B29B 17/00		プラスチックの成形装置	
	再生品の品質・機能向上（劣化防止）	特開平10-337729	B29B 17/00	ZAB	樹脂廃材の処理方法	○
	再生品の品質・機能向上（リサイクル性）	特許3134240	C08J 11/10		バンパー廃材などのポリウレタン樹脂を、水分の存在下に、樹脂加水分解温度より高く液状化温度より低い温度で処理し、架橋結合が一部切断された樹脂を得る。	

表2.9.4-1 トヨタ自動車における保有特許の概要②

○：開放の用意がある特許

技術要素	課題	特許no.	特許分類（筆頭IPC）	概要または発明の名称	
複合再生	用途・機能開発（建築材料）	特開平11-192635	B29C 43/02	防音材の製造方法	
		特開2001-60090	G10K 11/162	防音材の製造方法	
		特開2001-60091	G10K 11/162	防音材成形の吹き込み充填において、吹き込み風量を充填に伴う吹き込み抵抗の増大に対応して低減させることにより均一充填とする。	
		特開2001-60092	G10K 11/162	防音材の製造方法	
		特開2001-60093	G10K 11/162	防音材の製造方法	
	用途・機能開発（自動車・家電部品）	特開平8-336837	B29B 17/00　ZAB	リサイクル材を用いた樹脂成形品とその製造方法	○
		特開平11-228706	C08J 3/20　CEQ	熱可塑性樹脂の存在下において、ゴムに熱と剪断力とを同時に加えて、バンパーなどに適する熱可塑性樹脂とゴムとよりなるブレンド素材を生成させる。	
		特開2001-206951	C08G 81/00　ZAB	複合樹脂	
	用途・機能開発（他用途化・その他）	特開平8-112584	B09B 5/00　ZAB	シュレッダーダストのうち樹脂などの軽量成分が主となるよう嵩密度が0.3g／cm³以下に管理する。また、これを樹脂バインダーにより造粒しさらに使い易くする。	
		特開平9-66527	B29B 17/00　ZAB	熱硬化性樹脂発泡体から成る再生樹脂及び熱硬化性樹脂発泡体の再生方法並びに前記再生樹脂から成る成形品の成形方法。	
油化	生産効率向上（高速・連続化、回収率向上）	特許2909577	C08J 11/12　ZAB	樹脂廃材の再生方法及び装置	
	原料課題（難リサイクル樹脂の処理）	特開平7-145262	C08J 11/24　CFF	廃ウレタン樹脂を特定量の分解剤を用い、分解処理して、標記樹脂を、強化材の均一分散性を維持し、迅速かつ十分に、モノマーに分解し、リサイクルする。	
燃料化	燃料化に関するその他の課題	特開平10-291214	B29B 17/00　ZAB	廃棄物の燃料化方法および装置	○

2.9.5 技術開発拠点

愛知県：本社

2.9.6 研究開発者

図2.9.6-1にトヨタ自動車におけるプラスチックリサイクル技術に関わる発明者数と出願件数の推移を示す。また、図2.9.6-2には同じく発明者数と出願件数の関係推移（プロットは2年ごとの平均値）を示す。出願件数はおおむね増加傾向であるのに対し、発明者数はこの傾向を反映せず、変動がみられる。

図2.9.6-1 発明者数と出願件数の推移（トヨタ自動車）

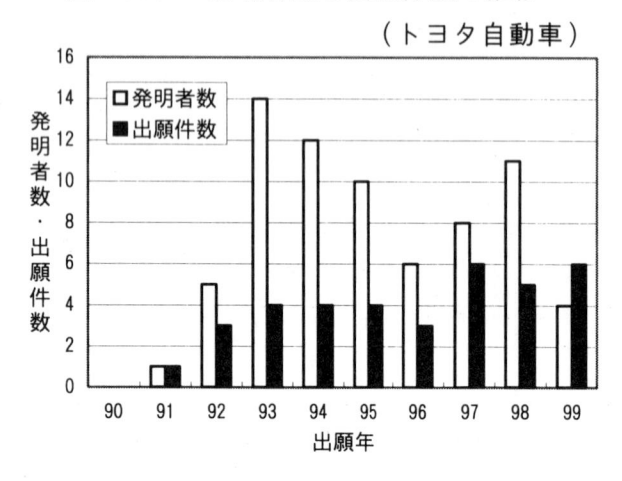

図2.9.6-2 発明者数と出願件数の関係推移（トヨタ自動車）

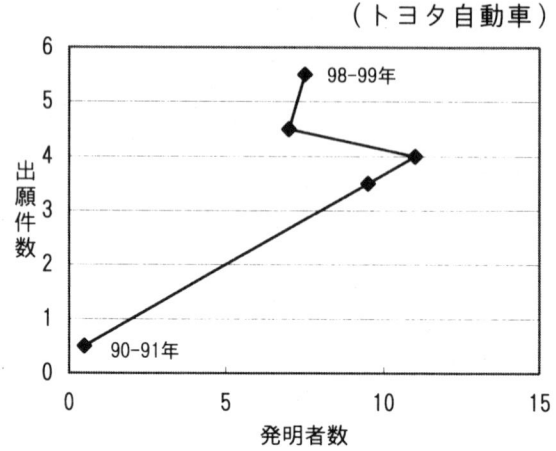

2.10 ソニー

2.10.1 企業の概要

表2.10.1-1 ソニーの概要

1)	商号	ソニー株式会社
2)	設立年月日	1946年5月7日
3)	資本金	4,720億152万円（01年3月末現在）
4)	従業員	18,845名（01年3月末現在）
5)	事業内容	電気音響機械器具製造、集積回路製造など
6)	技術・資本提携関係	技術供与／三井造船、三井物産プラント販売 資本提携／石川島播磨重工業、シャープ
7)	事業所	本社／東京　事業所・研究所／東京、神奈川、宮城など
8)	関連会社	グリーンリサイクル（筆頭株主ソニー）など
9)	業績推移	年間売上高：2兆4,326億円（98年度）、2兆5,929億円（99年度）、3兆75億円（00年度）
10)	主要製品	電気音響機器、情報通信機器、電子デバイスなど
11)	主な取引先	ソニーマーケティング、ソニー海外販売会社
12)	技術移転窓口	－

（注）6) 技術・資本提携関係と8) 関連会社は、環境事業に関する代表例に限定している。

2.10.2 技術移転事例

表2.10.2-1 ソニーの技術移転事例

No.	相手先	国名	内容
1)	三井造船 三井物産プラント販売	日本	ポリスチレン再生システムに関する技術を供与した。 【概要】リモネンで発泡ポリスチレンを溶かし、この溶液からリモネンを蒸発させてバージンに近いポリスチレンを抽出する。これを糸状に押出成形してペレットを製造する。（出典：化学工業日報　99年12月9日）
2)	石川島播磨重工業 シャープ	日本	共同出資により、廃家電のリサイクル施設、廃プラスチック固形燃料（RPF）の製造設備などを建設する。（出典：日刊工業新聞　99年1月12日）

2.10.3 プラスチックリサイクル技術に関する製品・技術

　ソニーにおけるプラスチックリサイクルに関する製品・技術の代表例を表2.10.3-1に示す。製品・技術の技術要素は分離・選別と圧縮・固化・減容の前処理、および油化であり、家電製品のプラスチックフレームや梱包用発泡スチロールのリサイクルに関わる。

表2.10.3-1 ソニーにおけるプラスチックリサイクルに関する製品・技術の代表例

技術要素	製品・技術	製品名	発売・実施時期	出典
1)分離・選別	プラスチック判別装置	-	-	http://www.sony.co.jp/SonyInfo/Environment/original/original_gijyutsu_pra.html (02年1月24日)
2)圧縮・固化・減容	リモネンを利用した発泡スチロールリサイクルシステム	-	96年10月	http://www.sony.co.jp/SonyInfo/Environment/original/original_gijyutsu_rimonen.html (02年1月24日)
3)油化	ポリスチレン系樹脂廃材の化学的改質による再資源化技術	-	-	http://www.sony.co.jp/SonyInfo/Environment/report/japan/envrepo2001/support/index.html#pori (02年1月24日)

2.10.4 技術開発課題対応保有特許の概要

図 2.10.4-1 に、ソニーにおけるプラスチックリサイクル分野の出願比率を示す。前処理とマテリアルリサイクルがほとんど全てを占めている。

技術要素のうち、分離・選別、単純再生、圧縮・固化・減容が非常に多い。

図 2.10.4-1 ソニーにおける出願比率（総計＝30 件）

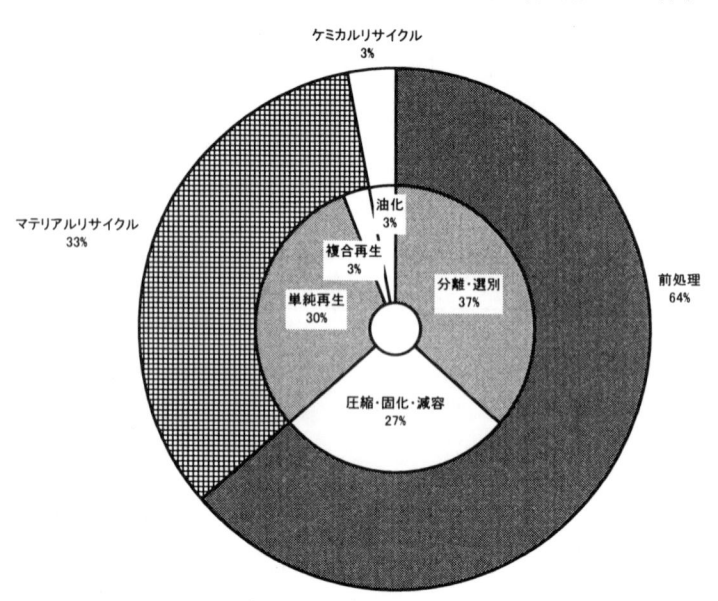

ケミカルリサイクル 3%
マテリアルリサイクル 33%
油化 3%
複合再生 3%
単純再生 30%
分離・選別 37%
圧縮・固化・減容 27%
前処理 64%

91年1月1日から01年9月14日公開の出願

○：開放の用意がある特許

表 2.10.4-1 ソニーにおける保有特許の概要①

技術要素	課題	特許no.	特許分類（筆頭IPC）	概要または発明の名称	
分離・選別	都市ごみ中のプラスチック一般の分離・選別	特開平9-114377	G09F 3/02	プラスチック部品の材料表示方法とプラスチック部品	
	プラスチック複合材の分離（金属・ガラスなどとの）	特開平9-193156	B29B 17/00	樹脂の回収方法	
		特開平10-249103	B01D 11/02	光ディスクのリサイクル方法	
		特開平10-249315	B09B 3/00	光ディスクのリサイクル方法	
		特開平11-90101	B01D 11/04	色素含有情報記録媒体からの色素回収方法、およびその回収用溶剤	
		特開平11-320288	B23P 19/04	分離装置	
		特開2001-195734	G11B 5/84	磁気記録媒体を酸性溶液に浸漬、または酸性ガス中に曝すことにより、ベースフィルムと他の材料とを分離する。	
	プラスチック混合材の分離（一般・その他）	特許2523062	B29B 17/00 ZAB	熱可塑性樹脂発泡成形品の廃棄物処理装置	
		特開平9-257569	G01J 1/04	赤外線による材質検出が容易な樹脂製筐体と赤外線による樹脂製筐体の材質検出方法と樹脂製筐体の材質検出・分解方法および材質検出・分解装置	
	単一プラスチックの異物除去	特開2000-6147	B29B 17/00 ZAB	スチロール樹脂廃材を溶解した溶液を、集塵体を通過させながら直流電圧を印加する電解処理をし、異物を除去した後、溶液を真空加熱脱揮して有機溶液を除去する。	
		特開2000-7821	C08J 11/08 CET	スチロール樹脂廃材のリサイクル方法	
	単一プラスチックの高純度化	特開2001-131334	C08J 11/08 CET	難燃剤を含有するスチロール樹脂廃材溶解液に低級アルコキシドなどを含有する吸着剤、活性炭の少なくとも1種を添加することにより難燃剤を吸着除去する。	
圧縮・固化・減容	発泡プラスチック（スチロール樹脂など）の圧縮・固化・減容	特許2518493	C08J 11/08 CET	梱包材などとして多用されている発泡ポリスチレン（EPS）成形体の体積を安全な収縮剤に浸漬させることにより体積を収縮させ、回収を容易とし、リサイクルを促進する。	
		特開平6-166034	B29B 17/00 ZAB	発泡スチロールを遠赤外線を照射して加熱することにより減容化し高品質状態で容積の縮減を効率良く行ない、かつ装置構成の簡略化を図って保守点検を容易なものとする。	
		特開平10-44151	B29B 17/00 ZAB	処理液と廃棄物を混ぜて廃棄物を溶解させる収容手段を、移動体に載せて移動することにより、廃棄物を回収しながら容易かつ効率的に処理する移動体と装置。	
		特開平9-174021	B09B 3/00	廃棄物（例えば廃棄された発泡ポリスチレン）を容易かつ効率的に処理液（溶媒）で処理することのできる廃棄物処理装置、この装置を使用する廃棄物回収システム、およびこれらに用いられる液体容器。	
	プラスチック一般（ポリエチレン、ポリスチレン、ポリ塩化ビニル、エポキシ、ポリエステルなど）の圧縮・固化・減容	特許2523062	B29B 17/00 ZAB	熱可塑性樹脂発泡成形品の廃棄物処理装置	
		特開平8-253618	C08J 11/08 CET	発泡ポリスチレン収縮装置	
		特開平9-220556	B09B 5/00 ZAB	廃棄物処理装置	
		特開平11-104892	B30B 9/32 101	空容器用圧縮処理装置	
	その他（都市ごみなど）の圧縮・固化・減容	特開2000-37725	B29B 17/00 ZAB	合成樹脂廃棄物の溶解処理装置	

107

表 2.10.4-1 ソニーにおける保有特許の概要②

○：開放の用意がある特許

技術要素	課題	特許no.	特許分類（筆頭IPC）		概要または発明の名称	
単純再生	熱可塑性樹脂の単純再生（ポリスチレン(PS)）	特開平8-85733	C08J 11/08	CET	発泡ポリスチレンを溶媒で溶解し、これを加熱帯に向かって噴射させ、溶媒を気化させて残留したポリスチレンを回収する。	
		特開平8-85734	C08J 11/08	CET	発泡ポリスチレン処理方法及び装置	
		特開平8-85735	C08J 11/08	CET	ポリスチレン分離方法及び装置	
		特開2000-6147	B29B 17/00	ZAB	スチロール樹脂廃材のリサイクル方法	
		特開2000-7821	C08J 11/08	CET	スチロール樹脂廃材のリサイクル方法	
		特開2000-38470	C08J 11/08	CET	スチロール廃材のリサイクル方法およびリサイクル装置ならびにスチロール樹脂用脱色剤	
		特開2000-334738	B29B 17/00	ZAB	スチロール樹脂廃材を有機溶剤に溶解し、異物除去を施した後、真空加熱脱揮して有機溶剤を除去することにより、再生スチロール樹脂としてリサイクルする。	
	熱可塑性樹脂の単純再生（エンジニアリングプラスチック）	特開平11-34057	B29B 17/02	ZAB	ディスク状の情報記録媒体のリサイクル方法	
		特開平11-35733	C08J 11/00		ディスク状の情報記録媒体のリサイクル方法	
	共通・その他の単純再生	特開平9-165466	C08J 11/08	ZAB	インクリボンからバインダー樹脂を回収する方法及び染料を回収する方法、それらの方法に使用するインク回収装置及びインク回収ヘッド、並びにリサイクルインクリボン製造方法	
複合再生	用途・機能開発（日用品）	特開平9-173831	01J 20/26		廃磁気テープの強磁性金属磁性粉の酸素吸収能を高分子電解質を付着させることにより活性化させ脱酸素材料として再生させる。	
	用途・機能開発（建築材料）	特開2001-138328	B29B 17/00		成型物の製造方法及び該方法により製造した成型物並に磁気テープ処理装置	
	プロセス改善（分離・除去・無害化）	特開平8-306157	11B 23/087		テープカセット解体方法及び装置	
油化	生産効率向上（高速・連続化、回収率向上）	特開平10-195134	C08F 8/36		スルホン化方法	

2.10.5 技術開発拠点

東京都：本社

2.10.6 研究開発者

　図2.10.6-1にソニーにおけるプラスチックリサイクル技術に関わる発明者数と出願件数の推移を示す。また、図2.10.6-2には同じく発明者数と出願件数の関係推移（プロットは2年ごとの平均値）を示す。年ごとに多少変動はあるものの、出願件数は1997年に、発明者数は96年にそれぞれピークがみられる。

図2.10.6-1　発明者数と出願件数の推移（ソニー）

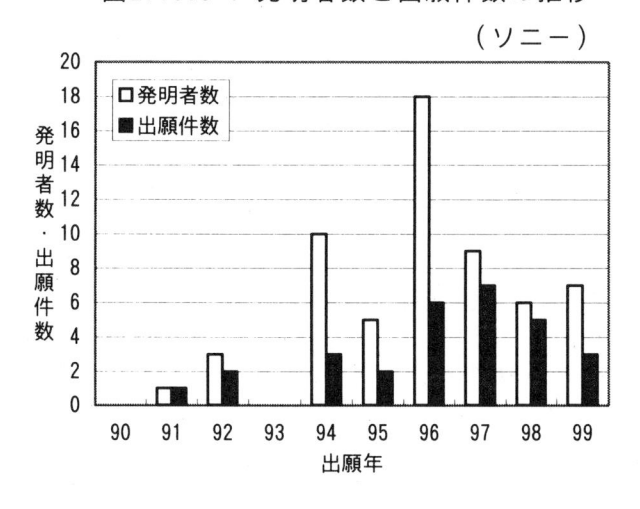

図2.10.6-2　発明者数と出願件数の関係推移（ソニー）

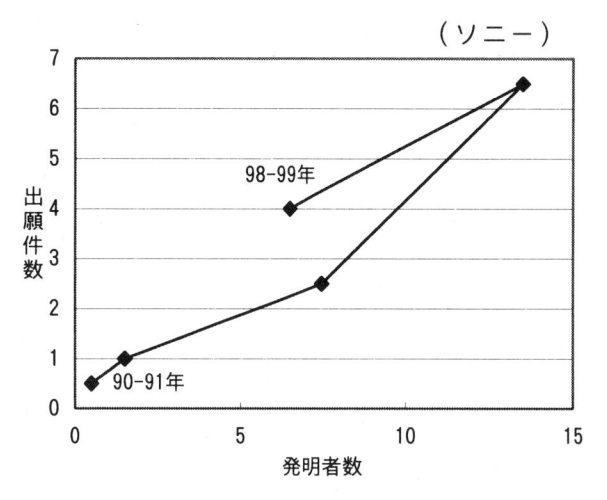

2.11 三菱化学

2.11.1 企業の概要

表2.11.1-1 三菱化学の概要

1)	商号	三菱化学株式会社
2)	設立年月	1950年6月
3)	資本金	約1,450億円（01年3月現在）
4)	従業員	8,144名（01年3月現在）
5)	事業内容	高機能材料、石油化学製品、情報電子、ライフサイエンスなどに関する事業
6)	技術・資本提携関係	今回の調査範囲・方法では、該当するものは見当たらなかった。
7)	事業所	本社／東京　事業所／福岡、三重、新潟、岡山、香川、茨城、愛媛、神奈川　研究所／神奈川、茨城
8)	関連会社	三菱ウェルファーマ、日本ポリケム、三菱化学MKV、三菱化学ポリエステルフィルム、三菱化学エンジニアリング、三菱化学物流、三菱化学BCL、三菱樹脂など
9)	業績推移	年間売上高：8,685億円(98年度)、8,415億円(99年度)、7,815億円（00年度)
10)	主要製品	炭素製品および炭素繊維製品、有機化学製品、機能化学品、合成樹脂および加工製品、成形用材料・技術、エレクトロニクス関連製品など
11)	主な取引先	日本ポリケム、三菱商事、三菱化学メディア、明和産業、川鉄商事
12)	技術移転窓口	－

（注）6) 技術・資本提携関係と8) 関連会社は、環境事業に関する代表例に限定している。

2.11.2 技術移転事例

表2.11.2-1 三菱化学の技術移転事例

No.	相手先	国名	内容
1)	三菱電機	日本	三菱電機熊本工場におけるゼロエミッション活動の一環で、三菱化学が技術協力し、廃プラスチックを道路の路盤材として再生できるようにした。（出典：熊本日日新聞　00年11月15日）

2.11.3 プラスチックリサイクル技術に関する製品・技術

　三菱化学におけるプラスチックリサイクルに関する製品・技術の代表例を表2.11.3-1に示す。製品の技術要素はバンパーの単純再生と各種プラスチック成形品の複合再生である。

表2.11.3-1 三菱化学におけるプラスチックリサイクルに関する製品・技術の代表例

技術要素	製品	製品名	発売時期	出典
1)単純再生	バンパーリサイクル技術	-	-	http://www.m-kagaku.co.jp/aboutmcc/RC/reduce/recycle1.htm（02年1月17日）
2)複合再生	樹脂パレット	-	84年	http://www.m-kagaku.co.jp/aboutmcc/RC/reduce/recycle1.htm（02年1月17日）
	輸送用パレット部材	-	-	
	自動車用吸音材	-	-	
	複合ナイロン樹脂	Kナイロン	-	
	芝生保護材	芝思い	-	http://www.m-kagaku.co.jp/aboutmcc/RC/reduce/recycle2.htm（02年1月17日）
	プラスチック畦畔	-	-	
	スソ張りシート	-	-	
	PET製回収ボックス	-	-	

2.11.4 技術開発課題対応保有特許の概要

図 2.11.4-1 に、三菱化学におけるプラスチックリサイクル分野の出願比率を示す。前処理が半数以上を占め最も多く、次にマテリアルリサイクルが多い。

前処理の技術要素としては分離・選別の比率が高い。

図2.11.4-1 三菱化学における出願比率（総計＝25件）

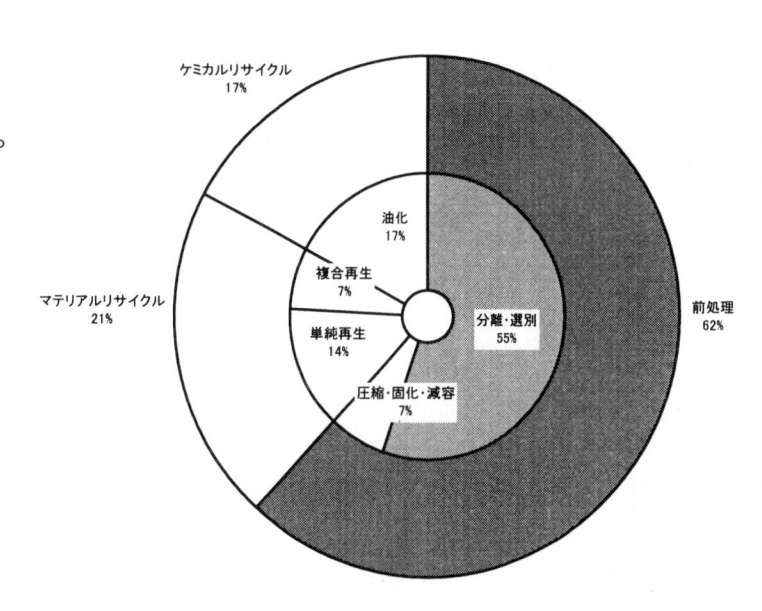

ケミカルリサイクル 17%
油化 17%
複合再生 7%
マテリアルリサイクル 21%
単純再生 14%
分離・選別 55%
圧縮・固化・減容 7%
前処理 62%

91年1月1日から01年9月14日公開の出願

○：開放の用意がある特許

表 2.11.4-1 三菱化学における保有特許の概要①

技術要素	課題	特許no.	特許分類（筆頭IPC）	概要または発明の名称	
分離・選別	プラスチック複合材の分離（金属・ガラスなどとの）	特開平9-174549	B29B 17/00	塩化ビニル系樹脂と金属との分離方法	
		特開平9-174550	B29B 17/00	塩化ビニル系樹脂と金属との分離方法	
		特開平10-28960	B09B 5/00	金属合成樹脂積層板の剥離方法	
		特開2001-71328	B29B 17/02	金属－合成樹脂複合板の剥離方法	
	プラスチック複合材の表層剥離（プラスチック母材）	特許2512265	B29B 17/00	ポリプロピレン系樹脂成形品の回収方法	
		特許2512266	B29B 17/00	ポリプロピレン系樹脂成形品の回収方法	
		特開平7-171832	B29B 17/00 ZAB	塗装プラスチック成形体の塗膜の剥離方法及び再生方法	
		特開平7-214558	B29B 17/00	塗装プラスチック成形体の塗膜の剥離方法及び再生方法	
		特許2829236	B29B 17/02 ZAB	塗装樹脂製品の切断材を塗膜側ロールの周速度が樹脂素材側ロールの周速度よりも大であるロール装置により圧延する。	
		特許3177371	B29B 17/00 ZAB	塗装樹脂製品のリサイクル方法	
		特許3177372	B29B 17/00 ZAB	塗装樹脂製品のリサイクル方法	
		特許3177373	B29B 17/00 ZAB	塗装樹脂製品のリサイクル方法	
	プラスチック混合材の分離（PVC）	特開2000-290426	C08J 11/08	ポリエチレンとポリ塩化ビニルとを含む混合物の分別方法及びそのための溶媒	
		特開2000-289026	B29B 17/02	ポリ塩化ビニルと金属との複合体からのポリ塩化ビニルの除去方法及びそのための溶媒	
	プラスチック混合材の分離（一般・その他）	特開2000-327828	C08J 11/08 ZAB	プラスチック混合物の分別方法及びそのための分別溶媒	
	単一プラスチックの異物除去	特開2000-325898	B08B 3/04	洗浄装置	
圧縮・固化・減容	発泡プラスチック（スチロール樹脂など）の圧縮・固化・減容	特開2001-213994	C08J 11/08	発泡ポリスチレンからのポリスチレンの再生方法	
	プラスチック一般（ポリエチレン、ポリスチレン、ポリ塩化ビニル、エポキシ、ポリエステルなど）の圧縮・固化・減容	特開2000-273237	C08J 11/08	ポリスチレン溶解剤及びこれを用いるポリスチレンの処理方法	
単純再生	熱可塑性樹脂の単純再生（ポリスチレン(PS)）	特開2001-213994	C08J 11/08	発泡ポリスチレンからのポリスチレンの再生方法	
	熱可塑性樹脂の単純再生（ポリオレフィン共通）	特開平7-171832	B29B 17/00 ZAB	塗装を施したプラスチック成形体を、70℃以上乃至プラスチックの融点またはガラス転移点未満の温度条件下で、これに応力をかけて塗膜を剥離させる。	
		特開平7-214558	B29B 17/00	塗装プラスチック成形体の塗膜の剥離方法及び再生方法	
		特開平11-35734	C08J 11/04 ZAB	ポリオレフィン樹脂フィルムを溶融、混練した後、特定量の水を加えて混練し、特定温度、圧力でポリオレフィン以外の有機物を加水分解する。	
複合再生	再生品の品質・機能向上（劣化防止）	特許3110207	B29B 17/00	繊維強化熱可塑性樹脂多孔質成形品のリサイクル成形方法	
	プロセス改善（分離・除去・無害化）	特開2000-326407	B29C 55/28	2層以上のダイスを用いてシート状に押出成形することにより、1層のある部分に不純物が存在しても他層がこれと積層して膜切れを防止する。	

112

表 2.11.4-1 三菱化学における保有特許の概要②

○：開放の用意がある特許

技術要素	課題	特許no.	特許分類 （筆頭IPC）	概要または発明の名称	
油化	生産効率向上（低コスト化・省エネルギー）	特開2000-273237	C08J 11/08	ポリスチレン溶解剤及びこれを用いるポリスチレンの処理方法	
	操業トラブル防止（有害物の処理・安全衛生問題）	特開2000-290427	C08J 11/08　CEV	ポリ塩化ビニル溶解剤及びこれを用いるポリ塩化ビニルの処理方法	
	原料課題（難リサイクル樹脂の処理）	特開2000-309662	C08J 11/08　CEV	ポリ塩化ビニルレザーからのポリ塩化ビニル分離溶媒及びこれを用いるポリ塩化ビニルレザーの処理方法	
	製品課題（回収油の高品質化）	特開平8-92411	C08J 11/06　CES	ポリオレフィンの回収方法	
	油化に関するその他の課題	特開平11-225755	C12N 9/18	生分解性ポリマー分解酵素及びその製造方法	

2.11.5 技術開発拠点

愛知県：名古屋支店

三重県：四日市総合研究所、四日市事業所

岡山県：水島工場、水島事業所

2.11.6 研究開発者

図2.11.6-1に三菱化学におけるプラスチックリサイクル技術に関わる発明者数と出願件数の推移を示す。また、図2.11.6-2には同じく発明者数と出願件数の関係推移（プロットは2年ごとの平均値）を示す。発明者数は1992年と99年、出願件数は94年と99年にそれぞれ多い。

図2.11.6-1 発明者数と出願件数の推移（三菱化学）

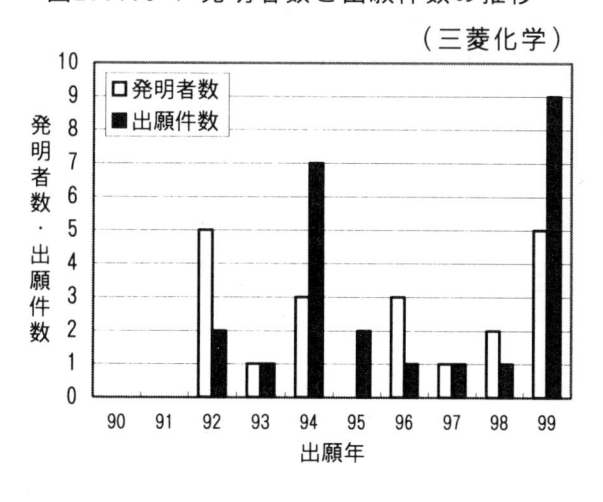

図2.11.6-2 発明者数と出願件数の関係推移（三菱化学）

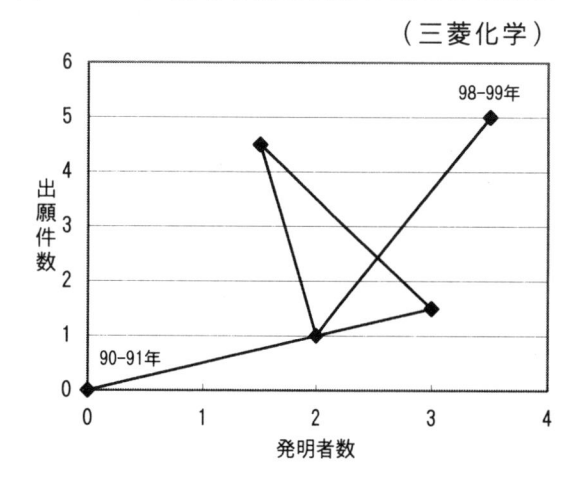

2.12 明電舎

2.12.1 企業の概要

表2.12.1-1 明電舎の概要

1)	商号	株式会社　明電舎
2)	設立年月日	1917年6月1日
3)	資本金	170億7,000万円（01年3月31日現在）
4)	従業員	3,851名（01年3月31日現在）
5)	事業内容	エネルギー事業、環境事業、情報・通信事業、産業システム事業、その他
6)	技術・資本提携関係	今回の調査範囲・方法では、該当するものは見当たらなかった。
7)	事業所	本社／東京　工場／東京、静岡、愛知、群馬
8)	関連会社	明電エンジニアリング、明電環境サービスなど
9)	業績推移	年間売上高：1,693億円（98年度）、1,618億円（99年度）、1,464億円（00年度）
10)	主要製品	電力設備、上下水道システム、産業用電気機械など
11)	主な取引先	官公庁、守谷商会、電力会社、東日本旅客鉄道、住友商事
12)	技術移転窓口	知的財産部　管理情報課

（注）6)技術・資本提携関係と8)関連会社は、環境事業に関する代表例に限定している。

2.12.2 技術移転事例
今回の調査範囲・方法では、該当するものは見当たらなかった。

2.12.3 プラスチックリサイクル技術に関する製品・技術

明電舎におけるプラスチックリサイクルに関する製品・技術の代表例を表2.12.3-1に示す。製品の技術要素は脱塩素処理であり、前処理に関わる。この脱塩素処理は次ページの図2.12.4-1に示す技術要素別の出願比率おいても、高い比率を占めている。

表2.12.3-1 明電舎におけるプラスチックリサイクルに関する製品・技術の代表例

技術要素	製品・技術	製品名	発売・実施時期	出典
1)脱塩素処理	乾留形熱分解処理システム	BG2-2884	99年10月	http://www.meidensha.co.jp/product/haikibutu/g210.htm （02年1月26日）

2.12.4 技術開発課題対応保有特許の概要

図 2.12.4-1 に、明電舎におけるプラスチックリサイクル分野の出願比率を示す。前処理が全体の3分の2近くを占めており、次にサーマルリサイクルが多い。

前処理の技術要素としては脱塩素処理がほとんどを占めている。

図2.12.4-1 明電舎における出願比率（総計＝24件）

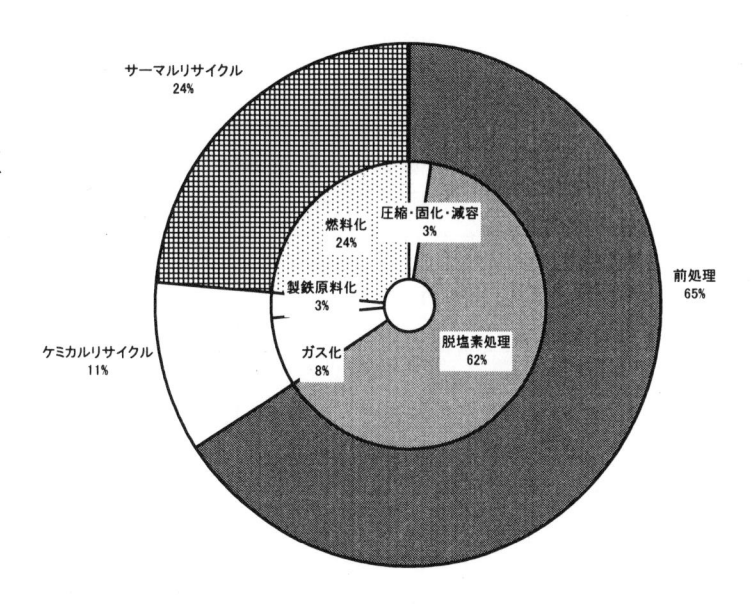

91年1月1日から01年9月14日公開の出願

○：開放の用意がある特許

表2.12.4-1 明電舎における保有特許の概要①

技術要素	課題	特許no.	特許分類（筆頭IPC）	概要または発明の名称	
圧縮・固化・減容	その他（都市ごみなど）の圧縮・固化・減容	特開平11-207295	B09B 3/00	ハロゲン含有物の処理方法と処理装置	○
脱塩素処理	塩化水素の無害化	特許2988397	C21B 5/00 320	塩素含有廃プラスチックに塩素と高温で反応するアルカリ系、低温で反応する珪酸塩系の2種以上の添加物を添加して乾留し、塩化物の形態で固定。	○
		特許2933047	C10L 5/46 ZAB	処理物の固形化処理方法	○
		特許2985819	C10L 5/46 ZAB	廃棄物の固形化処理方法	○
		特開平10-235309	B09B 3/00	プラスチック材の脱塩素処理方法	○
		特開平10-235311	B09B 3/00	塩化ビニル系物質の脱塩素処理方法	○
		特開平10-235314	B09B 3/00	プラスチック材の脱塩素処理方法	○
		特開平10-244237	B09B 3/00	処理物の固形化処理方法と固形化物	○
		特開平10-249308	B09B 3/00	塩素を含むプラスチック材の乾留処理方法	○
		特開平10-249309	B09B 3/00	塩素を含むプラスチック材の乾留処理方法	○
		特開平10-263503	B09B 3/00	処理物の固形化処理方法と固形化物	○
		特開平10-263505	B09B 3/00	シユレッダーダストの乾留処理方法	○
		特開平10-263506	B09B 3/00	シユレッダーダストの乾留処理方法	○
		特開平11-10110	B09B 3/00	処理物の固形化処理方法と固形化物	○
		特開平11-5867	C08J 11/12 ZAB	塩素含有廃プラスチックに炭酸カリウム系脱塩素剤を添加して低酸素雰囲気、1,000℃以下で乾留しHClを塩化物とし分離後乾留ガス回収。	○
		特開平11-10112	B09B 3/00	プラスチック材の脱塩素処理方法	○
		特開平11-61150	C10G 1/10 ZAB	廃棄物の燃料化処理方法	○
		特開平11-207295	B09B 3/00	ハロゲン含有物の処理方法と処理装置	○
		特開平11-226548	B09B 3/00	ハロゲン含有物の処理方法と処理装置	○
		特開2000-63559	C08J 11/14 ZAB	塩素含有高分子樹脂の処理方法と処理装置	○

表2.12.4-1 明電舎における保有特許の概要②

○：開放の用意がある特許

技術要素	課題	特許no.	特許分類（筆頭IPC）			概要または発明の名称	
脱塩素処理	塩化水素の無害化	特開2000-79378	B09B	3/00		塩素含有高分子樹脂の処理方法と処理装置	○
		特開2001-162245	B09B	3/00		被処理物の加熱処理方法と処理装置及び処理施設	○
		特開2001-200094	C08J	11/16		ハロゲン系物質含有樹脂の処理方法	○
		特開2001-205242	B09B	3/00	301	ハロゲン系物質含有樹脂の加工方法と加熱処理方法	○
	設備耐久性向上	特許2991132	C21B	5/00	320	溶鉱炉の操業方法	○
ガス化	ガス化（炭化水素系ガス一般）	特開平10-263505	B09B	3/00		シユレッダーダストの乾留処理方法	○
		特開平10-263506	B09B	3/00		シユレッダーダストの乾留処理方法	○
製鉄原料化	塩化水素腐食・汚染防止	特許2991132	C21B	5/00	320	溶鉱炉の操業方法	○
		特開2001-200094	C08J	11/16		ハロゲン系物質含有樹脂の処理方法	○
燃料化	液体燃料の回収に関する共通・その他の課題	特開平11-61150	C10G	1/10	ZAB	廃棄物の燃料化処理方法	○
	プラスチックと他材料の混合物からなる固体燃料の回収	特許2933047	C10L	5/46	ZAB	プラスチック類を含有する処理物と脱塩素剤とを混合して乾留処理し、加圧成形し、プラスチック類をバインダとして固形燃料化する。	○
		特許2985819	C10L	5/46	ZAB	プラスチック含有廃棄物と脱塩素剤を混合して乾留処理し、生成物をペレット状に固化した後加熱して炭化処理し、固形燃料化する。	○
		特開平10-244237	B09B	3/00		処理物の固形化処理方法と固形化物	○
	プラスチック単独からなる固体燃料の回収	特開平10-263503	B09B	3/00		処理物の固形化処理方法と固形化物	○
		特開平11-10110	B09B	3/00		処理物の固形化処理方法と固形化物	○
		特開2000-63559	C08J	11/14	ZAB	塩素含有高分子樹脂の処理方法と処理装置	○
		特開2001-200094	C08J	11/16		ハロゲン系物質含有樹脂の処理方法	○
	燃料化に関するその他の課題	特許2988397	C21B	5/00	320	溶鉱炉の操業方法	○

2.12.5 技術開発拠点

東京都：本社

2.12.6 研究開発者

図2.12.6-1に明電舎におけるプラスチックリサイクル技術に関わる発明者数と出願件数の推移を示す。また、図2.12.6-2には同じく発明者数と出願件数の関係推移（プロットは2年ごとの平均値）を示す。発明者数は1996年以降1～3名で推移している。出願件数は97年にピークがみられる。

図2.12.6-1 発明者数と出願件数の推移（明電舎）

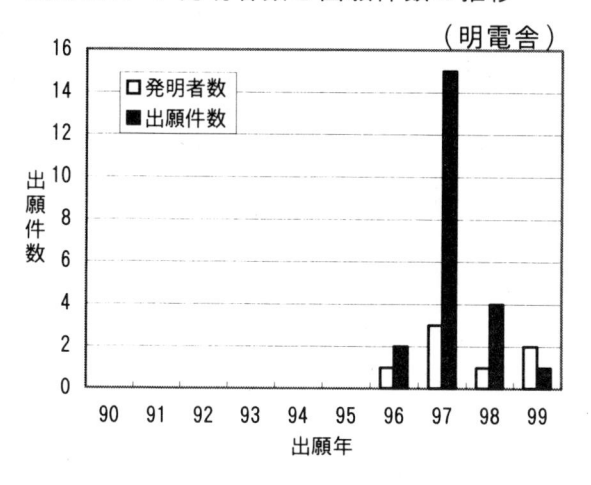

図2.12.6-2 発明者数と出願件数の関係推移（明電舎）

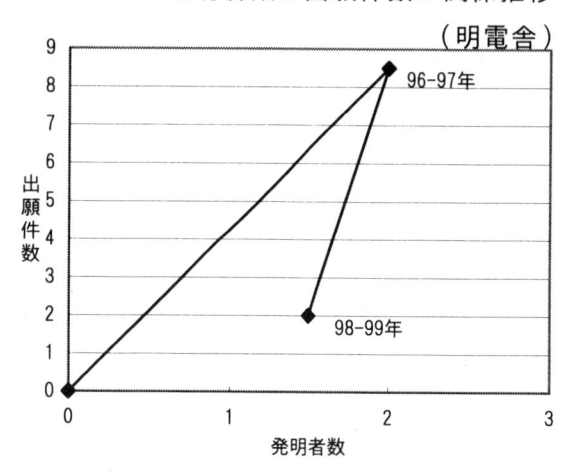

2.13 旭化成

2.13.1 企業の概要

表2.13.1-1 旭化成の概要

1)	商号	旭化成株式会社
2)	設立年月日	1931年5月21日
3)	資本金	1,033億8,800万円（01年9月現在）
4)	従業員	12,218名（01年9月現在）
5)	事業内容	繊維・化学、住宅・建材、エレクトロニクス、医薬などに関する事業
6)	技術・資本提携関係	事業提携／蝶理など
7)	事業所	本社／東京　工場／宮崎、岡山、神奈川、静岡、滋賀
8)	関連会社	エー・アンド・エム スチレン、旭化成パックス、旭化成エポキシなど
9)	業績推移	年間売上高：9,596億円(98年度)、9,556億円(99年度)、9,904億円（00年度）
10)	主要製品	住宅、建材、医薬品、電子部品、化成品、樹脂、繊維など
11)	主な取引先	蝶理、三菱商事、エー・アンド・エムスチレン、伊藤忠商事、サランラップ販売
12)	技術移転窓口	－

（注）6) 技術・資本提携関係と8) 関連会社は、環境事業に関する代表例に限定している。

2.13.2 技術移転事例

表2.13.2-1 旭化成の技術移転事例

No.	相手先	国名	内容
1)	蝶理	日本	ポリエステル製衣料のリサイクルに関して事業提携した。【概要】蝶理が回収した使用済ポリエステル製衣料を旭化成延岡工場に送り、そこでポリエステル原料であるジメチルテレフタレートとエチレングリコールに分解し、学生服などの衣料品に使う繊維に仕上げる。（出典：日経流通新聞　01年8月25日）

2.13.3 プラスチックリサイクル技術に関する製品・技術

旭化成におけるプラスチックリサイクルに関する製品・技術の代表例を表2.13.3-1に示す。製品の技術要素は複合再生、油化、燃料化に関する。

表2.13.3-1 旭化成におけるプラスチックリサイクルに関する製品・技術の代表例

技術要素	製品・技術	製品名	発売・実施時期	出典
1)複合再生	防塵服再生システム	-	02年～	日刊工業新聞（01年12月4日）
	ポリエステル衣料再生繊維	-	02年7月～	日経流通新聞（01年8月25日）
2)油化	PETボトルの化学原料（モノマー）化事業	-	01年5月稼働	http://www.asahi-kasei.co.jp/asahi/jp/news/2001/ze010619.html （02年1月21日）
3)燃料化	廃プラスチックからの臭素系難燃剤除去技術	-	-	日経産業新聞（00年3月30日）

2.13.4 技術開発課題対応保有特許の概要

図 2.13.4-1 に、旭化成におけるプラスチックリサイクル分野の出願比率を示す。ケミカルリサイクルと前処理が全体に対して占める割合が高い。

ケミカルリサイクルの技術要素は油化に限定されている。前処理の技術要素としては脱塩素処理が多い。

図 2.13.4-1 旭化成における出願比率（総計＝24件）

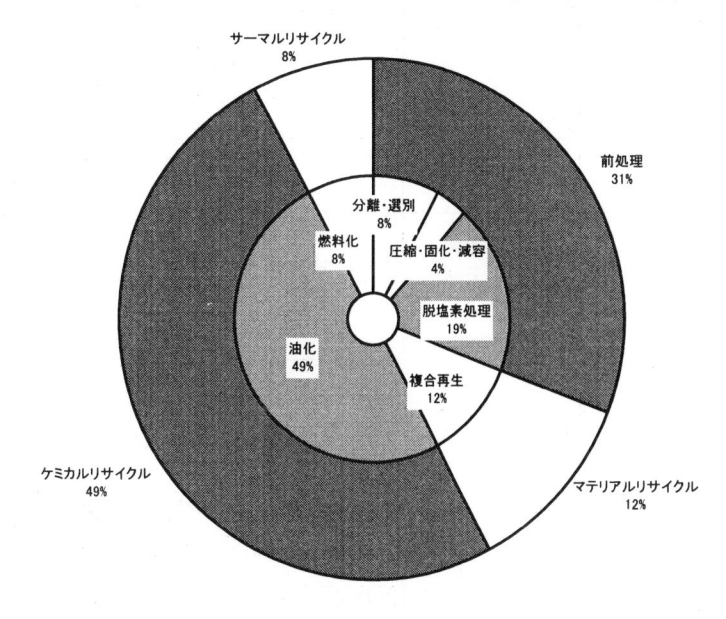

91年1月1日から01年9月14日公開の出願

表2.13.4-1 旭化成における保有特許の概要

○：開放の用意がある特許

技術要素	課題	特許no.	特許分類（筆頭IPC）	概要または発明の名称
分離・選別	プラスチック複合材の表層剥離（プラスチック母材）	特開2001-19794	C08J 11/08	ポリスチレン組成物を溶媒に溶かし、重力加速度1,000～30,000ガルの遠心分離条件下で、難燃剤およびアンチモン化合物を沈降分離させた後、溶媒を蒸発させる。
	プラスチック混合材の分離（一般・その他）	特開平6-155470	B29B 17/00	発泡粒子を回収する方法
圧縮・固化・減容	発泡プラスチック（スチロール樹脂など）の圧縮・固化・減容	特開2001-206975	C08J 11/06 ZAB	発泡ポリスチレン製廃棄物の回収方法及び回収袋
脱塩素処理	生成プラスチックの品質向上	特開2000-119440	C08J 11/16 ZAB	ハロゲン系難燃剤を含む廃プラスチックを無機中和剤の共存下で熱分解することにより、分解油中にハロゲンが混入することを防ぐ。
		特開2000-117736	B29B 17/00 ZAB	プラスチック廃棄物からのハロゲン除去法
		特開2000-117737	B29B 17/00 ZAB	プラスチック廃棄物のハロゲン除去法
		特開2000-119663	C10G 1/10	ハロゲン系難燃剤を含むプラスチック廃棄物からの分解油の製法
		特開2000-117738	B29B 17/00 ZAB	プラスチック廃棄物の処理法
複合再生	再生品の品質・機能向上（機械的特性）	特許3133178	C08J 11/26 ZAB	特定の2種のエラストマーを混合溶融することにより、塗装を施したポリオレフィン系樹脂組成物を劣化なく優れた物性の再生品とする。
	再生品の品質・機能向上（劣化防止）	特許3137768	B29B 17/00	耐衝撃性スチレン系樹脂成形物のリサイクル方法
	プロセス改善（迅速化・効率化）	特許2627131	B29B 17/00	回収樹脂の成形法
油化	生産効率向上（高速・連続化、回収率向上）	特開平7-89900	C07C 69/54	プラスチックから高品質モノマーを回収する方法
		特開2000-53801	C08J 11/10 ZAB	微細無機固形物を含む芳香族ジカルボン酸とポリエステルを、臨界水を用いて加水分解して無機固形物を分離除去した後、芳香族ジカルボン酸を回収する。
		特開2000-129032	C08J 11/14 ZAB	熱可塑性ポリエステル樹脂の解重合方法
		特開2000-297053	C07C 29/149	エステル類の水素化によりアルコール類を製造する方法
		特開2000-309663	C08J 11/14 ZAB	熱可塑性ポリエステルの分解処理装置及び分解処理方法
		特開2000-327831	C08J 11/18 CET	プラスチック廃棄物のモノマーリサイクル法
		特開2001-200092	C08J 11/10 ZAB	モノマーの回収方法
	操業トラブル防止（有害物の処理・安全衛生問題）	特開2000-178375	C08J 11/10 ZAB	重縮合系ポリマーの分解処理装置および分解処理方法
		特開2000-198874	C08J 11/02 ZAB	樹脂組成物の処理方法
	原料課題（難リサイクル樹脂の処理）	特開2000-86809	C08J 11/08 CEW	スルホン酸基を有する含フッ素ポリマーの回収法
	製品課題（回収油の高品質化）	特開平10-279728	C08J 11/20 ZAB	ブロック共重合体の回収法
		特開2000-53800	C08J 11/10 ZAB	廃プラスチックの分解処理方法およびその装置
		特開2000-119663	C10G 1/10	ハロゲン系難燃剤を含むプラスチック廃棄物からの分解油の製法
燃料化	プラスチック単独からなる固体燃料の回収	特開2001-150440	B29B 17/00 ZAB	臭素系難燃剤を含むスチレン系樹脂廃棄物を回転式連続混練機4で混練し、臭素とアンチモンを除去回収するとともに固形燃料を得る。
	固体＋液体または液体＋気体燃料の回収	特開2000-198874	C08J 11/02 ZAB	樹脂組成物の処理方法

2.13.5 技術開発拠点
岡山県：水島支社
神奈川県：川崎支社

2.13.6 研究開発者
図2.13.6-1に旭化成におけるプラスチックリサイクル技術に関わる発明者数と出願件数の推移を示す。また、図2.13.6-2には同じく発明者数と出願件数の関係推移（プロットは2年ごとの平均値）を示す。出願は1992年～93年および97年～99年の2グループに分けられる。発明者数は99年、出願件数は98年が最も多い。

図2.13.6-1 発明者数と出願件数の推移（旭化成）

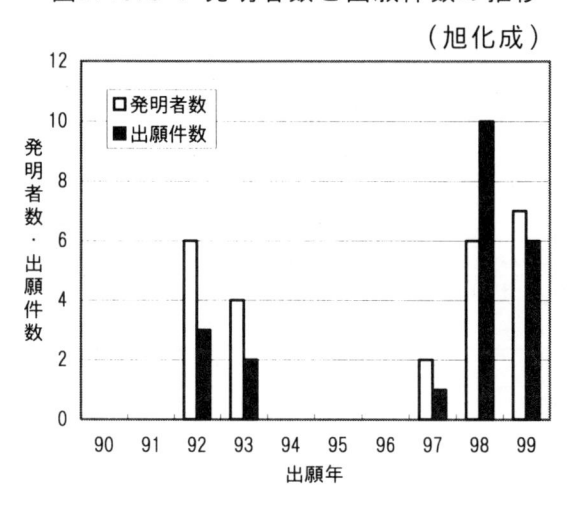

図2.13.6-2 発明者数と出願件数の関係推移（旭化成）

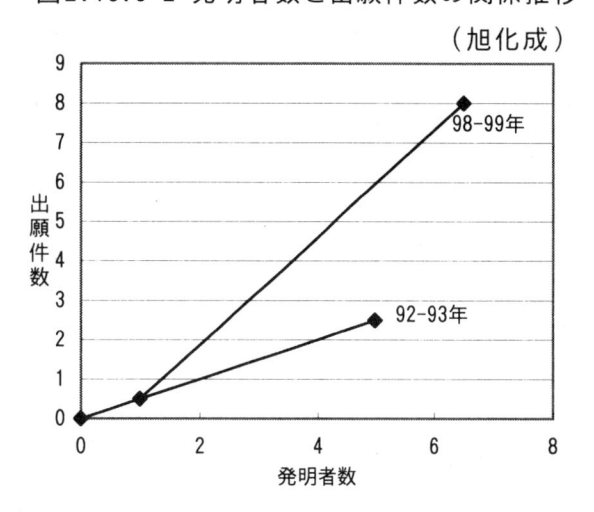

2．14 宇部興産

2.14.1 企業の概要

表2.14.1-1 宇部興産の概要

1)	商号	宇部興産株式会社
2)	設立年月	1942年3月
3)	資本金	435億円（01年3月末現在）
4)	従業員	3,629名（01年3月末現在）
5)	事業内容	石油化学系基礎製品製造、セメント製造
6)	技術・資本提携関係	共同開発／荏原製作所など
7)	事業所	本社／東京、山口　工場／山口、大阪、千葉　研究所／山口、千葉
8)	関連会社	山口エコテック、宇部フィルム、宇部興産機械など
9)	業績推移	年間売上高：3,143億円（98年度）、2,763億円（99年度）、2,425億円（00年度）
10)	主要製品	基礎化学品、樹脂、合成ゴム、セメント、建材など
11)	主な取引先	三菱商事アグリサービス、ザ・サイアム・セメントカンパニー、宇部貿易、ユニオンポリマー、ユニチカ、豊田通商
12)	技術移転窓口	-

（注）6) 技術・資本提携関係と8) 関連会社は、環境事業に関する代表例に限定している。

2.14.2 技術移転事例

表2.14.2-1 宇部興産の技術移転事例

No.	相手先	国名	内　容
1	イーユーピー	日本	宇部興産と荏原製作所の共同出資で設立した環境設備運営会社イーユーピーにて、ガス化ケミカルリサイクル事業を開始した。【概要】低温ガス化炉と高温ガス化炉から構成される二段ガス化プロセスにより、廃プラスチックを熱分解、部分酸化して、水素、一酸化炭素として回収し、アンモニアなどの化学原料を得る技術。塩素分は塩化アンモニウムとして肥料原料にリサイクルされる。（出典：化学工業日報　01年8月6日）

2.14.3 プラスチックリサイクル技術に関する製品・技術

　宇部興産におけるプラスチックリサイクルに関する製品・技術の代表例を表2.14.3-1に示す。製品の技術要素は圧縮・固化・減容とガス化および燃料化であり、いずれもリサイクル処理のプラント設備に関する。これらの技術要素は次ページの図2.14.4-1に示す技術要素別の出願比率でも高い比率を占めている。

表2.14.3-1 宇部興産におけるプラスチックリサイクルに関する製品・技術の代表例

技術要素	製品・技術	製品名	発売・実施時期	出典
1)圧縮・固化・減容	廃プラスチックのPEフィルム圧縮梱包プラント	圧縮梱包プラント	00年5月	日本工業新聞（00年5月18日）
2)ガス化	加圧二段ガス化プロセス	EUP	01年4月商業運転	日本工業新聞（00年6月15日）
3)燃料化	廃プラスチック・タイヤのセメント燃料化設備	-	99年11月稼働	日経産業新聞（99年7月2日）

2.14.4 技術開発課題対応保有特許の概要

図 2.14.4-1 に、宇部興産におけるプラスチックリサイクル分野の出願比率を示す。前処理、ケミカルリサイクル、サーマルリサイクルの順に比率が高い。

前処理の技術要素としては圧縮・固化・減容が、ケミカルリサイクルの技術要素としてはガス化が多い。

図2.14.4-1 宇部興産における出願比率（総計＝24件）

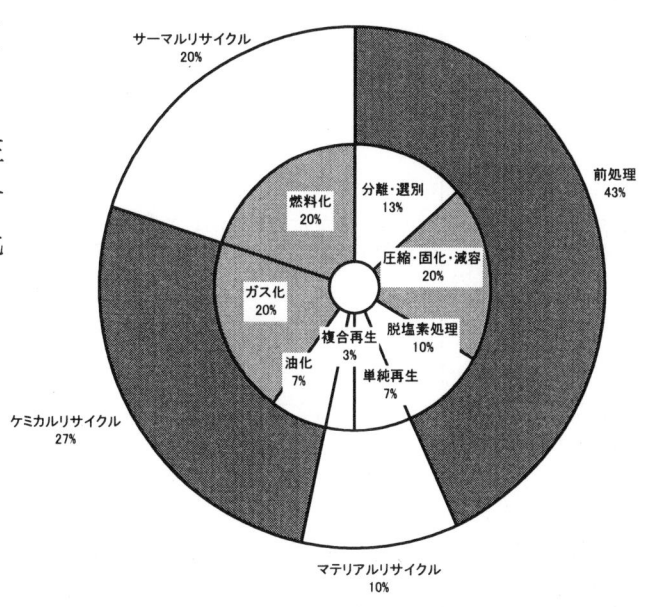

91年1月1日から01年9月14日公開の出願

○：開放の用意がある特許

表 2.14.4-1 宇部興産における保有特許の概要

技術要素	課題	特許no.	特許分類（筆頭IPC）	概要または発明の名称	
分離・選別	プラスチック複合材の表層剥離（プラスチック母材）	特許3139258	C08J 11/14	塗膜付樹脂の連続再生処理方法	
		特開平7-331138	C09D 9/00	樹脂製品の塗膜除去方法及び装置	
		特開平9-1553	B29B 17/00 ZAB	塗膜付、補強材入り熱可塑性樹脂の回収方法	
	単一プラスチックの異物除去	特開平9-3239	C08J 11/08 ZAB	スチレン系合成樹脂廃棄物の処理及び再資源化方法	
圧縮・固化・減容	発泡プラスチック（スチロール樹脂など）の圧縮・固化・減容	特開平9-3239	C08J 11/08 ZAB	スチレン系合成樹脂廃棄物の処理及び再資源化方法	
	プラスチック一般（ポリエチレン、ポリスチレン、ポリ塩化ビニル、エポキシ、ポリエステルなど）の圧縮・固化・減容	特開平11-309718	B29B 17/00 ZAB	廃プラスチックの減容成形方法	
		特開平11-314225	B29B 17/00 ZAB	廃プラスチックの減容成形装置	
		特開平11-320562	B29B 17/00 ZAB	廃プラスチックの減容成形装置	
		特開平11-348038	B29B 17/00 ZAB	廃プラスチックの減容成形用の切断装置	
		特開2000-246212	B09B 3/00	廃棄物の減容圧縮成形物の成形方法	
脱塩素処理	塩化水素の無害化	特開2000-51817	B09B 3/00	塩化ビニル樹脂を含む有機性廃棄物のリサイクル法	
		特開2000-328076	C10K 1/10	廃プラスチックを低温ガス化炉、高温ガス化炉でガス化後、上部に棚段部を設けた洗浄塔の下部からガスを導入し微細スラグおよびHClを除去。	
	操業効率の向上	特開平11-267698	C02F 11/12	廃棄物の処理方法およびその装置	
単純再生	熱可塑性樹脂の単純再生（ポリプロピレン(PP)）	特許3139258	C08J 11/14	押出機中で、塗膜付樹脂を高温高圧のアルコール処理液または蒸気と接触させ、塗膜を分解して溶液樹脂中に微細分散し、再生樹脂とする。	
	熱可塑性樹脂の単純再生（ポリスチレン(PS)）	特開平9-3239	C08J 11/08 ZAB	スチレン系合成樹脂廃棄物の処理及び再資源化方法	
複合再生	再生品の品質・機能向上（リサイクル性）	特開平8-311235	C08J 11/10	塗膜付、補強材入り熱可塑性樹脂の回収方法	
油化	生産効率向上（高速・連続化、回収率向上）	特許3178249	B29B 17/00 ZAB	発泡ポリウレタン付樹脂の連続再生処理法	
	生産効率向上（低コスト化・省エネルギー）	特開平11-262742	B09B 3/00	廃棄物の処理方法および処理装置	
ガス化	ガス化（水素ガス）	特開2000-44961	C10B 53/00	塩化ビニル樹脂を含む有機性廃棄物のリサイクル法	
		特開2000-319671	C10J 3/00 ZAB	廃棄物の二段ガス化システムの運転制御方法	
	ガス化（炭化水素系ガス一般）	特許3072586	C10J 3/46	難スラリ化固体炭素質原料を乾式フィード方式でガス化し、同時に易スラリ化固体炭素質原料を湿式フィード方式でガス化する装置。	
		特開2000-51817	B09B 3/00	塩化ビニル樹脂を含む有機性廃棄物のリサイクル法	
		特開2000-328072	C10J 3/00 ZAB	廃棄物ガス化処理装置における高温ガス化炉の冷却ジャケット構造	
		特開2000-328076	C10K 1/10	有機性廃棄物のガス化処理装置	
燃料化	プラスチックと他材料の混合物からなる固体燃料の回収	特開平11-267606	B09B 3/00	廃棄物の処理方法およびその装置	
		特開平11-267607	B09B 3/00	廃棄物の処理方法およびその装置	
		特開平11-262741	B09B 3/00	廃棄物の処理方法および処理装置	
		特開平11-262800	C02F 11/12 ZAB	廃棄物の処理方法および処理装置	
		特開2000-246212	B09B 3/00	廃棄物の減容圧縮成形物の成形方法	
	固体燃料の回収に関する共通・その他の課題	特開2000-185317	B29B 7/38	2重スクリュ式廃棄物押出成形機および該成形機を用いた廃棄物の2層構造成形物の成形方法	

2.14.5 技術開発拠点
東京都：東京本社
山口県：宇部本社

2.14.6 研究開発者
　図2.14.6-1に宇部興産におけるプラスチックリサイクル技術に関わる発明者数と出願件数の推移を示す。また、図2.14.6-2には同じく発明者数と出願件数の関係推移（プロットは2年ごとの平均値）を示す。発明者数、出願件数はともに1998年が最も多い。

図2.14.6-1 発明者数と出願件数の推移（宇部興産）

図2.14.6-2 発明件数と出願件数の関係推移（宇部興産）

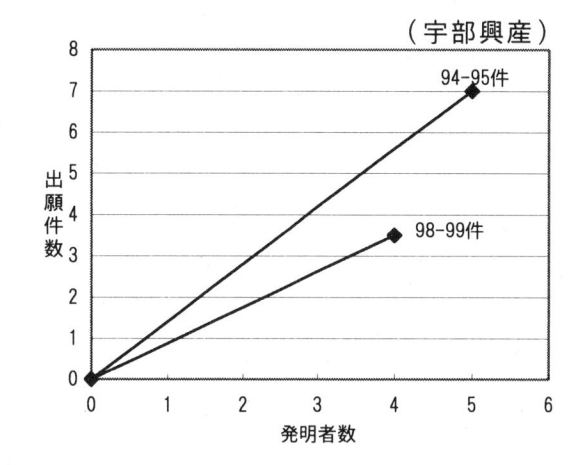

2．15　日本製鋼所

2.15.1 企業の概要

表2.15.1-1 日本製鋼所の概要

1)	商号	株式会社　日本製鋼所
2)	設立年月日	1950年12月11日
3)	資本金	196億9,423万円（01年3月現在）
4)	従業員	約2,660名（01年3月現在）
5)	事業内容	鉄鋼素形材、産業機械、樹脂機械、防衛、エンジニアリングなどの関連事業
6)	技術・資本提携関係	技術導入／CPC社（米国）など
7)	事業所	本社／東京　工場／北海道、神奈川、広島　研究所／北海道、広島、神奈川
8)	関連会社	ニップラ、JSW Plastic Machinery、日鋼マシナリーなど
9)	業績推移	年間売上高：1,224億円(98年度)、1,087億円(99年度)、1,039億円（00年度）
10)	主要製品	金属素形材、樹脂機械、武器、プラント設備など
11)	主な取引先	防衛庁、東芝、日鋼特機、石川島播磨重工業
12)	技術移転窓口	経営管理部　知的財産グループ

(注) 6) 技術・資本提携関係と 8) 関連会社は、環境事業に関する代表例に限定している。

2.15.2 技術移転事例

表2.15.2-1 日本製鋼所の技術移転事例

No.	相手先	国名	内容
1)	CPC社（Combusion Power Company）	米国	内部循環流動層ボイラーを技術導入することにより、廃プラスチックの脱塩素固形燃料化設備において最適燃焼条件で操業できるようになった。（出典：http://www.jsw.co.jp/nlib_f/ne_s023.htm　02年1月18日）
2)	ホーライ	日本	ペットボトル・シート化設備を共同開発し事業化した。 【概要】回収した使用済ペットボトルを粉砕処理した後、フィルム押出機で厚さ0.1mmの薄手シートとして再利用する技術。果物などのパックトレー包装資材などに適用する予定。（出典：日本工業新聞　97年7月25日）
3)	高水化学工業	日本	アクリル樹脂（PMMA）リサイクル連続装置を共同開発した。 【概要】独自の二軸押出機を用いることによって、使用済PMMAを原料モノマーとして回収後、再度重合してPMMAを生産する技術。原料モノマーの回収率、純度をともに95％超まで高めることに成功した。（出典：日刊工業新聞　97年10月22日）

2.15.3 プラスチックリサイクル技術に関する製品・技術

日本製鋼所におけるプラスチックリサイクルに関する製品・技術の代表例を表2.15.3-1に示す。製品の技術要素は前処理、マテリアルリサイクル、ケミカルリサイクル、サーマルリサイクルと幅広いリサイクル形態にわたっている。

表2.15-3 日本製鋼所におけるプラスチックリサイクルに関する製品・技術の代表例

技術要素	製品・技術	製品名	発売・実施時期	出典
1)分離・選別、単純再生	バンパー再生技術	-	-	日経産業新聞（95年5月17日）
2)脱塩素処理	脱塩素装置	-	00年7月	中国新聞（00年7月12日）
3)単純再生	ペットボトル・シート化設備	-	-	日本工業新聞（97年7月25日）
4)油化	アクリル樹脂リサイクル連続装置	KJMR-50～KJMR-500	-	プレスリリース（97年10月21日）
5)燃料化	廃プラスチック脱塩素固形燃料化設備	-	-	プレスリリース（98年4月15日）

2.15.4 技術開発課題対応保有特許の概要

図 2.15.4-1 に、日本製鋼所におけるプラスチックリサイクル分野の出願比率を示す。前処理とマテリアルリサイクルの出願が中心である。

前処理の技術要素としては脱塩素処理が、マテリアルリサイクルの技術要素としては単純再生が多い。

図2.15.4-1 日本製鋼所における出願比率（総計＝23件）

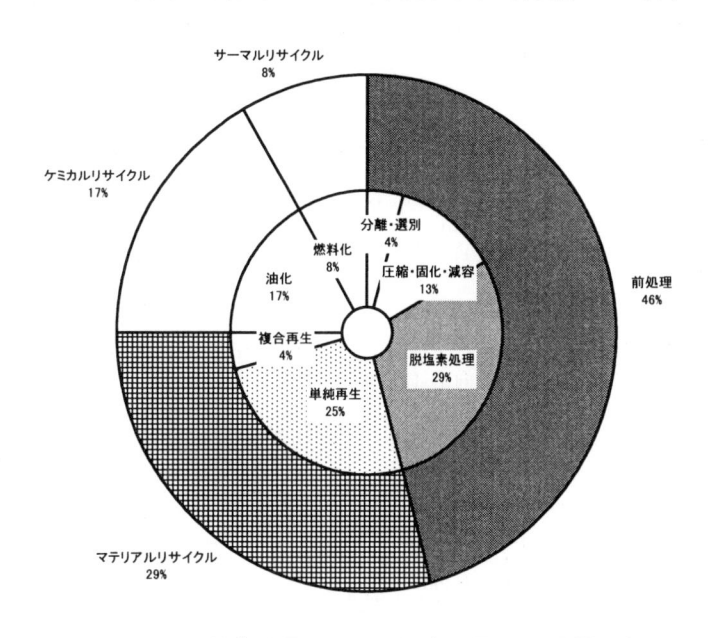

91年1月1日から01年9月14日公開の出願

○：開放の用意がある特許

表2.15.4-1 日本製鋼所における保有特許の概要

技術要素	課題	特許no.	特許分類（筆頭IPC）	概要または発明の名称	
分離・選別	プラスチック複合材の表層剥離（プラスチック母材）	特開平7-24832	B29B 17/00 ZAB	熱可塑性プラスチック製品を加熱して引き延ばすとともに、この引き延ばしにより剥離した塗装膜を塗装膜除去手段により除去する。	
圧縮・固化・減容	プラスチック一般（ポリエチレン、ポリスチレン、ポリ塩化ビニル、エポキシ、ポリエステルなど）の圧縮・固化・減容	特開平9-314644	B29C 47/76	プラスチックス再生処理における原料供給方法及び原料供給装置	
		特開平11-333842	B29B 17/00 ZAB	プラスチックの発泡製品の減容方法及び装置	
		特開2001-38726	B29B 17/00	可燃ごみを含む廃プラスチックの減容造粒方法及びその装置	
脱塩素処理	塩化水素の無害化	特開平10-85554	B01D 53/68	廃プラスチックから熱分解により発生した塩化水素を除去する方法	
		特開平11-147081	B09B 3/00	塩素含有廃プラスチックを熱分解・脱塩素化する際に、塩素より反応性の高いヨウ素化合物などの物質を添加し無機フィラーと反応させ、分離。	
		特開平11-302444	C08J 11/18 CEU	廃棄プラスチックの処理方法	
		特開2000-542	B09B 3/00	廃棄プラスチックから塩素および塩素化合物を除去する方法	
		特開2000-1679	C10G 1/10 ZAB	塩素系ポリマーを含有する廃プラスチックの処理方法	
		特開2000-344934	C08J 11/12 ZAB	廃プラスチック脱塩化水素処理装置	
	生成プラスチックの品質向上	特開平11-106758	C10G 1/10 ZAB	廃プラスチック油化処理方法	
単純再生	熱可塑性樹脂の単純再生（ポリプロピレン(PP)）	特許3025774	B29B 17/00	塗装膜を有するプラスチック製品の破砕物を水とともに混練溶融し、塗装膜の分解ガスと気化した水を脱気する。	
	熱可塑性樹脂の単純再生（ポリスチレン(PS)）	特開平11-147224	B29B 17/00 ZAB	ポリスチレン成形体を破砕したのち配管内を気力輸送される間に加熱し、体積を収縮させ、気固分離器により分離してスクリュー式押出機により混練・溶融したのち、押し出す。	
		特開平11-226955	B29B 17/00 ZAB	使用済み発泡ポリスチレンの処理方法及び装置	
	熱可塑性樹脂の単純再生（ポリエチレンテレフタレート(PET)）	特開平10-323834	B29B 17/00 ZAB	吸湿性ポリマースクラップの再生押出成形方法	
		特開平11-58381	B29B 17/00 ZAB	プラスチックスクラップの再処理方法および再処理装置	
		特開2000-264998	C08J 11/04	水分を脱揮乾燥し、改質剤と触媒を添加して改質反応させ、さらに後工程用スクリュ式押出機により超臨界流体を添加しつつ発泡押出する。	
複合再生	再生品の品質・機能向上（リサイクル性）	特開2001-101940	H01B 15/00 ZAB	電線被覆材のリサイクル方法およびリサイクル装置	
油化	生産効率向上（高速・連続化、回収率向上）	特許2909577	C08J 11/12 ZAB	樹脂廃材の再生方法及び装置	○
		特開平11-106427	C08F 8/00	アクリル樹脂の連続再生方法およびその装置	
		特開平11-302663	C10G 1/10 ZAB	プラスチックス連続再生方法およびプラスチックス連続再生装置	
	操業トラブル防止（有害物の処理・安全衛生問題）	特開平11-106758	C10G 1/10 ZAB	廃プラスチックをベント式二軸スクリュー押出機で溶融した時に発生する塩化水素ガスを除去可能で、また、良質の生成油が得られる。	
燃料化	プラスチックと他材料の混合物からなる固体燃料の回収	特開平11-256174	C10L 5/48	固形燃料の製造方法	
		特開2000-273460	C10B 53/00	可燃性廃棄物の合成石炭化方法および合成石炭化装置	

2.15.5 技術開発拠点
東京都：本社
広島県：広島製作所

2.15.6 研究開発者
　図2.15.6-1に日本製鋼所におけるプラスチックリサイクル技術に関わる発明者数と出願件数の推移を示す。また、図2.15.6-2には同じく発明者数と出願件数の関係推移（プロットは２年ごとの平均値）を示す。発明者数は1996年以降単調に増加している。出願件数も99年を除き増加傾向にある。

図2.15.6-1 発明者数と出願件数の推移（日本製鋼所）

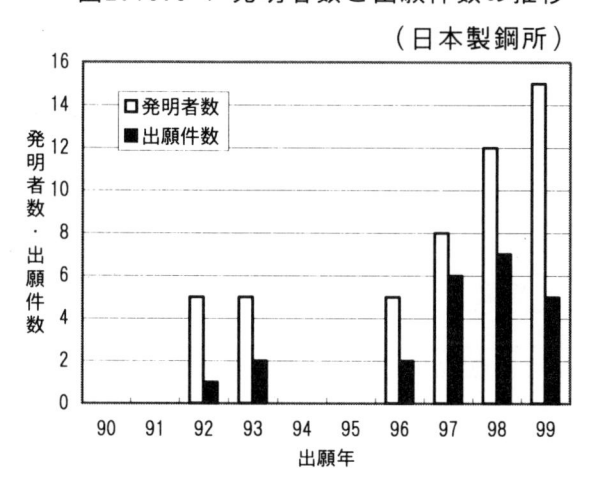

図2.15.6-2 発明者数と出願件数の関係推移（日本製鋼所）

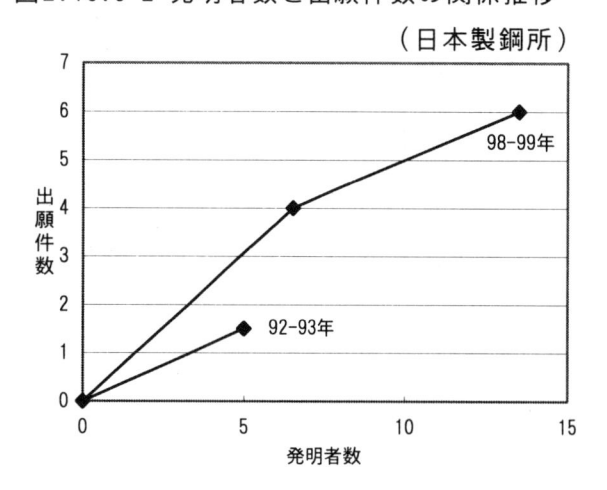

2.16 島津製作所

2.16.1 企業の概要

表2.16.1-1 島津製作所の概要

1)	商号	株式会社　島津製作所
2)	設立年月	1917年9月
3)	資本金	168億2,492万円（01年3月現在）
4)	従業員	3,377名（01年3月現在）
5)	事業内容	計測機器製造、医療用機械器具製造
6)	技術・資本提携関係	今回の調査範囲・方法では、該当するものは見当たらなかった。
7)	事業所	本社／京都　工場／京都、滋賀、神奈川　研究所／京都、東京、茨城
8)	関連会社	島津エンジニアリング、島津エス・ディーなど
9)	業績推移	年間売上高：1,563億円（98年度）、1,474億円（99年度）、1,468億円（00年度）
10)	主要製品	分析機器、計測機器、バイオ機器、医用機器、航空産業機器など
11)	主な取引先	防衛庁、三菱重工業、西華産業
12)	技術移転窓口	法務・知的財産部

(注) 6) 技術・資本提携関係と8) 関連会社は、環境事業に関する代表例に限定している。

2.16.2 技術移転事例

表2.16.2-1 島津製作所の技術移転事例

No.	相手先	国名	内容
1	松下電器産業	日本	使用済テレビのプラスチック部品を赤外線で識別し、マテリアルリサイクルする技術を共同開発した。 【概要】回収したプラスチックの塊から小さな断片を切り抜き、表面と断面に赤外線を放射させて、反射光の波長によって再生できる部品を選ぶシステム。（出典：産経新聞（大阪）　01年12月4日）

2.16.3 プラスチックリサイクル技術に関する製品・技術

　島津製作所におけるプラスチックリサイクルに関する製品・技術の代表例を表2.16.3-1に示す。製品はプラスチック材質識別装置であり、計測機器メーカーに特徴的なものといえる。技術要素としては、前処理の分離・選別に該当する。

表2.16.3-1 島津製作所におけるプラスチックリサイクルに関する製品・技術の代表例

技術要素	製品・技術	製品名	発売・実施時期	出典
1)分離・選別	廃プラスチック材質自動識別装置	-	02年度予定	産経新聞 大阪（01年12月4日）

2.16.4 技術開発課題対応保有特許の概要

図 2.16.4-1 に、島津製作所におけるプラスチックリサイクル分野の出願比率を示す。前処理に関する出願がほとんどの比率を占めている。

前処理の技術要素としては圧縮・固化・減容が最も多い。

図2.16.4-1 島津製作所における出願比率（総計＝18件）

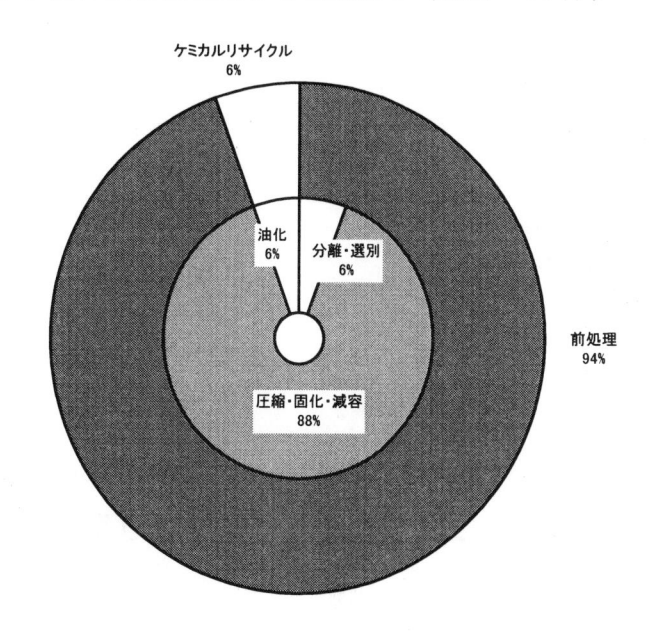

91年1月1日から01年9月14日公開の出願

○：開放の用意がある特許

表2.16.4-1 島津製作所における保有特許の概要

技術要素	課題	特許no.	特許分類（筆頭IPC）	概要または発明の名称	
分離・選別	プラスチック混合材の分離（一般・その他）	特開2001-74650	G01N 21/35	透過光または反射光の中赤外領域におけるスペクトルを解析してプラスチックの種類を判別する。	
圧縮・固化・減容	ペットボトルの圧縮・固化・減容	特開平9-66526	B29B 17/00 ZAB	ペットボトル減容装置	○
		特開平10-211619	B29B 17/00 ZAB	ペットボトル減容回収装置	○
		特開平11-19931	B29B 17/00	樹脂容器減容化処理装置	○
		特開平11-77679	B29B 17/00	PETボトル減容機	○
		特開平11-77680	B29B 17/00 ZAB	PETボトル減容機	○
		特開平11-114959	B29B 17/00 ZAB	PETボトル減容機	○
		特開平11-114960	B29B 17/00 ZAB	PETボトル減容機	○
		特開平11-138538	B29B 17/00 ZAB	PETボトル減容機	○
	その他容器の圧縮・固化・減容	特開平11-34054	B29B 17/00 ZAB	樹脂容器減容装置	○
		特開平11-114882	B26D 1/34	樹脂容器潰し機	○
		特開平11-114957	B29B 17/00	樹脂容器減容装置	○
		特開平11-123720	B29B 17/00 ZAB	樹脂容器減容機	○
		特開平11-138536	B29B 17/00 ZAB	樹脂容器潰し機	○
		特開平11-138537	B29B 17/00 ZAB	樹脂容器減容機	○
		特開平11-197889	B30B 9/32 101	樹脂容器減容装置	○
		特開平11-319771	B09B 3/00	ボトル減容装置	○
油化	生産効率向上（高速・連続化、回収率向上）	特開平10-36553	C08J 11/16 CFD	脂肪族ポリエステル廃棄物の処理方法	○

2.16.5 技術開発拠点
京都府：三条工場、紫野工場

2.16.6 研究開発者
　図2.16.6-1に島津製作所におけるプラスチックリサイクル技術に関わる発明者数と出願件数の推移を示す。また、図2.16.6-2には同じく発明者数と出願件数の関係推移（プロットは2年ごとの平均値）を示す。1997年に集中して出願があった。これに伴い、発明者数もこの年が最も多い。

図2.16.6-1 発明者数と出願件数の推移（島津製作所）

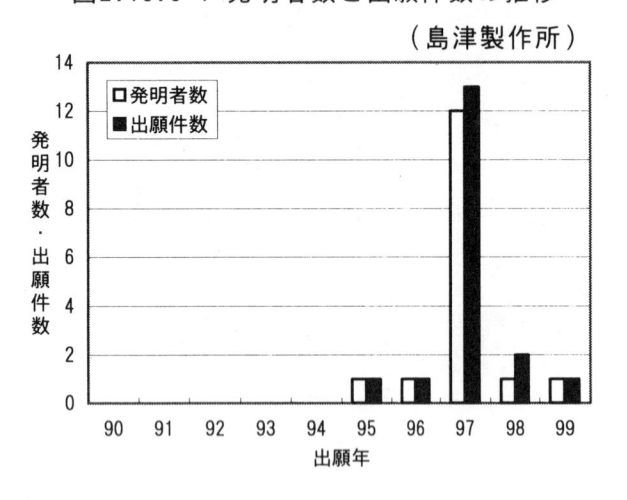

図2.16.6-2 発明者数と出願件数の関係推移（島津製作所）

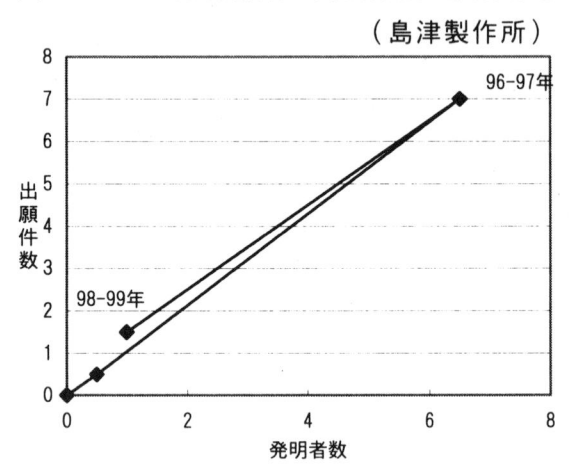

2．17 住友ベークライト

2.17.1 企業の概要

表2.17.1-1 住友ベークライトの概要

1)	商号	住友ベークライト株式会社
2)	設立年月日	1932年1月25日
3)	資本金	268億2,741万円（01年3月末現在）
4)	従業員	2,329名（01年3月末現在）
5)	事業内容	半導体用材料、回路製品・電子部品材料、工業資材、医療・包装・建材などの製造
6)	技術・資本提携関係	今回の調査範囲・方法では、該当するものは見当たらなかった。
7)	事業所	本社／東京　工場／栃木、静岡、兵庫、三重　研究所／神奈川、兵庫、栃木、静岡
8)	関連会社	住ベリサイクル、住ベ生産技術研究所など
9)	業績推移	年間売上高：1,171億円(98年度)、1,245億円(99年度)、1,215億円（00年度)
10)	主要製品	樹脂成形材料、電子回路基板など
11)	主な取引先	黒田電気、住友商事プラスチック、共栄電資、住ベデコラ建材、長瀬産業
12)	技術移転窓口	-

(注) 6) 技術・資本提携関係と8) 関連会社は、環境事業に関する代表例に限定している。

2.17.2 技術移転事例

今回の調査範囲・方法では、該当するものは見当たらなかった。

2.17.3 プラスチックリサイクル技術に関する製品・技術

住友ベークライトにおけるプラスチックリサイクルに関する製品・技術の代表例を表2.17.3-1に示す。製品の技術要素は単純再生と複合再生、および油化である。このことは次ページの図2.17.4-1に示す技術要素別の出願比率においてこれら技術要素の比率が高いことに対応している。

表2.17.3-1 住友ベークライトにおけるプラスチックリサイクルに関する製品・技術の代表例

技術要素	製品	製品名	発売・実施時期	出典
1)単純再生、複合再生	フェノール樹脂成形材料のリサイクルシステム	-	-	http://www.sumibe.co.jp/rc/rc06.html/ （02年1月22日）
2)油化	超臨界水モノマー回収技術	-	-	化学工業日報（01年7月11日）

2.17.4 技術開発課題対応保有特許の概要

図 2.17.4-1 に、住友ベークライトにおけるプラスチックリサイクル分野の出願比率を示す。マテリアルリサイクルが最も多く、次にケミカルリサイクルが多い。

マテリアルリサイクルの技術要素としては複合再生の占める比率が高い。ケミカルリサイクルの技術要素はすべて油化である。

図 2.17.4-1 住友ベークライトにおける出願比率（総計＝15件）

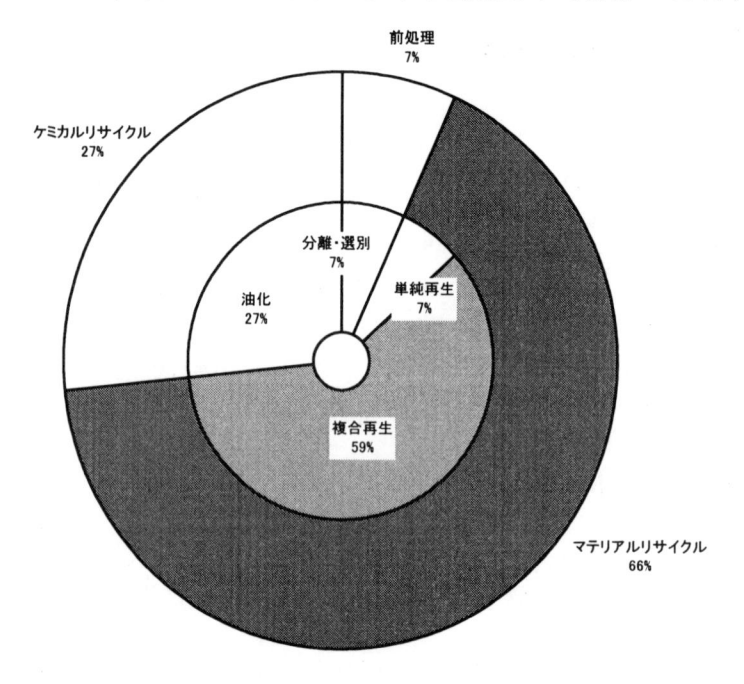

91年1月1日から01年9月14日公開の出願

表 2.17.4-1 住友ベークライトにおける保有特許の概要

○：開放の用意がある特許

技術要素	課題	特許no.	特許分類（筆頭IPC）	概要または発明の名称
分離・選別	プラスチック複合材の分離（金属・ガラスなどとの）	特開平10-296729	B29B 17/00　ZAB	スチールデスク天板のリサイクル方法
単純再生	熱可塑性樹脂の単純再生（エンジニアリングプラスチック）	特許2845702	C08L 63/00	エポキシ樹脂組成物及びその製造方法
複合再生	再生品の品質・機能向上（外観）	特許2857205	C08J 11/06　ZAB	ポリエチレン層と接着層とナイロン層からなる透明多層フィルムのスクラップに低分子量ポリエチレンを配合して透明性、外観の良好な再生品を得る。
		特許3112471	B29B 17/00	多層フィルムの回収再生方法
	再生品の品質・機能向上（リサイクル性）	特開平9-66525	B29B 13/00	繊維材の粉砕方法
		特開平10-287766	C08J 11/16　ZAB	熱硬化性樹脂を、超臨界水または亜臨界水に酸素、空気または過酸化水素を加えて酸分解することにより、再利用可能な低～中分子化合物として回収する。
	用途・機能開発（日用品）	特開平6-211513	C01B 31/08　ZAB	活性炭組成物
		特開2000-343666	B32B 27/42　101	メラミン樹脂化粧板廃材の微粉末を含むフェノール樹脂液を紙基材に塗工して得られたフェノール樹脂塗工紙をコア層としてメラミン樹脂化粧板を製造する。
		特開2001-30280	B29C 43/20　ZAB	メラミン樹脂化粧板の製造方法
	用途・機能開発（土木材料）	特開平9-52750	C04B 28/02	人工石材
	用途・機能開発（他用途化・その他）	特開平8-12433	C04B 35/52	成形炭化物
油化	生産効率向上（高速・連続化、回収率向上）	特開平10-24274	B09B 3/00	熱硬化性樹脂の分解方法及びリサイクル方法
		特開平11-302442	C08J 11/10　ZAB	熱硬化性樹脂の分解処理方法
		特開2001-98107	C08J 11/16　ZAB	熱硬化性樹脂の分解処理方法
		特開2001-151933	C08J 11/20　ZAB	熱硬化性樹脂の分解処理方法およびリサイクル方法

2.17.5 技術開発拠点

東京都：本社
宮城県：仙台営業所

2.17.6 研究開発者

図2.17.6-1に住友ベークライトにおけるプラスチックリサイクル技術に関わる発明者数と出願件数の推移を示す。また、図2.17.6-2には同じく発明者数と出願件数の関係推移（プロットは2年ごとの平均値）を示す。年毎にばらつきはあるが、発明者数、出願件数ともにおおむね増加傾向にある。

図2.17.6-1 発明者数と出願件数の推移（住友ベークライト）

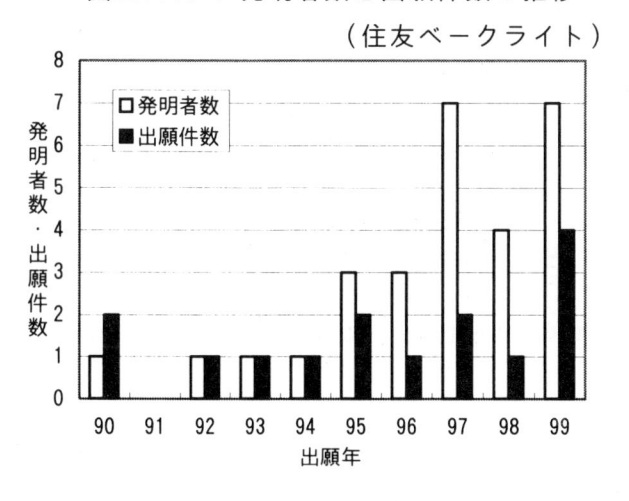

図2.17.6-2 発明者数と出願件数の関係推移（住友ベークライト）

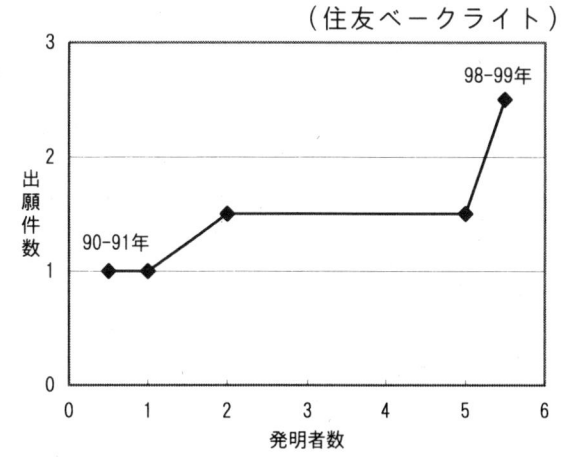

2．18 川崎製鉄

2.18.1 企業の概要

表2.18.1-1 川崎製鉄の概要

1)	商号	川崎製鉄株式会社
2)	設立年月	1950年8月
3)	資本金	2,396億4,400万円（01年3月現在）
4)	従業員	9,916名（01年3月現在）
5)	事業内容	製鉄事業、エンジニアリング事業など
6)	技術・資本提携関係	技術導入／サーモセレクト社（スイス）など
7)	事業所	本社／東京　工場／千葉、愛知、岡山、兵庫　研究所／千葉
8)	関連会社	川鉄エンジニアリング、川鉄マシナリー、川鉄物流
9)	業績推移	年間売上高：8,362億円（98年度）、7,659億円（99年度）、7,785億円（00年度）
10)	主要製品	鉄鋼製品、RDF化プラント、廃棄物ガス化溶融システムなど
11)	主な取引先	川鉄商事、伊藤忠商事、三菱商事、住友商事、日商岩井
12)	技術移転窓口	-

(注) 6) 技術・資本提携関係と8) 関連会社は、環境事業に関する代表例に限定している。

2.18.2 技術移転事例

表2.18.2-1 川崎製鉄の技術移転事例

No.	相手先	国名	内　容
1)	サーモセレクト社	スイス	容器包装リサイクル法に基づく廃プラスチックの処理のため、廃棄物ガス改質型溶融炉を技術導入した。 【概要】廃プラスチックを含むごみを圧縮・乾燥した後に高温反応炉で酸素を吹き込んで1,200℃に加熱する。上部から出たガスは70℃に急冷し、ダイオキシンの合成をなくし、またガスは水素、一酸化炭素、二酸化炭素として取り出し、リサイクルする。（出典：日刊工業新聞　01年3月27日）

2.18.3 プラスチックリサイクル技術に関する製品・技術

川崎製鉄におけるプラスチックリサイクルに関する製品・技術の代表例を表2.18.3-1に示す。製品の技術要素は、ガス化と製鉄原料化のいずれもケミカルリサイクルに関する。

表2.18.3-1 川崎製鉄におけるプラスチックリサイクルに関する製品・技術の代表例

技術要素	製品・技術	製品名	発売・実施時期	出典
1)ガス化	ガス改質型溶融設備	川鉄サーモセレクト炉	01年度	日刊工業新聞（01年3月27日）
2)製鉄原料化	廃プラスチック脱塩素・高炉還元剤化技術	-	01年度	日経産業新聞（00年9月7日）

2.18.4 技術開発課題対応保有特許の概要

図 2.18.4-1 に、川崎製鉄におけるプラスチックリサイクル分野の出願比率を示す。前処理、ケミカルリサイクル、サーマルリサイクルが、ほぼ3分の1ずつ比率が分かれている。

件数の多い技術要素は、燃料化、脱塩素処理、製鉄原料化である。

図2.18.4-1 川崎製鉄における出願比率（総計＝15件）

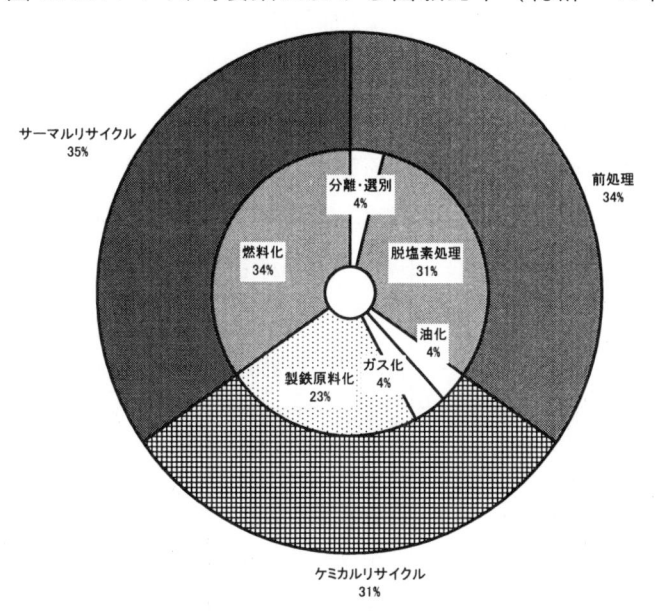

- サーマルリサイクル 35%
- 前処理 34%
- 分離・選別 4%
- 脱塩素処理 31%
- 燃料化 34%
- 油化 4%
- ガス化 4%
- 製鉄原料化 23%
- ケミカルリサイクル 31%

91年1月1日から01年9月14日公開の出願

表 2.18.4-1 川崎製鉄における保有特許の概要

○：開放の用意がある特許

技術要素	課題	特許no.	特許分類（筆頭IPC）	概要または発明の名称	
分離・選別	プラスチック混合材の分離（PVC）	特開平11-116729	C08J 11/08 ZAB	プラスチックの処理設備	
脱塩素処理	塩素含有廃プラスチックの検出および/または分離効率向上	特開2001-72794	C08J 11/08	プラスチックの分析方法および脱塩素処理方法	
		特開2001-74729	G01N 33/44	プラスチックの分析方法および脱塩素処理方法	
	操業効率の向上	特開平11-140474	C10L 5/48	プラスチック固体燃料の製造方法	
		特開平11-116729	C08J 11/08 ZAB	プラスチックの処理設備	
		特開2001-151931	C08J 11/12	塩素含有プラスチックの処理方法及び処理装置	
	生成プラスチックの品質向上	特開2000-51820	B09B 3/00	塩素含有プラスチックの処理方法および固体燃料の製造方法	
	設備耐久性向上	特開2000-345168	C10G 1/10	脱塩素処理のガス排出方法及び脱塩素処理装置	
		特開2000-344935	C08J 11/12 ZAB	脱塩素処理の終了判定方法及び脱塩素処理装置	
油化	操業トラブル防止（残渣などの固着・付着問題）	特開2001-115165	C10B 53/00	廃棄物の処理方法	
製鉄原料化	搬送性・炉装入向上	特開平11-192469	B09B 3/00	プラスチックの処理方法および該処理方法で得られる固体燃料、鉱石用還元剤	
		特開平11-197630	B09B 3/00	プラスチックの処理方法および該処理方法で得られる固体燃料、鉱石用還元剤	
		特開平11-292976	C08J 3/00	プラスチックの処理方法および該処理方法で得られる固体燃料、鉱石用還元剤	
		特開2000-256687	C10L 5/48	プラスチックの処理方法および該処理方法で得られる固体燃料、鉱石用還元剤	
		特開2000-256504	C08J 11/06	プラスチックの粉砕方法および該粉砕方法で得られる固体燃料、鉱石用還元剤	
	塩化水素腐食・汚染防止	特開2001-114929	C08J 11/16	プラスチック混合物の処理方法	
		特開2001-151931	C08J 11/12	塩素含有プラスチックの処理方法及び処理装置	
燃料化	プラスチックと他材料の混合物からなる固体燃料の回収	特開平11-140474	C10L 5/48	プラスチック固体燃料の製造方法	
		特開平11-192469	B09B 3/00	プラスチックの処理方法および該処理方法で得られる固体燃料、鉱石用還元剤	
		特開平11-197630	B09B 3/00	プラスチックの処理方法および該処理方法で得られる固体燃料、鉱石用還元剤	
		特開平11-292976	C08J 3/00	プラスチックの処理方法および該処理方法で得られる固体燃料、鉱石用還元剤	
		特開2000-256504	C08J 11/06	プラスチックの粉砕方法および該粉砕方法で得られる固体燃料、鉱石用還元剤	
	プラスチック単独からなる固体燃料の回収	特開2000-51820	B09B 3/00	塩素含有プラスチックの処理方法および固体燃料の製造方法	
		特開2000-256687	C10L 5/48	プラスチックの処理方法および該処理方法で得られる固体燃料、鉱石用還元剤	
		特開2001-114929	C08J 11/16	プラスチック混合物の処理方法	
		特開2001-151931	C08J 11/12	塩素含有プラスチックの処理方法及び処理装置	

2.18.5 技術開発拠点

東京都：東京本社

千葉県：技術研究所、千葉製鉄所

2.18.6 研究開発者

図2.18.6-1に川崎製鉄におけるプラスチックリサイクル技術に関わる発明者数と出願件数の推移を示す。また、図2.18.6-2には同じく発明者数と出願件数の関係推移（プロットは2年ごとの平均値）を示す。発明者数、出願件数ともに、1997年より単調に増加している。

図2.18.6-1 発明者数と出願件数の推移（川崎製鉄）

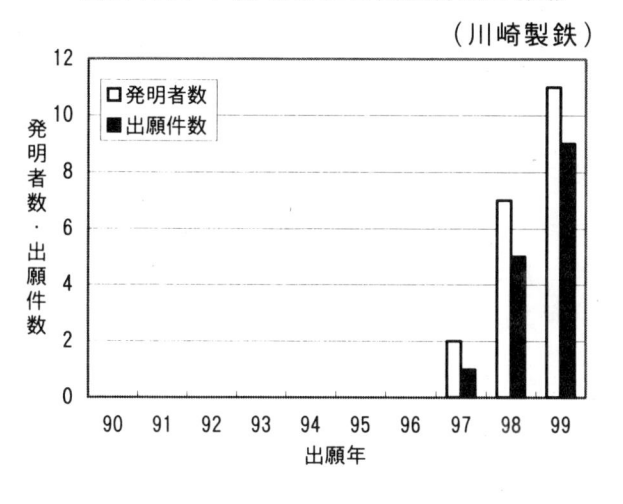

図2.18.6-2 発明者数と出願件数の関係推移（川崎製鉄）

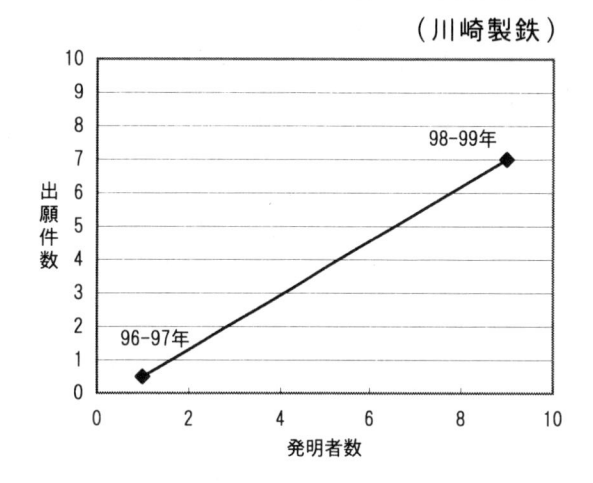

2.19 東洋紡績

2.19.1 企業の概要

表2.19.1-1 東洋紡績の概要

1)	商号	東洋紡績株式会社
2)	設立年月日	1914年6月26日
3)	資本金	433億4,100万円（2001年3月末現在）
4)	従業員	4,078名（01年3月末現在）
5)	事業内容	繊維、合成樹脂、各種化学工業品、生化学・医薬品などの製造
6)	技術・資本提携関係	今回の調査範囲・方法では、該当するものは見当たらなかった。
7)	事業所	本社／大阪　工場／福井、山口、徳島、香川、富山、宮城、三重、愛知　研究所／滋賀、福井
8)	関連会社	東洋紡総合研究所、東洋紡テクノサービス、東洋紡エンジニアリングなど
9)	業績推移	年間売上高：2,698億円(98年度)、2,634億円(99年度)、2,554億円（00年度）
10)	主要製品	繊維、フィルム、機能性高分子製品など
11)	主な取引先	新興産業、伊藤忠商事、丸紅
12)	技術移転窓口	知的財産部

(注) 6) 技術・資本提携関係と8) 関連会社は、環境事業に関する代表例に限定している。

2.19.2 技術移転事例

今回の調査範囲・方法では、該当するものは見当たらなかった。

2.19.3 プラスチックリサイクル技術に関する製品・技術

東洋紡績におけるプラスチックリサイクルに関する製品・技術の代表例を表2.19.3-1に示す。製品の技術要素は単純再生と複合再生のいずれもマテリアルリサイクルに関する。

表2.19.3-1 東洋紡績におけるプラスチックリサイクルに関する製品・技術の代表例

技術要素	製品・技術	製品名	発売・実施時期	出典
1)単純再生	ペットボトル再生繊維、ウェア	エコールクラブ、エコールケナフ	-	http://www.toyobo.co.jp/eco/10.htm （02年1月22日）
	ペットボトル再生ふとん綿	エコールユニ	-	
	ポリエチレンネット・ロープ	ベタールマルチ、エコ物語	-	http://www.ecoplaza.gr.jp/3/3a/20001002g12137.phtml （02年1月22日）
2)複合再生	エンジンカバー	エコパイロペット	00年3月	http://www.toyobo.co.jp/eco/10.htm （02年1月22日）
	ポリエステル合成紙	クリスパー	-	http://www.toyobo.co.jp/seihin/film/crisper/index.htm （02年1月22日）
	遮水シート	エコボランス445RNB	-	http://www.toyobo.co.jp/seihin/qt/ecovolans/index.htm （02年1月22日）

2.19.4 技術開発課題対応保有特許の概要

図 2.19.4-1 に、東洋紡績におけるプラスチックリサイクル分野の出願比率を示す。出願件数 12 件のうち、11 件がマテリアルリサイクルである。

その技術要素は、すべて単純再生に関するものである。

図 2.19.4-1 東洋紡績における出願比率（総計＝12件）

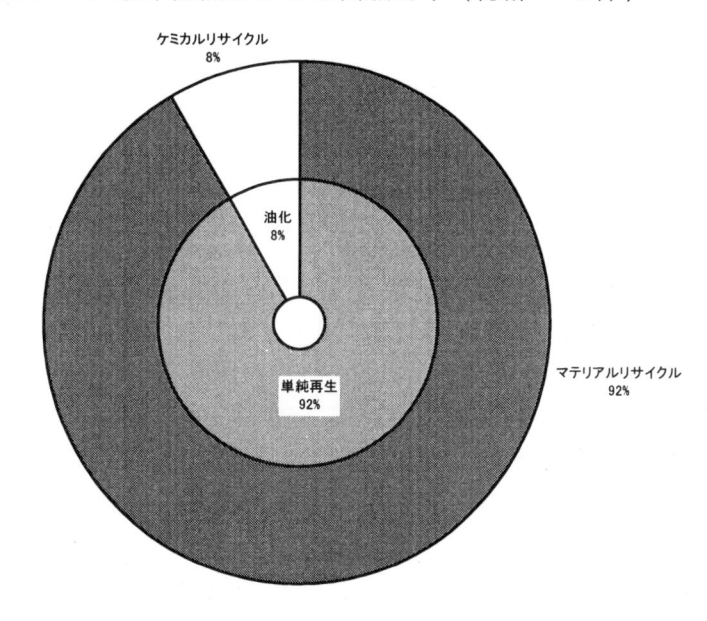

91年1月1日から01年9月14日公開の出願

表 2.19.4-1 東洋紡績における保有特許の概要

○：開放の用意がある特許

技術要素	課題	特許no.	特許分類（筆頭IPC）	概要または発明の名称	
単純再生	熱可塑性樹脂の単純再生（ポリエチレンテレフタレート(PET))	特開平10-72725	D01F 6/92 307	回収ポリエステルを使用した繊維製品とその製造法	
		特開2000-873	B29C 49/00	中空成形ボトルの樹脂の固相重合速度を特定することにより、ボトルの再生ペレットを用いて製品を得る際のオリゴマーによる品質低下を防止する。	
		特開2000-874	B29C 49/00	ラベルを装着した樹脂製ボトル及びその再生方法	
		特開2000-878	B29C 49/24	ラベルを装着した樹脂製ボトル及びその再生方法	
		特開2000-879	B29C 49/24	ラベルを装着した樹脂製ボトル及びその再生方法	
		特開2000-160429	D01F 6/62 301	ポリエステルフィラメント及びそれを用いたミシン糸	
		特開2001-55215	B65D 1/02	アルカリ性温湯中で除去できるインキ層を有するラベルを装着したボトルの樹脂の極限粘度を特定することにより、ラベルを装着したまま粉砕し、再ペレット化する。	
		特開2001-58620	B65D 1/09	ラベルを装着した樹脂製ボトル及びその再生方法	
		特開2001-58621	B65D 1/09	ラベルを装着した樹脂製ボトル及びその再生方法	
		特開2001-58643	B65D 23/00	ラベルを装着した樹脂製ボトル及びその再生方法	
		特開2001-58646	B65D 25/20	ラベルを装着した樹脂製ボトル及びその再生方法	
油化	生産効率向上（低コスト化・省エネルギー）	特開2000-302849	C08G 63/12	ポリエステル樹脂の製造方法	

2.19.5 技術開発拠点
大阪府：本社
滋賀県：総合研究所
愛知県：犬山工場
福井県：つるが工場

2.19.6 研究開発者
図2.19.6-1に東洋紡績におけるプラスチックリサイクル技術に関わる発明者数と出願件数の推移を示す。また、図2.19.6-2には同じく発明者数と出願件数の関係推移（プロットは2年ごとの平均値）を示す。1998年、99年にそれぞれ5件、6件の出願があった。発明者数は6名ずつである。

図2.19.6-1 発明者数と出願件数の推移（東洋紡績）

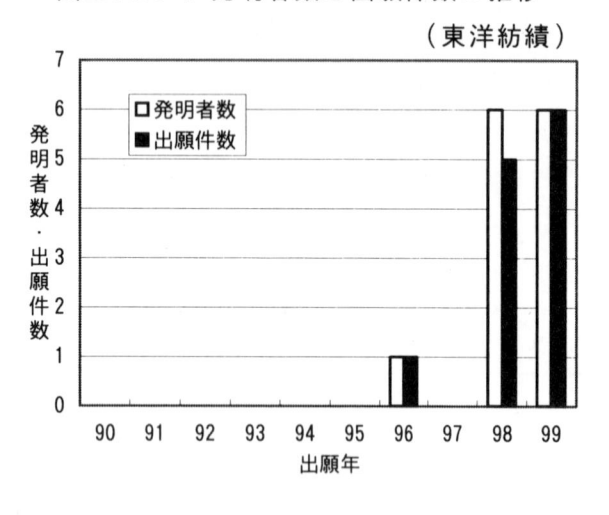

図2.19.6-2 発明者数と出願件数の関係推移（東洋紡績）

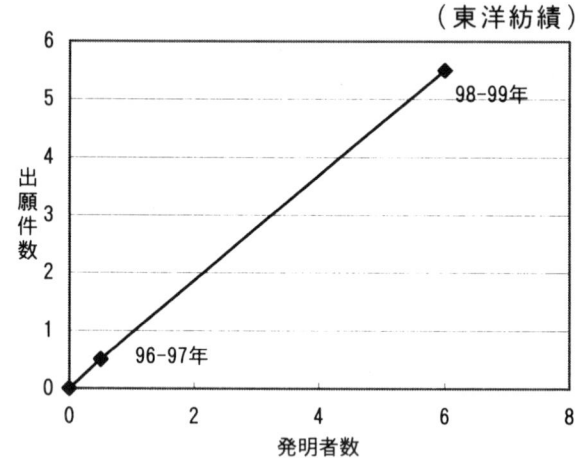

2.20 イノアックコーポレーション

2.20.1 企業の概要

表2.20.1-1 イノアックコーポレーションの概要

1)	商号	株式会社　イノアックコーポレーション
2)	設立年月	1948年10月
3)	資本金	7億2,000万円（01年4月現在）
4)	従業員	2,476名（01年4月現在）
5)	事業内容	ウレタン、ゴム、プラスチック、複合材をベースとした各種産業資材製造
6)	技術・資本提携関係	今回の調査範囲・方法では、該当するものは見当たらなかった。
7)	事業所	本社／愛知、東京　工場／愛知、岐阜　研究所／神奈川
8)	関連会社	井上護謨工業、イノアック技術研究所など
9)	業績推移	年間売上高：1,559億円（98年）、1,511億円（99年）、1,610億円（00年）
10)	主要製品	自動車関連部品、ゴム・ウレタン樹脂製品、生活関連製品など
11)	主な取引先	国内主要自動車メーカー、主要情報機器メーカーなど
12)	技術移転窓口	-

（注）6) 技術・資本提携関係と8) 関連会社は、環境事業に関する代表例に限定している。

2.20.2 技術移転事例

表2.20.2-1 イノアックコーポレーションの技術移転事例

No.	相手先	国名	内容
1)	トヨタ自動車	日本	ウレタン製バンパーのマテリアルリサイクル技術に関して共同開発した。【概要】ウレタンの端材を粉砕し、二軸押出機で最適な可塑化温度に保ちながらポリプロピレンを混ぜ、再生利用可能なペレットに加工する技術。（出典：日刊工業新聞　96年7月12日）

2.20.3 プラスチックリサイクル技術に関する製品・技術

イノアックコーポレーションにおけるプラスチックリサイクルに関する製品・技術の代表例を表2.20.3-1に示す。製品の技術要素は複合再生であり、自動車用バンパー樹脂のマテリアルリサイクルに関する。

表2.20.3-1 イノアックコーポレーションにおけるプラスチックリサイクルに関する製品・技術の代表例

技術要素	製品・技術	製品名	発売・実施時期	出典
1)複合再生	ウレタン樹脂バンパー端材からのバッテリートレー再生技術	-	-	日刊工業新聞（96年7月12日）

2.20.4 技術開発課題対応保有特許の概要

図2.20.4-1に、イノアックコーポレーションにおけるプラスチック分野の出願比率を示す。出願された8件の特許はすべてマテリアルリサイクルに関するものである。

その技術要素としては複合再生が多く、ほとんどの比率を占めている。

図2.20.4-1 イノアックコーポレーションにおける出願比率（総計=8件）

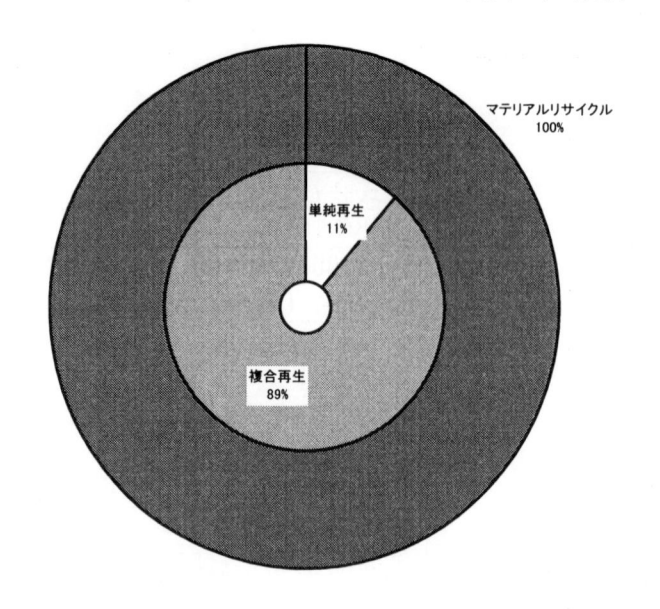

マテリアルリサイクル 100%
単純再生 11%
複合再生 89%

91年1月1日から01年9月14日公開の出願

○：開放の用意がある特許

表2.20.4-1 イノアックコーポレーションにおける保有特許の概要

技術要素	課題	特許no.	特許分類（筆頭IPC）	概要または発明の名称	
単純再生	共通・その他の単純再生	特許2990444	C08J 92/32 CFJ	熱可塑性樹脂発泡体細片を容器に密に収容し、その容器内に可燃性気体を充填し爆発燃焼させ細片の表面を互いに溶着させる。	
複合再生	再生品の品質・機能向上（機械的特性）	特許2668137	C08J 11/04 CFF	ポリウレタン樹脂廃材の再生方法	
	用途・機能開発（日用品）	特許2990444	C08J 92/32 CFJ	再生発泡体の製造方法	
	用途・機能開発（自動車・家電部品）	特許3095262	B29B 17/00	粉砕合成樹脂廃棄物と接着剤との混合物の成形において、振動による樹脂密度毎の層状分離を利用してコア層と緩衝層を有する成形品とする。	
		特開平6-87133	B29C 45/00	複合廃材による再生成形品の成形方法	
		特許2540700	B29C 43/20	塗装品を内層に、未塗装品を外層に用いて、見栄えが良好なウレタン系のバンパーなどを得る。	
		特開平6-143310	B29C 43/02	再生ウレタン成形品の成形方法	
		特開平7-88865	B29C 43/02	廃棄ポリウレタン製品の圧縮成形方法	
	プロセス改善（迅速化・効率化）	特開2000-343613	B29C 67/20	チップ結合体の製造方法	

2.20.5 技術開発拠点

愛知県：本社、安城事業所、桜井事業所、船方事業所
岐阜県：南濃事業所

2.20.6 研究開発者

図2.20.6-1にイノアックコーポレーションにおけるプラスチックリサイクル技術に関わる発明者数と出願件数の推移を示す。また、図2.20.6-2には同じく発明者数と出願件数の関係推移（プロットは2年ごとの平均値）を示す。1991年から93年にかけて数件ずつ出願があったが、90年代後半はほとんど出願はない。

図2.20.6-1 発明者数と出願件数の推移
（イノアックコーポレーション）

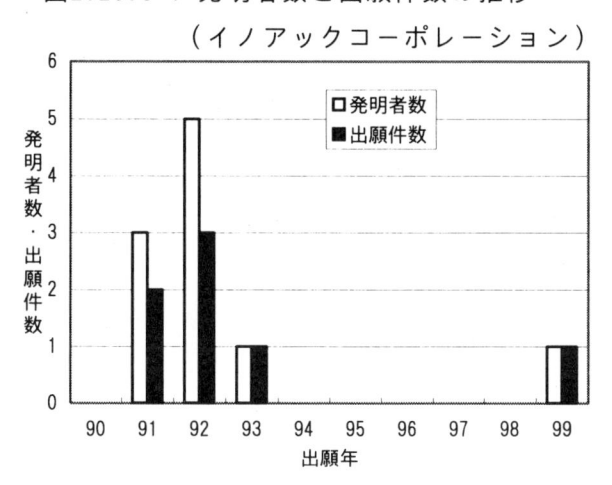

図2.20.6-2 発明者数と出願件数の関係推移
（イノアックコーポレーション）

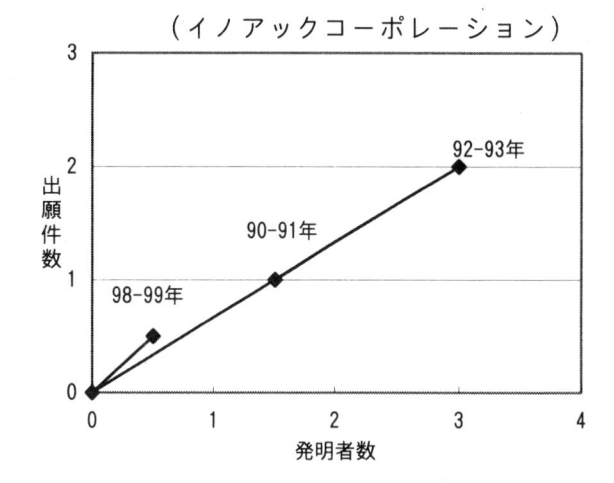

3．主要企業の技術開発拠点

3.1 前処理技術
3.2 マテリアルリサイクル
3.3 ケミカルリサイクル
3.4 サーマルリサイクル（燃料化）

> 特許流通
> 支援チャート
>
> # 3．主要企業の技術開発拠点
>
> 主要企業20社の技術開発拠点を発明者の居所でみると、
> おおむね関東から九州北部まで、帯状に広く分布している。

　本章では、各技術要素ごとに、主要企業20社について、公報に記載されている発明者および住所（事業所名など）を整理し、各企業が技術開発を行なっている事業所、研究所などの技術開発拠点を紹介する。

　対象とする特許は、1991年1月1日から01年9月14日までに公開された特許であって、データ取得時点で特許存続中または係属中のものである。

　なお、日本鋼管など一部の企業では、発明者の住所表示をすべて本社所在地に統一している例があったが、該当する企業数としてはごく少数であったため、本書ではそのまま整理した。

3．1 前処理技術

3.1.1 分離・選別

図 3.1.1-1 分離・選別における技術開発拠点図

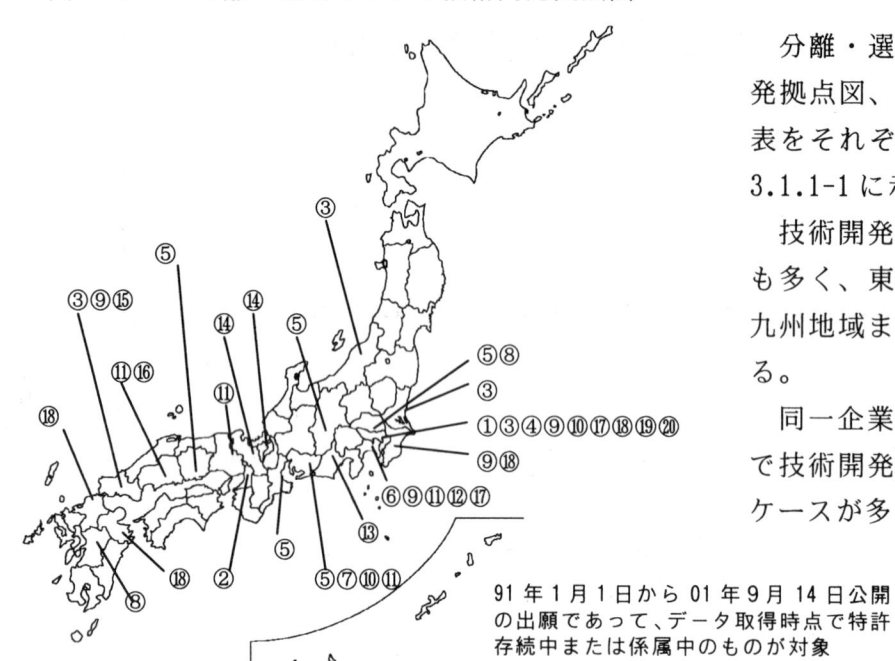

分離・選別における技術開発拠点図、技術開発拠点一覧表をそれぞれ図 3.1.1-1、表 3.1.1-1 に示す。

技術開発拠点は首都圏が最も多く、東海、近畿、中国、九州地域まで帯状に伸びている。

同一企業内の複数の事業所で技術開発が行なわれているケースが多い。

91年1月1日から01年9月14日公開の出願であって、データ取得時点で特許存続中または係属中のものが対象

表 3.1.1-1 分離・選別における技術開発拠点一覧表

No	企業名	特許件数	事業所名	住所	発明者数
①	日本鋼管	62	本社	東京都	46
②	日立造船	36	旧本社（此花区）	大阪府	27
			本社	大阪府	18
③	日立製作所	34	機械研究所	茨城県	11
			笠戸工場	山口県	10
			日立研究所	茨城県	9
			本社	東京都	6
			その他（北蒲原郡）	新潟県	2
			デザイン研究所	東京都	2
			笠戸事業所	山口県	1
			機電事業部	東京都	1
			日立工場	茨城県	1
④	富士重工業	16	本社	東京都	5
⑤	三菱化学	16	水島工場	岡山県	4
			四日市総合研究所	三重県	2
			上尾市	埼玉県	1
			上田市	長野県	1
			名古屋支店	愛知県	1
			水島事業所	岡山県	1
			四日市事業所	三重県	1
⑥	日産自動車	14	本社	神奈川県	8
⑦	トヨタ自動車	14	本社	愛知県	22
⑧	本田技研工業	13	埼玉製作所狭山工場	埼玉県	7
			熊本製作所	熊本県	4
			本田技術研究所	埼玉県	2
⑨	三井化学	13	市原工場	千葉県	6
			岩国大竹工場	山口県	4
			その他（横浜市栄区）	神奈川県	3
			本社	東京都	1
⑩	ソニー	12	本社	東京都	17
			その他（一宮市）	愛知県	1

No	企業名	特許件数	事業所名	住所	発明者数
⑪	三菱重工業	11	名古屋研究所	愛知県	10
			神戸造船所	兵庫県	4
			横浜研究所	神奈川県	4
			広島製作所	広島県	3
			高砂研究所	兵庫県	2
			名古屋機器製作所	愛知県	2
			横須賀研究所	神奈川県	2
			横浜製作所	神奈川県	1
⑫	千代田化工建設	11	本社	神奈川県	14
⑬	電線総合技術センター	8	本社	静岡県	6
⑭	積水化学工業	8	滋賀栗東工場	滋賀県	5
			京都研究所	京都府	2
			滋賀水口工場	滋賀県	1
⑮	日立テクノエンジニアリング	7	笠戸事業所	山口県	2
⑯	高瀬合成化学	7	本社	広島県	1
⑰	東芝	6	横浜事業所	神奈川県	13
			住空間システム技術研究所	神奈川県	3
			環境技術研究所	神奈川県	1
			京浜事業所	神奈川県	1
			本社事務所	東京都	1
⑱	新日本製鉄	6	機械・プラント事業部	福岡県	6
			大分製鉄所	大分県	4
			君津製鉄所	千葉県	3
			本社	東京都	1
⑲	アインエンジニアリング	6	本社	東京都	1
⑳	アイン総合研究所	6	その他（品川区）	東京都	1
			その他（多摩市）	東京都	1

3.1.2 圧縮・固化・減容

図 3.1.2-1 圧縮・固化・減容における技術開発拠点図

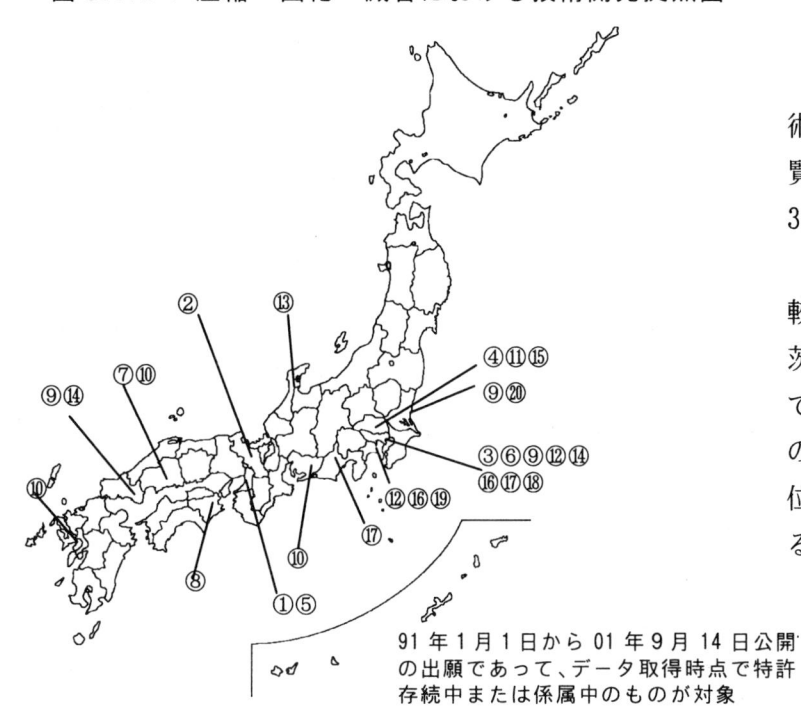

圧縮・固化・減容における技術開発拠点図、技術開発拠点一覧表をそれぞれ図 3.1.2-1、表 3.1.2-1 に示す。

技術開発拠点を事業所数で比較すると、東京都、神奈川県、茨城県などの関東地域に集中しているが、特許件数や発明者数の比較では大阪府、京都府に上位企業の事業所が集まっている。

91年1月1日から01年9月14日公開の出願であって、データ取得時点で特許存続中または係属中のものが対象

表 3.1.2-1 圧縮・固化・減容における技術開発拠点一覧表

No	企業名	特許件数	事業所名	住所	発明者数
①	松下電器産業	52	本社	大阪府	33
②	島津製作所	16	三条工場	京都府	12
			紫野工場	京都府	1
③	日本鋼管	13	本社	東京都	22
④	ぺんてる	11	草加工場	埼玉県	7
⑤	日立造船	10	旧本社（此花区）	大阪府	8
			本社	大阪府	7
⑥	ソニー	9	本社	東京都	14
⑦	御池鉄工所	8	その他（芦品郡）	広島県	1
			本社	広島県	1
⑧	西村産業	8	本社	徳島県	1
⑨	日立製作所	7	笠戸工場	山口県	6
			機械研究所	茨城県	6
			本社	東京都	1
⑩	三菱重工業	7	名古屋機器製作所	愛知県	3
			広島製作所	広島県	3
			長崎研究所	長崎県	2
			長菱エンジニアリング	長崎県	1
⑪	タジリ	6	本社	埼玉県	4
⑫	石川島播磨重工業	6	技術研究所	神奈川県	7
			豊洲総合事務所	東京都	3
			東二テクニカルセンター	東京都	3

No	企業名	特許件数	事業所名	住所	発明者数
⑬	シブヤマシナリー	6	本社	石川県	3
			その他（金沢市）	石川県	1
			その他（能美郡）	石川県	1
⑭	宇部興産	6	本社	山口県	5
			東京本社	東京都	1
⑮	関商店	5	本社	埼玉県	1
⑯	東芝	5	本社事務所	東京都	4
			横浜事業所	神奈川県	2
			京浜事業所	神奈川県	1
			浜川崎工場	神奈川県	1
⑰	東芝テック	5	技術研究所	静岡県	4
			大仁事業所	静岡県	2
			流通情報システムカンパニー	東京都	1
⑱	富士重工業	5	本社	東京都	3
⑲	梅本雅夫	5	本社	神奈川県	1
⑳	積水化成品工業	5	その他（古河市）	茨城県	3
			その他（猿島郡）	茨城県	1

3.1.3 脱塩素処理

図 3.1.3-1 脱塩素処理における技術開発拠点図

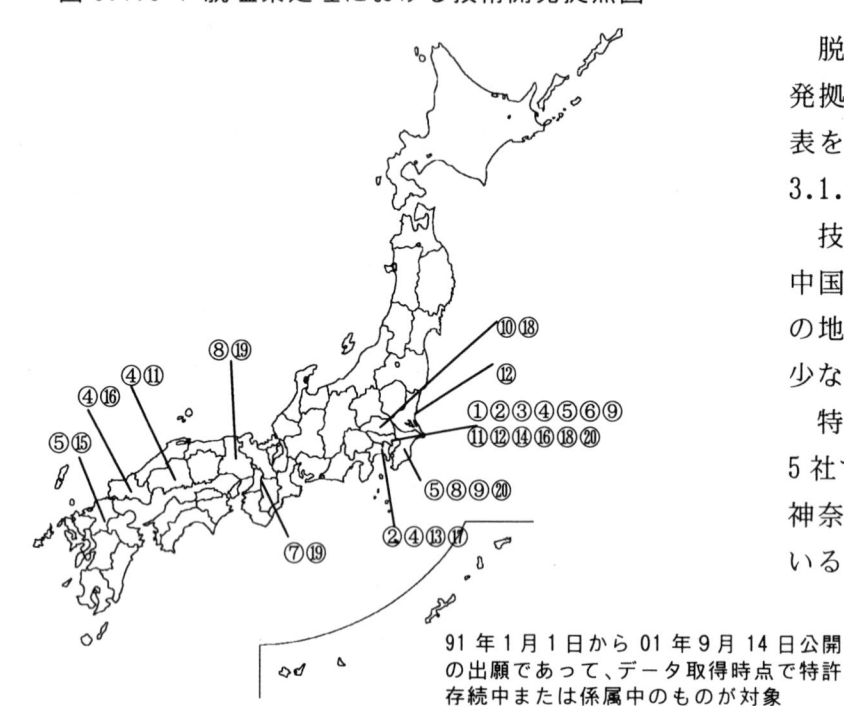

脱塩素処理における技術開発拠点図、技術開発拠点一覧表をそれぞれ図 3.1.3-1、表 3.1.3-1 に示す。

技術開発拠点は、首都圏と中国地区に集中しており、他の地域では皆無または非常に少ない。

特許件数については、上位5社で見た場合、殆ど東京都、神奈川県の事業所に集中している。

91年1月1日から01年9月14日公開の出願であって、データ取得時点で特許存続中または係属中のものが対象

表 3.1.3-1 脱塩素処理における技術開発拠点一覧表

No	企業名	特許件数	事業所名	住所	発明者数
①	日本鋼管	37	本社	東京都	32
②	東芝	36	京浜事業所	神奈川県	13
			横浜事業所	神奈川県	11
			本社事業所	東京都	5
			生産技術研究所	神奈川県	4
			東芝研究開発センター	神奈川県	1
			住空間システム技術研究所	神奈川県	1
③	明電舎	24	本社	東京都	3
④	三菱重工業	15	広島研究所	広島県	8
			横浜研究所	神奈川県	7
			横浜製作所	神奈川県	5
			本社	東京都	3
			下関造船所	山口県	2
⑤	新日本製鉄	15	機械・プラント事業部	福岡県	10
			技術開発本部	千葉県	4
			本社	東京都	1
			エンジニアリング事業本部	福岡県	1
⑥	元田電子工業	12	本社	東京都	1
⑦	日立造船	12	旧本社（此花区）	大阪府	18
			本社	大阪府	
⑧	川崎重工業	8	明石工場	兵庫県	6
			八千代工場	千葉県	4
			神戸工場	兵庫県	1
⑨	川崎製鉄	8	技術研究所	千葉県	5
			千葉製鉄所	千葉県	3
			東京本社	東京都	1

No	企業名	特許件数	事業所名	住所	
⑩	関商店	7	本社	埼玉県	1
⑪	日本製鋼所	7	広島製作所	広島県	9
			府中市天神町	東京都	1
			府中市日鋼町	東京都	1
⑫	日立製作所	7	日立研究所	茨城県	12
			電力・電機開発本部	茨城県	4
			笠戸工場	茨城県	3
			本社	東京都	1
			機械研究所	茨城県	1
⑬	エヌケーケープラント建設	7	その他（横浜市鶴見区小野町）	神奈川県	3
			本社	神奈川県	2
⑭	共立	6	本社	東京都	2
⑮	浜田重工	6	本社	福岡県	4
			北九州市八幡西区船越	福岡県	1
			北九州市戸畑区仙水町	福岡県	1
⑯	三井化学	5	岩国大竹工場	山口県	4
			本社	東京都	1
⑰	旭化成	5	川崎支社	神奈川県	2
⑱	三菱マテリアル	4	総合研究所	埼玉県	5
			地球事業センター	東京都	3
⑲	クボタ	4	枚方製造所	大阪府	5
			技術開発研究所	兵庫県	
⑳	太平洋セメント	4	中央研究所	千葉県	7
			佐倉研究所	千葉県	3
			本社	東京都	1

3.2 マテリアルリサイクル

3.2.1 単純再生（同質材への再利用）

図 3.2.1-1 単純再生における技術開発拠点図

単純再生（同質材への再利用）における技術開発拠点図、技術開発拠点一覧表をそれぞれ図 3.2.1-1、表 3.2.1-1 に示す。

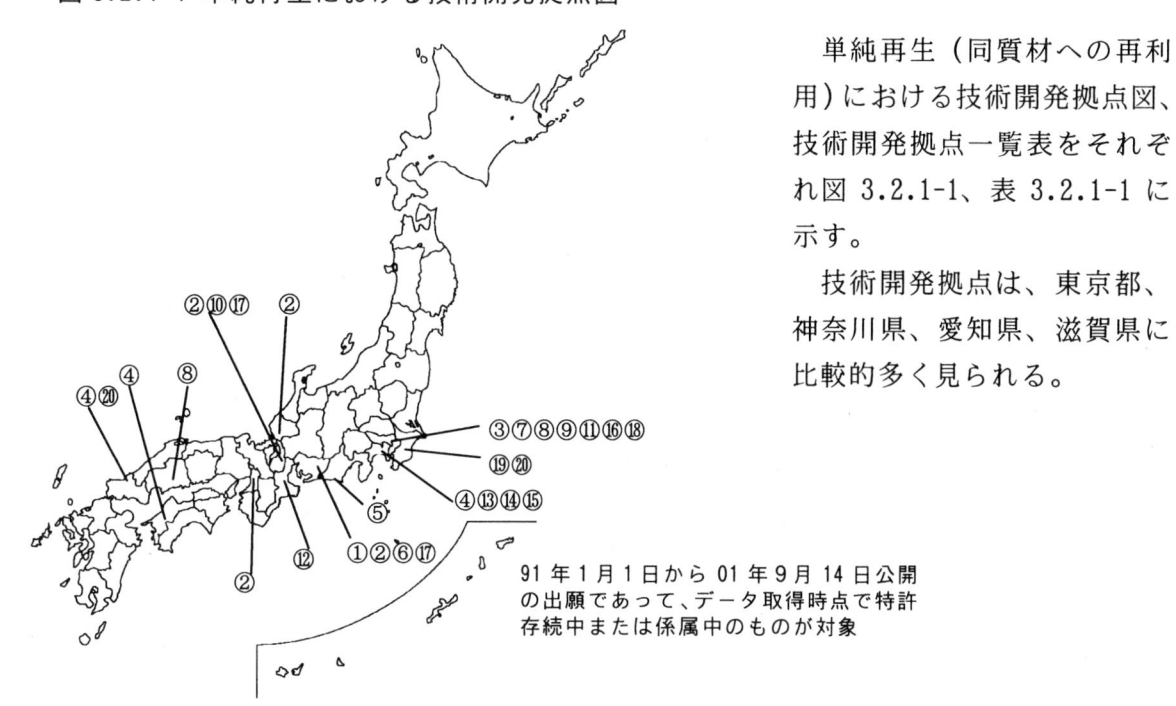

技術開発拠点は、東京都、神奈川県、愛知県、滋賀県に比較的多く見られる。

91年1月1日から01年9月14日公開の出願であって、データ取得時点で特許存続中または係属中のものが対象

表 3.2.1-1 単純再生における技術開発拠点一覧表

No	企業名	特許件数	事業所名	住所	発明者数
①	トヨタ自動車	11	本社	愛知県	16
②	東洋紡績	11	本社	大阪府	3
			総合研究所	滋賀県	2
			つるが工場	福井県	1
			犬山工場	愛知県	1
③	ソニー	10	本社	東京都	13
④	帝人	8	相模原研究センター	神奈川県	5
			松山事業所	愛媛県	5
			岩国研究センター	山口県	1
⑤	東芝機械	7	沼津事業所	静岡県	12
⑥	豊田中央研究所	7	本社	愛知県	9
⑦	帝人化成	6	本社	東京都	5
			その他（港区）	東京都	1
⑧	日本製鋼所	6	広島製作所	広島県	10
			本社	東京都	2
⑨	日本鋼管	5	本社	東京都	10
⑩	三菱化学ポリエステルフィルム	4	中央研究所	滋賀県	2

No	企業名	特許件数	事業所名	住所	発明者数
⑪	富士重工業	4	本社	東京都	2
⑫	三菱化学	4	四日市総合研究所	三重県	3
⑬	日産自動車	4	本社	神奈川県	7
⑭	DJK研究所	4	その他（横須賀市）	神奈川県	1
			その他（相模原市）	神奈川県	1
⑮	いすゞ自動車	3	いすゞ中央研究所	神奈川県	6
⑯	キヤノン	3	本社	東京都	15
⑰	東レ	3	愛知工場	愛知県	1
			瀬田工場	滋賀県	1
⑱	日本電気	3	本社	東京都	2
⑲	日立化成工業	3	五井事業所	千葉県	6
⑳	三井化学	3	岩国大竹工場	山口県	4
			市原工場	千葉県	3

3.2.2 複合再生（材質変更・複合・混合による再利用）

図 3.2.2-1 複合再生における技術開発拠点図

複合再生（材質変更・複合・混合による再利用）における技術開発拠点図、技術開発拠点一覧表をそれぞれ図 3.2.2-1、表 3.2.2-1 に示す。

技術開発拠点は、関東・東海地区で大半を占めており、近畿を含め西日本地域は少ない点が特徴である。

特許件数では、愛知県に集中している。

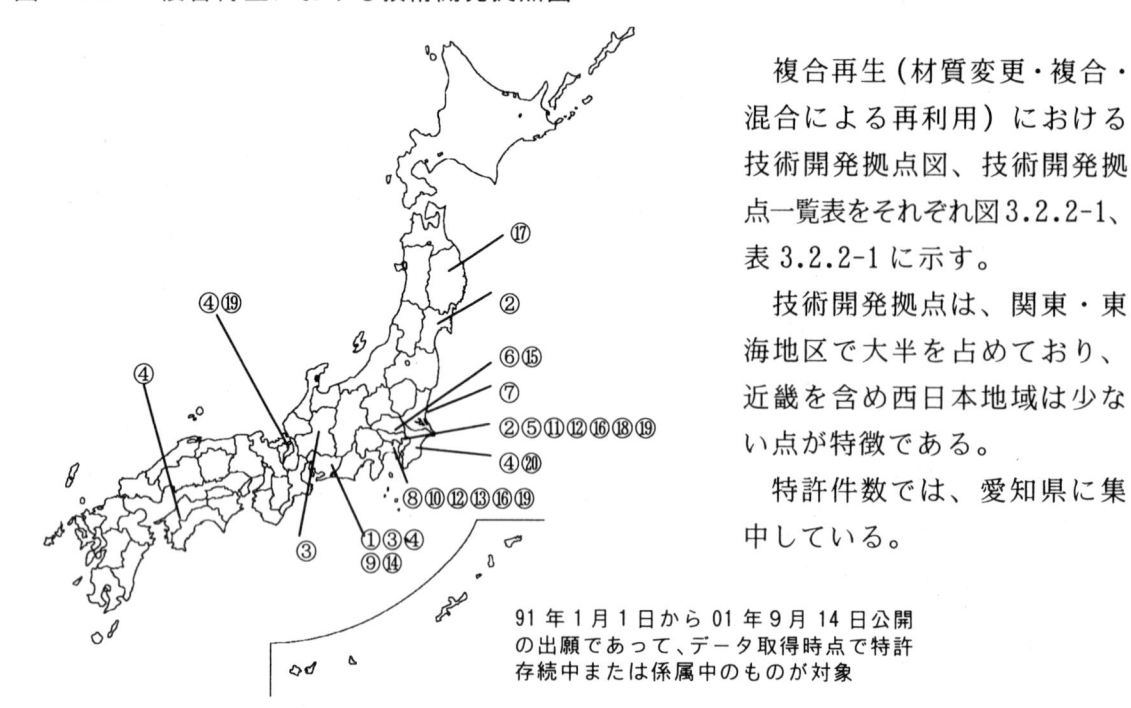

91 年 1 月 1 日から 01 年 9 月 14 日公開の出願であって、データ取得時点で特許存続中または係属中のものが対象

表 3.2.2-1 複合再生における技術開発拠点一覧表

No	企業名	特許件数	事業所名	住所	発明者数
①	トヨタ自動車	15	本社	愛知県	11
②	住友ベークライト	9	本社	東京都	10
			仙台営業所	宮城県	2
③	イノアックコーポレーション	8	安城事業所	愛知県	3
			桜井事業所	愛知県	2
			船方事業所	愛知県	2
			南濃事業所	岐阜県	1
			本社	愛知県	1
			その他（安城市）	愛知県	1
④	東レ	7	名古屋事業場	愛知県	10
			愛媛工場	愛媛県	3
			瀬田工場	滋賀県	3
			東京事業場	千葉県	2
⑤	日本鋼管	7	本社	東京都	16
⑥	本田技研工業	6	技術研究所	埼玉県	7
			埼玉製作所・狭山工場	埼玉県	6
⑦	産業技術総合研究所	6	工業技術院物質工学工業技術研究所	茨城県	3
			工業技術院生命工学工業技術研究所	茨城県	1
⑧	池田物産	6	本社	神奈川県	4
⑨	豊田中央研究所	6	本社	愛知県	9

No	企業名	特許件数	事業所名	住所	発明者数
⑩	いすゞ自動車	5	中央研究所	神奈川県	5
			藤沢工場	神奈川県	1
⑪	清水建設	5	本社	東京都	1
⑫	東芝	5	横浜事業所	神奈川県	8
			京浜事業所	神奈川県	2
			研究開発センター	神奈川県	2
			府中工場	東京都	2
			本社事務所	東京都	2
⑬	日本ゼオン	5	総合開発センター	神奈川県	2
⑭	豊田紡織	5	本社	愛知県	6
⑮	シーピーアール	5	本社	埼玉県	0
⑯	太平洋セメント	5	本社	東京都	3
			その他（厚木市）	神奈川県	1
⑰	村上清志	4	ー	岩手県	1
⑱	日本電気	4	本社	東京都	7
⑲	三菱樹脂	4	長浜工場	滋賀県	3
			平塚工場	神奈川県	2
			本社	東京都	1
⑳	新日鉄化学	4	総合研究所	千葉県	2

3.3 ケミカルリサイクル

3.3.1 油化

図 3.3.1-1 油化における技術開発拠点図

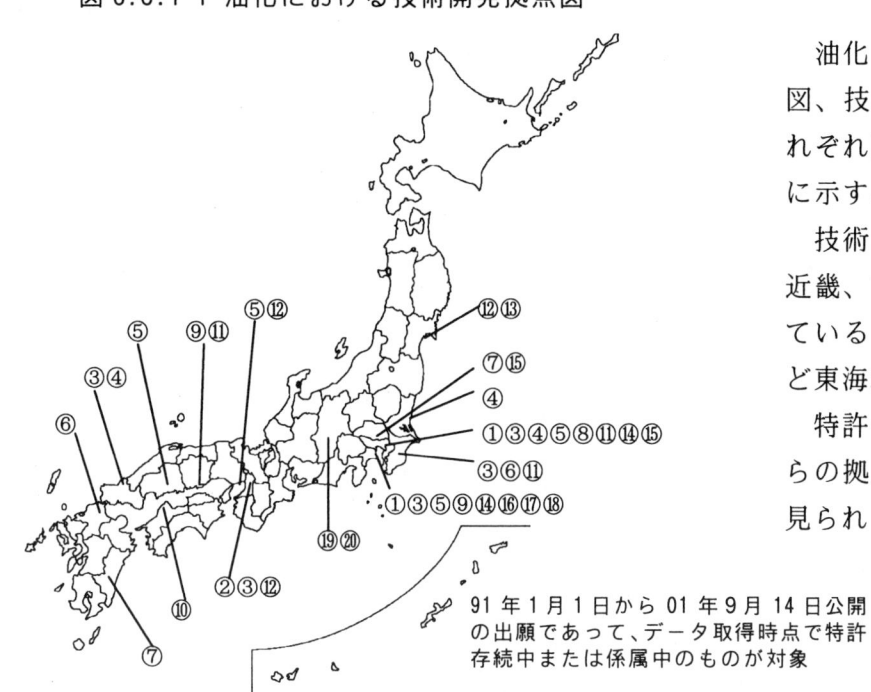

油化における技術開発拠点図、技術開発拠点一覧表をそれぞれ図 3.3.1-1、表 3.3.1-1 に示す。

技術開発拠点は、首都圏、近畿、中国地区に多く分布している。これに対し愛知県など東海地区は皆無である。

特許件数、発明者数もこれらの拠点に対応した形で多く見られる

91年1月1日から01年9月14日公開の出願であって、データ取得時点で特許存続中または係属中のものが対象

表 3.3.1-1 油化における技術開発拠点一覧表

No	企業名	特許件数	事業所名	住所	発明者数
①	東芝	58	横浜事業所	神奈川県	22
			京浜事業所	神奈川県	18
			研究開発センター	神奈川県	6
			生産技術研究所	神奈川県	6
			本社事務所	東京都	6
②	日立造船	32	旧本社(此花区)	大阪府	20
			本社	大阪府	5
③	三井化学	27	岩国大竹工場	山口県	17
			大阪工場	大阪府	3
			本社	東京都	3
			市原工場	千葉県	2
			その他(横浜市栄区)	神奈川県	2
④	日立製作所	25	日立研究所	茨城県	21
			電力・電機開発本部	茨城県	5
			電力・電機開発研究所	東京都	4
			本社	東京都	3
			機械研究所	茨城県	2
			笠戸工場	山口県	1
			機電事業部	東京都	1
			日立工場	茨城県	1
⑤	三菱重工業	21	横浜製作所	神奈川県	13
			広島研究所	広島県	10
			本社	東京都	4
			高砂研究所	兵庫県	3
			神戸造船所	兵庫県	1
⑥	新日本製鉄	20	機械・プラント事業部	福岡県	8
			技術開発本部	千葉県	4
			エンジニアリング事業本部	福岡県	2
⑦	黒木健	14	その他(宮崎市)	宮崎県	1
			理化学材器設研究所	埼玉県	1
⑧	東芝プラント建設	13	本社	東京都	10
			旧本社(港区西新橋)	東京都	4

No	企業名	特許件数	事業所名	住所	発明者数
⑨	旭化成	13	川崎支社	神奈川県	7
			水島支社	岡山県	5
⑩	帝人	12	松山事業所(南地区)	愛媛県	9
			松山事業所(北地区)	愛媛県	3
⑪	三井造船	9	千葉事業所	千葉県	4
			本社	東京都	3
			その他(岡山市学南町)	岡山県	2
			その他(市原市)	千葉県	1
			その他(岡山市津島東)	岡山県	1
			その他(国分寺市日吉町)	東京都	1
⑫	神戸製鋼所	9	大阪支社	大阪府	7
			神戸総合技術研究所	兵庫県	4
			神戸本社	兵庫県	3
			その他(仙台市太白区)	宮城県	2
			その他(芦屋市高浜町)	兵庫県	1
			その他(神戸市灘区)	兵庫県	1
			その他(神戸市東灘区)	兵庫県	1
⑬	東北電力	7	研究開発センター	宮城県	4
			応用技術研究所	宮城県	2
⑭	石川島播磨重工業	7	豊洲総合事務所	東京都	3
			技術研究所	神奈川県	2
			東京エンジニアリングセンター	東京都	2
			東二テクニカルセンター	東京都	2
⑮	オルガノ	7	総合研究所	埼玉県	5
			本社	東京都	4
⑯	昭和電線電纜	7	本社	神奈川県	5
⑰	千代田化工建設	7	本社	神奈川県	14
⑱	日本ビクター	7	本社	神奈川県	3
⑲	エムシーシー	7	本社	長野県	0
⑳	美和組	7	本社	長野県	0

155

3.3.2 ガス化

図 3.3.2-1 ガス化における技術開発拠点図

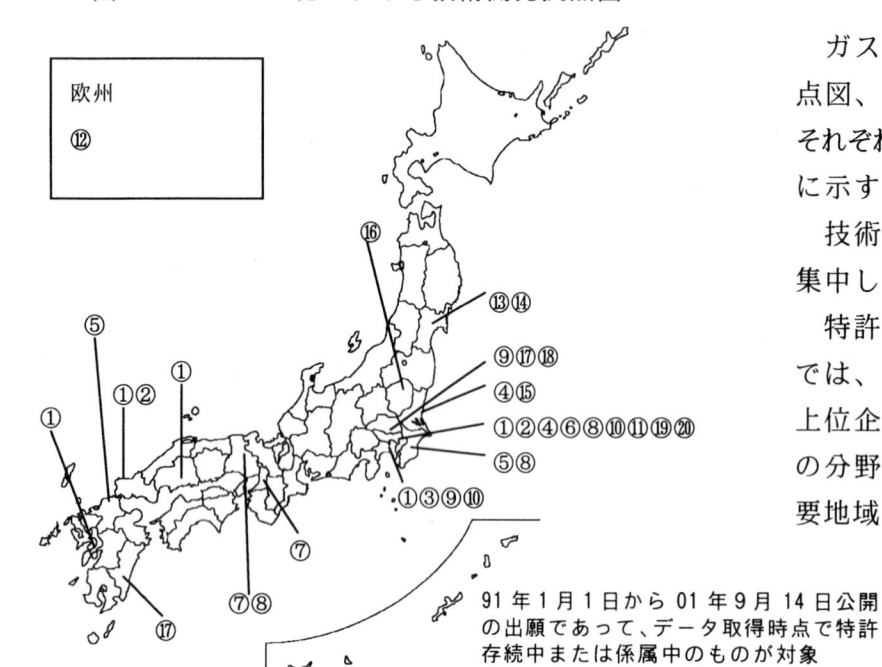

ガス化における技術開発拠点図、技術開発拠点一覧表をそれぞれ図 3.3.2-1、表 3.3.2-1 に示す。

技術開発拠点は、首都圏に集中している。

特許件数、発明者数の比較では、広島県、山口県などに上位企業の事業所があり、この分野における技術開発の主要地域の一つとなっている。

91年1月1日から01年9月14日公開の出願であって、データ取得時点で特許存続中または係属中のものが対象

表 3.3.2-1 ガス化における技術開発拠点一覧表

No	企業名	特許件数	事業所名	住所	発明者数
①	三菱重工業	14	広島研究所	広島県	14
			長崎研究所	長崎県	7
			横浜製作所	神奈川県	6
			横浜研究所	神奈川県	4
			本社	東京都	2
			下関造船所	山口県	1
②	宇部興産	6	宇部本社	山口県	4
			東京本社	東京都	4
③	東芝	5	京浜事業所	神奈川県	10
			京浜製作所	神奈川県	5
			住空間システム技術研究所	神奈川県	5
④	日立製作所	4	日立研究所	茨城県	8
			電力・電機開発研究所	東京都	4
⑤	新日本製鐵	4	機械・プラント事業部	福岡県	4
			技術開発本部	千葉県	2
⑥	元田電子工業	3	本社	東京都	1
⑦	クボタ	3	技術研究所	兵庫県	4
			本社	大阪府	1
⑧	川崎重工業	3	明石工場	兵庫県	5
			東京本社	東京都	1
			神戸本社	兵庫県	1
			八千代工場	千葉県	1
⑨	高茂産業	2	その他（上福岡市）	埼玉県	1
			その他（相模原市）	神奈川県	1
			その他（平塚市）	神奈川県	1

No	企業名	特許件数	事業所名	住所	発明者数
⑩	石川島播磨重工業	2	東京エンジニアリングセンター	東京都	2
			機械・プラント開発センター	神奈川県	1
⑪	明電舎	2	本社	東京都	3
⑫	デル グリューネ プンクト デュアレス システム ドイチランド	2	エッセン ベルンハルトストラーセ	ドイツ	1
			オイテル	ドイツ	1
			オーバーハウゼン、ヴァルズマーマルクストラーセ	ドイツ	1
			ハルテルン イム・ヴィーンエッケルケン	ドイツ	1
			ブレーメン、オーバーノイランダー	ドイツ	1
			リッタアフーデ	ドイツ	1
			リリエントハル	ドイツ	1
⑬	榎本兵治	1	仙台市太白区	宮城県	1
⑭	東北電力	1	応用技術研究所	宮城県	2
⑮	日立エンジニアリングサービス	1	本社	茨城県	1
⑯	桧山幸男	1	その他（小山市）	栃木県	1
⑰	黒木健	1	理化学材料設計研究所	埼玉県	1
			その他（宮崎市）	宮崎県	1
⑱	電硝エンジニアリング	1	本社	埼玉県	3
⑲	ジヨイン	1	本社	東京都	1
⑳	家電製品協会	1	本社	東京都	0

3.3.3 製鉄原料化

図 3.3.3-1 製鉄原料化における技術開発拠点図

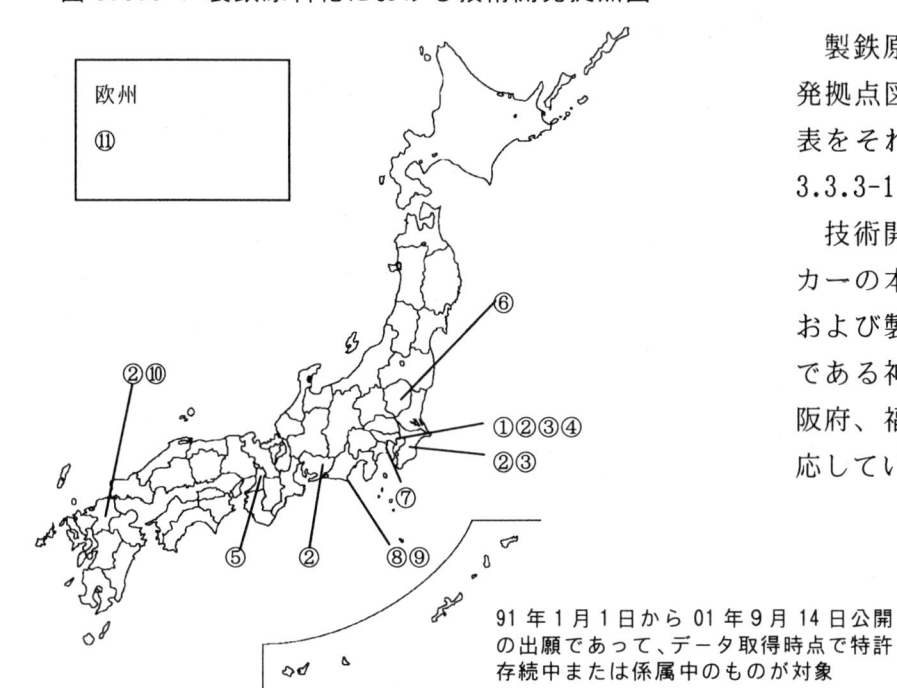

製鉄原料化における技術開発拠点図、技術開発拠点一覧表をそれぞれ図 3.3.3-1、表 3.3.3-1 に示す。

技術開発拠点は、鉄鋼メーカーの本社が集まる東京都、および製鉄所・製鋼所所在地である神奈川県、愛知県、大阪府、福岡県などに、ほぼ対応している。

91年1月1日から01年9月14日公開の出願であって、データ取得時点で特許存続中または係属中のものが対象

表 3.3.3-1 製鉄原料化における技術開発拠点一覧表

No	企業名	特許件数	事業所名	住所	発明者数
①	日本鋼管	56	本社	東京都	57
②	新日本製鉄	12	エンジニアリング事業本部	福岡県	6
			技術開発本部	千葉県	5
			君津製鉄所	千葉県	4
			本社	東京都	3
			名古屋製鉄所	愛知県	2
③	川崎製鉄	7	技術研究所	千葉県	10
			東京本社	東京都	1
④	明電舎	2	本社	東京都	2
⑤	住友金属工業	2	本社	大阪府	3
⑥	桐生機械	1	足利工場	栃木県	3
⑦	吉川公	1	その他(茅ヶ崎市)	神奈川県	1
⑧	平野宏茲	1	その他(浜松市)	静岡県	1
⑨	電繰総合技術センター	1	本社	静岡県	2
⑩	吉田忠幸	1	その他(福岡市西区)	福岡県	1
⑪	デル グリューネ プンクト デュアレス システム ドイチランド	1	ブレーメン、オーバーノイランダー	ドイツ	1
			リリエントハル	ドイツ	1
			オイテン	ドイツ	1
			リッタアフーデ	ドイツ	1

3.4 サーマルリサイクル（燃料化）

図 3.4-1 燃料化における技術開発拠点図

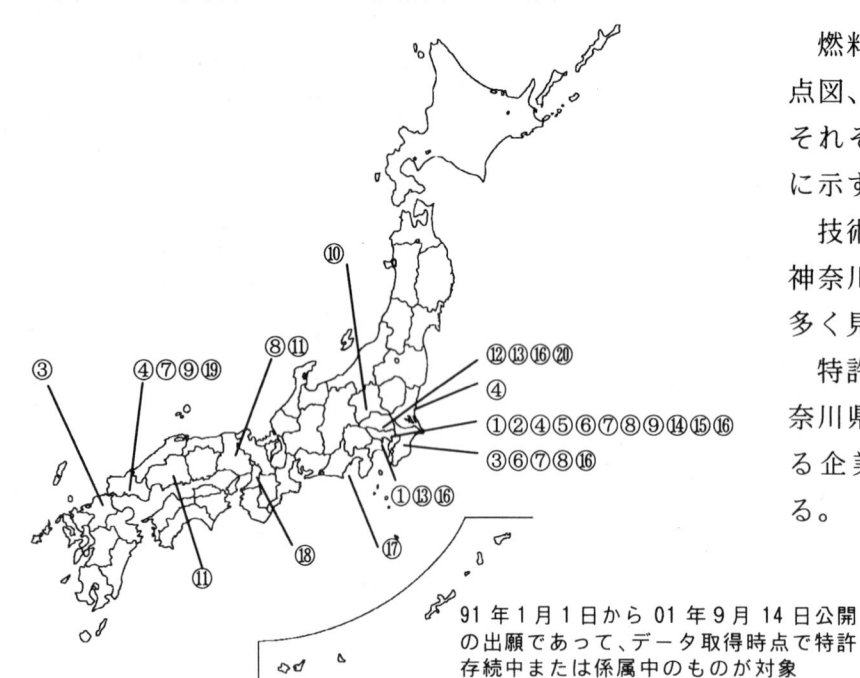

燃料化における技術開発拠点図、技術開発拠点一覧表をそれぞれ図 3.4-1、表 3.4-1 に示す。

技術開発拠点は、東京都、神奈川県、埼玉県、山口県に多く見られる。

特許件数では、東京都、神奈川県、茨城県に事業所のある企業の出願が目立っている。

91年1月1日から01年9月14日公開の出願であって、データ取得時点で特許存続中または係属中のものが対象

表 3.4-1 燃料化における技術開発拠点一覧表

No	企業名	特許件数	事業所名	住所	発明者数
①	東芝	23	横浜事業所	神奈川県	9
			本社事務所	東京都	6
			京浜事業所	神奈川県	6
			研究開発センター	神奈川県	3
			生産技術研究所	神奈川県	3
			府中事業所	東京都	1
②	日本鋼管	17	本社	東京都	26
③	新日本製鉄	16	機械・プラント事業部	福岡県	8
			エンジニアリング事業本部	福岡県	6
			技術開発本部	千葉県	5
			君津製鉄所	千葉県	2
④	日立製作所	9	日立研究所	茨城県	14
			本社	東京都	3
			機電事業部	東京都	1
			機械研究所	茨城県	1
			日立工場	茨城県	1
			笠戸工場	山口県	1
			電力・電機開発本部	茨城県	1
⑤	明電舎	9	本社	東京都	3
⑥	川崎製鉄	9	技術研究所	千葉県	7
			千葉製鉄所	千葉県	3
			東京本社	東京都	2
⑦	太平洋セメント	9	本社	東京都	4
			中央研究所	山口県	4
			(旧)太平洋セメント	山口県	3
			中央研究所	千葉県	3
			佐倉研究所	千葉県	3
⑧	川崎重工業	8	明石工場	兵庫県	5
			八千代工場	千葉県	5
			神戸本社	兵庫県	2
			東京本社	東京都	1

No	企業名	特許件数	事業所名	住所	発明者数
⑨	宇部興産	6	東京本社	東京都	5
			宇部本社	山口県	2
⑩	平和	4	本社	群馬県	1
⑪	御池鉄工所	4	本社	広島県	1
			その他（芦品郡）	兵庫県	1
⑫	関商店	3	本社	埼玉県	1
⑬	高茂産業	3	その他（上福岡市）	埼玉県	1
			その他（相模原市）	神奈川県	1
			その他（平塚市）	神奈川県	1
⑭	石川島播磨重工業	3	技術研究所	東京都	3
			東京エンジニアリングセンター	東京都	1
			東京第一工場	東京都	1
⑮	東芝プラント建設	3	本社	東京都	2
⑯	アドバンス	3	その他（江戸川区）	東京都	2
			その他（板橋区）	東京都	1
			その他（府中市）	東京都	1
			その他（川崎市）	神奈川県	1
			その他（鶴ヶ島市）	埼玉県	1
			その他（上尾市）	埼玉県	1
			その他（習志野市）	千葉県	1
			その他（船橋市）	千葉県	1
⑰	松崎力	3	M・K研究所	静岡県	1
⑱	クボタ	3	本社	大阪府	1
			その他（浪速区）	大阪府	1
⑲	ユーエスエス	3	その他（鳴門市）	山口県	1
⑳	テイクス	2	本社	埼玉県	1

資料

1. 工業所有権総合情報館と特許流通促進事業
2. 特許流通アドバイザー一覧
3. 特許電子図書館情報検索指導アドバイザー一覧
4. 知的所有権センター一覧
5. 平成13年度25技術テーマの特許流通の概要
6. 特許番号一覧

資料１．工業所有権総合情報館と特許流通促進事業

　特許庁工業所有権総合情報館は、明治 20 年に特許局官制が施行され、農商務省特許局庶務部内に図書館を置き、図書等の保管・閲覧を開始したことにより、組織上のスタートを切りました。
　その後、我が国が明治 32 年に「工業所有権の保護等に関するパリ同盟条約」に加入することにより、同条約に基づく公報等の閲覧を行う中央資料館として、国際的な地位を獲得しました。
　平成 9 年からは、工業所有権相談業務と情報流通業務を新たに加え、総合的な情報提供機関として、その役割を果たしております。さらに平成 13 年 4 月以降は、独立行政法人工業所有権総合情報館として生まれ変わり、より一層の利用者ニーズに機敏に対応する業務運営を目指し、特許公報等の情報提供及び工業所有権に関する相談等による出願人支援、審査審判協力のための図書等の提供、開放特許活用等の特許流通促進事業を推進しております。

1　事業の概要

(1) 内外国公報類の収集・閲覧

　下記の公報閲覧室でどなたでも内外国公報等の調査を行うことができる環境と体制を整備しています。

閲覧室	所在地	ＴＥＬ
札幌閲覧室	北海道札幌市北区北 7 条西 2-8　北ビル 7F	011-747-3061
仙台閲覧室	宮城県仙台市青葉区本町 3-4-18　太陽生命仙台本町ビル 7F	022-711-1339
第一公報閲覧室	東京都千代田区霞が関 3-4-3　特許庁 2F	03-3580-7947
第二公報閲覧室	東京都千代田区霞が関 1-3-1　経済産業省別館 1F	03-3581-1101（内線 3819）
名古屋閲覧室	愛知県名古屋市中区栄 2-10-19　名古屋商工会議所ビル B2F	052-223-5764
大阪閲覧室	大阪府大阪市天王寺区伶人町 2-7　関西特許情報センター1F	06-4305-0211
広島閲覧室	広島県広島市中区上八丁堀 6-30　広島合同庁舎 3 号館	082-222-4595
高松閲覧室	香川県高松市林町 2217-15　香川産業頭脳化センタービル 2F	087-869-0661
福岡閲覧室	福岡県福岡市博多区博多駅東 2-6-23　住友博多駅前第 2 ビル 2F	092-414-7101
那覇閲覧室	沖縄県那覇市前島 3-1-15　大同生命那覇ビル 5F	098-867-9610

(2) 審査審判用図書等の収集・閲覧

　審査に利用する図書等を収集・整理し、特許庁の審査に提供すると同時に、「図書閲覧室（特許庁 2F）」において、調査を希望する方々へ提供しています。【TEL：03-3592-2920】

(3) 工業所有権に関する相談

　相談窓口（特許庁 2F）を開設し、工業所有権に関する一般的な相談に応じています。

手紙、電話、e-mail 等による相談も受け付けています。
【TEL：03-3581-1101(内線 2121～2123)】【FAX：03-3502-8916】
【e-mail：PA8102@ncipi.jpo.go.jp】

(4) 特許流通の促進
　特許権の活用を促進するための特許流通市場の整備に向け、各種事業を行っています。
（詳細は2項参照）【TEL：03-3580-6949】

2　特許流通促進事業
　先行き不透明な経済情勢の中、企業が生き残り、発展して行くためには、新しいビジネスの創造が重要であり、その際、知的資産の活用、とりわけ技術情報の宝庫である特許の活用がキーポイントとなりつつあります。
　また、企業が技術開発を行う場合、まず自社で開発を行うことが考えられますが、商品のライフサイクルの短縮化、技術開発のスピードアップ化が求められている今日、外部からの技術を積極的に導入することも必要になってきています。
　このような状況下、特許庁では、特許の流通を通じた技術移転・新規事業の創出を促進するため、特許流通促進事業を展開していますが、2001年4月から、これらの事業は、特許庁から独立をした「独立行政法人　工業所有権総合情報館」が引き継いでいます。

(1) 特許流通の促進
① 特許流通アドバイザー
　全国の知的所有権センター・TLO 等からの要請に応じて、知的所有権や技術移転についての豊富な知識・経験を有する専門家を特許流通アドバイザーとして派遣しています。
　知的所有権センターでは、地域の活用可能な特許の調査、当該特許の提供支援及び大学・研究機関が保有する特許と地域企業との橋渡しを行っています。（資料2参照）

② 特許流通促進説明会
　地域特性に合った特許情報の有効活用の普及・啓発を図るため、技術移転の実例を紹介しながら特許流通のプロセスや特許電子図書館を利用した特許情報検索方法等を内容とした説明会を開催しています。

(2) 開放特許情報等の提供
① 特許流通データベース
　活用可能な開放特許を産業界、特に中小・ベンチャー企業に円滑に流通させ実用化を推進していくため、企業や研究機関・大学等が保有する提供意思のある特許をデータベース化し、インターネットを通じて公開しています。（http://www.ncipi.go.jp）

② 開放特許活用例集
　特許流通データベースに登録されている開放特許の中から製品化ポテンシャルが高い案

件を選定し、これら有用な開放特許を有効に使ってもらうためのビジネスアイデア集を作成しています。

③ 特許流通支援チャート
　企業が新規事業創出時の技術導入・技術移転を図る上で指標となりうる国内特許の動向を技術テーマごとに、分析したものです。出願上位企業の特許取得状況、技術開発課題に対応した特許保有状況、技術開発拠点等を紹介しています。

④ 特許電子図書館情報検索指導アドバイザー
　知的財産権及びその情報に関する専門的知識を有するアドバイザーを全国の知的所有権センターに派遣し、特許情報の検索に必要な基礎知識から特許情報の活用の仕方まで、無料でアドバイス・相談を行っています。(資料3参照)

(3) 知的財産権取引業の育成
① 知的財産権取引業者データベース
　特許を始めとする知的財産権の取引や技術移転の促進には、欧米の技術移転先進国に見られるように、民間の仲介事業者の存在が不可欠です。こうした民間ビジネスが質・量ともに不足し、社会的認知度も低いことから、事業者の情報を収集してデータベース化し、インターネットを通じて公開しています。

② 国際セミナー・研修会等
　著名海外取引業者と我が国取引業者との情報交換、議論の場（国際セミナー）を開催しています。また、産学官の技術移転を促進して、企業の新商品開発や技術力向上を促進するために不可欠な、技術移転に携わる人材の育成を目的とした研修事業を開催しています。

資料2．特許流通アドバイザー一覧 （平成14年3月1日現在）

〇経済産業局特許室および知的所有権センターへの派遣

派遣先	氏名	所在地	TEL
北海道経済産業局特許室	杉谷 克彦	〒060-0807 札幌市北区北7条西2丁目8番地1北ビル7階	011-708-5783
北海道知的所有権センター (北海道立工業試験場)	宮本 剛汎	〒060-0819 札幌市北区北19条西11丁目 北海道立工業試験場内	011-747-2211
東北経済産業局特許室	三澤 輝起	〒980-0014 仙台市青葉区本町3-4-18 太陽生命仙台本町ビル7階	022-223-9761
青森県知的所有権センター ((社)発明協会青森県支部)	内藤 規雄	〒030-0112 青森市大字八ツ役字芦谷202-4 青森県産業技術開発センター内	017-762-3912
岩手県知的所有権センター (岩手県工業技術センター)	阿部 新喜司	〒020-0852 盛岡市飯岡新田3-35-2 岩手県工業技術センター内	019-635-8182
宮城県知的所有権センター (宮城県産業技術総合センター)	小野 賢悟	〒981-3206 仙台市泉区明通二丁目2番地 宮城県産業技術総合センター内	022-377-8725
秋田県知的所有権センター (秋田県工業技術センター)	石川 順三	〒010-1623 秋田市新屋町字砂奴寄4-11 秋田県工業技術センター内	018-862-3417
山形県知的所有権センター (山形県工業技術センター)	冨樫 富雄	〒990-2473 山形市松栄1-3-8 山形県産業創造支援センター内	023-647-8130
福島県知的所有権センター ((社)発明協会福島県支部)	相澤 正彬	〒963-0215 郡山市待池台1-12 福島県ハイテクプラザ内	024-959-3351
関東経済産業局特許室	村上 義英	〒330-9715 さいたま市上落合2-11 さいたま新都心合同庁舎1号館	048-600-0501
茨城県知的所有権センター ((財)茨城県中小企業振興公社)	齋藤 幸一	〒312-0005 ひたちなか市新光町38 ひたちなかテクノセンタービル内	029-264-2077
栃木県知的所有権センター ((社)発明協会栃木県支部)	坂本 武	〒322-0011 鹿沼市白桑田516-1 栃木県工業技術センター内	0289-60-1811
群馬県知的所有権センター ((社)発明協会群馬県支部)	三田 隆志	〒371-0845 前橋市鳥羽町190 群馬県工業試験場内	027-280-4416
	金井 澄雄	〒371-0845 前橋市鳥羽町190 群馬県工業試験場内	027-280-4416
埼玉県知的所有権センター (埼玉県工業技術センター)	野口 満	〒333-0848 川口市芝下1-1-56 埼玉県工業技術センター内	048-269-3108
	清水 修	〒333-0848 川口市芝下1-1-56 埼玉県工業技術センター内	048-269-3108
千葉県知的所有権センター ((社)発明協会千葉県支部)	稲谷 稔宏	〒260-0854 千葉市中央区長洲1-9-1 千葉県庁南庁舎内	043-223-6536
	阿草 一男	〒260-0854 千葉市中央区長洲1-9-1 千葉県庁南庁舎内	043-223-6536
東京都知的所有権センター (東京都城南地域中小企業振興センター)	鷹見 紀彦	〒144-0035 大田区南蒲田1-20-20 城南地域中小企業振興センター内	03-3737-1435
神奈川県知的所有権センター支部 ((財)神奈川高度技術支援財団)	小森 幹雄	〒213-0012 川崎市高津区坂戸3-2-1 かながわサイエンスパーク内	044-819-2100
新潟県知的所有権センター ((財)信濃川テクノポリス開発機構)	小林 靖幸	〒940-2127 長岡市新産4-1-9 長岡地域技術開発振興センター内	0258-46-9711
山梨県知的所有権センター (山梨県工業技術センター)	廣川 幸生	〒400-0055 甲府市大津町2094 山梨県工業技術センター内	055-220-2409
長野県知的所有権センター ((社)発明協会長野県支部)	徳永 正明	〒380-0928 長野市若里1-18-1 長野県工業試験場内	026-229-7688
静岡県知的所有権センター ((社)発明協会静岡県支部)	神長 邦雄	〒421-1221 静岡市牧ヶ谷2078 静岡工業技術センター内	054-276-1516
	山田 修寧	〒421-1221 静岡市牧ヶ谷2078 静岡工業技術センター内	054-276-1516
中部経済産業局特許室	原口 邦弘	〒460-0008 名古屋市中区栄2-10-19 名古屋商工会議所ビルB2F	052-223-6549
富山県知的所有権センター (富山県工業技術センター)	小坂 郁雄	〒933-0981 高岡市二上町150 富山県工業技術センター内	0766-29-2081
石川県知的所有権センター (財)石川県産業創出支援機構	一丸 義次	〒920-0223 金沢市戸水町イ65番地 石川県地場産業振興センター新館1階	076-267-8117
岐阜県知的所有権センター (岐阜県科学技術振興センター)	松永 孝義	〒509-0108 各務原市須衛町4-179-1 テクノプラザ5F	0583-79-2250
	木下 裕雄	〒509-0108 各務原市須衛町4-179-1 テクノプラザ5F	0583-79-2250
愛知県知的所有権センター (愛知県工業技術センター)	森 孝和	〒448-0003 刈谷市一ツ木町西新割 愛知県工業技術センター内	0566-24-1841
	三浦 元久	〒448-0003 刈谷市一ツ木町西新割 愛知県工業技術センター内	0566-24-1841

派遣先	氏名	所在地	TEL
三重県知的所有権センター (三重県工業技術総合研究所)	馬渡 建一	〒514-0819 津市高茶屋5-5-45 三重県科学振興センター工業研究部内	059-234-4150
近畿経済産業局特許室	下田 英宣	〒543-0061 大阪市天王寺区伶人町2-7 関西特許情報センター1階	06-6776-8491
福井県知的所有権センター (福井県工業技術センター)	上坂 旭	〒910-0102 福井市川合鷲塚町61字北稲田10 福井県工業技術センター内	0776-55-2100
滋賀県知的所有権センター (滋賀県工業技術センター)	新屋 正男	〒520-3004 栗東市上砥山232 滋賀県工業技術総合センター別館内	077-558-4040
京都府知的所有権センター ((社)発明協会京都支部)	衣川 清彦	〒600-8813 京都市下京区中堂寺南町17番地 京都リサーチパーク京都高度技術研究所ビル4階	075-326-0066
大阪府知的所有権センター (大阪府立特許情報センター)	大空 一博	〒543-0061 大阪市天王寺区伶人町2-7 関西特許情報センター内	06-6772-0704
	梶原 淳治	〒577-0809 東大阪市永和1-11-10	06-6722-1151
兵庫県知的所有権センター ((財)新産業創造研究機構)	園田 憲一	〒650-0047 神戸市中央区港島南町1-5-2 神戸キメックセンタービル6F	078-306-6808
	島田 一男	〒650-0047 神戸市中央区港島南町1-5-2 神戸キメックセンタービル6F	078-306-6808
和歌山県知的所有権センター ((社)発明協会和歌山県支部)	北澤 宏造	〒640-8214 和歌山県寄合町25 和歌山市発明館4階	073-432-0087
中国経済産業局特許室	木村 郁男	〒730-8531 広島市中区上八丁堀6-30 広島合同庁舎3号館1階	082-502-6828
鳥取県知的所有権センター ((社)発明協会鳥取支部)	五十嵐 善司	〒689-1112 鳥取市若葉台南7-5-1 新産業創造センター1階	0857-52-6728
島根県知的所有権センター ((社)発明協会島根支部)	佐野 馨	〒690-0816 島根県松江市北陵町1 テクノアークしまね内	0852-60-5146
岡山県知的所有権センター ((社)発明協会岡山支部)	横田 悦造	〒701-1221 岡山市芳賀5301 テクノサポート岡山内	086-286-9102
広島県知的所有権センター ((社)発明協会広島支部)	壹岐 正弘	〒730-0052 広島市中区千田町3-13-11 広島発明会館2階	082-544-2066
山口県知的所有権センター ((社)発明協会山口支部)	滝川 尚久	〒753-0077 山口市熊野町1-10 NPYビル10階 (財)山口県産業技術開発機構内	083-922-9927
四国経済産業局特許室	鶴野 弘章	〒761-0301 香川県高松市林町2217-15 香川産業頭脳化センタービル2階	087-869-3790
徳島県知的所有権センター ((社)発明協会徳島支部)	武岡 明夫	〒770-8021 徳島市雑賀町西開11-2 徳島県立工業技術センター内	088-669-0117
香川県知的所有権センター ((社)発明協会香川支部)	谷田 吉成	〒761-0301 香川県高松市林町2217-15 香川産業頭脳化センタービル2階	087-869-9004
	福家 康矩	〒761-0301 香川県高松市林町2217-15 香川産業頭脳化センタービル2階	087-869-9004
愛媛県知的所有権センター ((社)発明協会愛媛支部)	川野 辰己	〒791-1101 松山市久米窪田町337-1 テクノプラザ愛媛	089-960-1489
高知県知的所有権センター ((財)高知県産業振興センター)	吉本 忠男	〒781-5101 高知市布師田3992-2 高知県中小企業会館2階	0888-46-7087
九州経済産業局特許室	簗田 克志	〒812-8546 福岡市博多区博多駅東2-11-1 福岡合同庁舎内	092-436-7260
福岡県知的所有権センター ((社)発明協会福岡支部)	道津 毅	〒812-0013 福岡市博多区博多駅東2-6-23 住友博多駅前第2ビル1階	092-415-6777
福岡県知的所有権センター北九州支部 ((株)北九州テクノセンター)	沖 宏治	〒804-0003 北九州市戸畑区中原新町2-1 (株)北九州テクノセンター内	093-873-1432
佐賀県知的所有権センター (佐賀県工業技術センター)	光武 章二	〒849-0932 佐賀市鍋島町大字八戸溝114 佐賀県工業技術センター内	0952-30-8161
	村上 忠郎	〒849-0932 佐賀市鍋島町大字八戸溝114 佐賀県工業技術センター内	0952-30-8161
長崎県知的所有権センター ((社)発明協会長崎支部)	嶋北 正俊	〒856-0026 大村市池田2-1303-8 長崎県工業技術センター内	0957-52-1138
熊本県知的所有権センター ((社)発明協会熊本支部)	深見 毅	〒862-0901 熊本市東町3-11-38 熊本県工業技術センター内	096-331-7023
大分県知的所有権センター (大分県産業科学技術センター)	古崎 宣	〒870-1117 大分市高江西1-4361-10 大分県産業科学技術センター内	097-596-7121
宮崎県知的所有権センター ((社)発明協会宮崎支部)	久保田 英世	〒880-0303 宮崎県宮崎郡佐土原町東上那珂16500-2 宮崎県工業技術センター内	0985-74-2953
鹿児島県知的所有権センター (鹿児島県工業技術センター)	山田 式典	〒899-5105 鹿児島県姶良郡隼人町小田1445-1 鹿児島県工業技術センター内	0995-64-2056
沖縄総合事務局特許室	下司 義雄	〒900-0016 那覇市前島3-1-15 大同生命那覇ビル5階	098-867-3293
沖縄県知的所有権センター (沖縄県工業技術センター)	木村 薫	〒904-2234 具志川市州崎12-2 沖縄県工業技術センター内1階	098-939-2372

○技術移転機関(TLO)への派遣

派遣先	氏名	所在地	TEL
北海道ティー・エル・オー(株)	山田 邦重	〒060-0808 札幌市北区北8条西5丁目 北海道大学事務局分館2館	011-708-3633
	岩城 全紀	〒060-0808 札幌市北区北8条西5丁目 北海道大学事務局分館2館	011-708-3633
(株)東北テクノアーチ	井硲 弘	〒980-0845 仙台市青葉区荒巻字青葉468番地 東北大学未来科学技術共同センター	022-222-3049
(株)筑波リエゾン研究所	関 淳次	〒305-8577 茨城県つくば市天王台1-1-1 筑波大学共同研究棟A303	0298-50-0195
	綾 紀元	〒305-8577 茨城県つくば市天王台1-1-1 筑波大学共同研究棟A303	0298-50-0195
(財)日本産業技術振興協会 産総研イノベーションズ	坂 光	〒305-8568 茨城県つくば市梅園1-1-1 つくば中央第二事業所D-7階	0298-61-5210
日本大学国際産業技術・ビジネス育成センター	斎藤 光史	〒102-8275 東京都千代田区九段南4-8-24	03-5275-8139
	加根魯 和宏	〒102-8275 東京都千代田区九段南4-8-24	03-5275-8139
学校法人早稲田大学知的財産センター	菅野 淳	〒162-0041 東京都新宿区早稲田鶴巻町513 早稲田大学研究開発センター120-1号館1F	03-5286-9867
	風間 孝彦	〒162-0041 東京都新宿区早稲田鶴巻町513 早稲田大学研究開発センター120-1号館1F	03-5286-9867
(財)理工学振興会	鷹巣 征行	〒226-8503 横浜市緑区長津田町4259 フロンティア創造共同研究センター内	045-921-4391
	北川 謙一	〒226-8503 横浜市緑区長津田町4259 フロンティア創造共同研究センター内	045-921-4391
よこはまティーエルオー(株)	小原 郁	〒240-8501 横浜市保土ヶ谷区常盤台79-5 横浜国立大学共同研究推進センター内	045-339-4441
学校法人慶応義塾大学知的資産センター	道井 敏	〒108-0073 港区三田2-11-15 三田川崎ビル3階	03-5427-1678
	鈴木 泰	〒108-0073 港区三田2-11-15 三田川崎ビル3階	03-5427-1678
学校法人東京電機大学産官学交流センター	河村 幸夫	〒101-8457 千代田区神田錦町2-2	03-5280-3640
タマティーエルオー(株)	古瀬 武弘	〒192-0083 八王子市旭町9-1 八王子スクエアビル11階	0426-31-1325
学校法人明治大学知的資産センター	竹田 幹男	〒101-8301 千代田区神田駿河台1-1	03-3296-4327
(株)山梨ティー・エル・オー	田中 正男	〒400-8511 甲府市武田4-3-11 山梨大学地域共同開発研究センター内	055-220-8760
(財)浜松科学技術研究振興会	小野 義光	〒432-8561 浜松市城北3-5-1	053-412-6703
(財)名古屋産業科学研究所	杉本 勝	〒460-0008 名古屋市中区栄二丁目十番十九号 名古屋商工会議所ビル	052-223-5691
	小西 富雅	〒460-0008 名古屋市中区栄二丁目十番十九号 名古屋商工会議所ビル	052-223-5694
関西ティー・エル・オー(株)	山田 富義	〒600-8813 京都市下京区中堂寺南町17 京都リサーチパークサイエンスセンタービル1号館2階	075-315-8250
	斎田 雄一	〒600-8813 京都市下京区中堂寺南町17 京都リサーチパークサイエンスセンタービル1号館2階	075-315-8250
(財)新産業創造研究機構	井上 勝彦	〒650-0047 神戸市中央区港島南町1-5-2 神戸キメックセンタービル6F	078-306-6805
	長富 弘充	〒650-0047 神戸市中央区港島南町1-5-2 神戸キメックセンタービル6F	078-306-6805
(財)大阪産業振興機構	有馬 秀平	〒565-0871 大阪府吹田市山田丘2-1 大阪大学先端科学技術共同研究センター4F	06-6879-4196
(有)山口ティー・エル・オー	松本 孝三	〒755-8611 山口県宇部市常盤台2-16-1 山口大学地域共同研究開発センター内	0836-22-9768
	熊原 尋美	〒755-8611 山口県宇部市常盤台2-16-1 山口大学地域共同研究開発センター内	0836-22-9768
(株)テクノネットワーク四国	佐藤 博正	〒760-0033 香川県高松市丸の内2-5 ヨンデンビル別館4F	087-811-5039
(株)北九州テクノセンター	乾 全	〒804-0003 北九州市戸畑区中原新町2番1号	093-873-1448
(株)産学連携機構九州	堀 浩一	〒812-8581 福岡市東区箱崎6-10-1 九州大学技術移転推進室内	092-642-4363
(財)くまもとテクノ産業財団	桂 真郎	〒861-2202 熊本県上益城郡益城町田原2081-10	096-289-2340

資料3．特許電子図書館情報検索指導アドバイザー一覧 （平成14年3月1日現在）

○知的所有権センターへの派遣

派遣先	氏名	所在地	TEL
北海道知的所有権センター （北海道立工業試験場）	平野 徹	〒060-0819 札幌市北区北19条西11丁目	011-747-2211
青森県知的所有権センター （(社)発明協会青森県支部）	佐々木 泰樹	〒030-0112 青森市第二問屋町4-11-6	017-762-3912
岩手県知的所有権センター （岩手県工業技術センター）	中嶋 孝弘	〒020-0852 盛岡市飯岡新田3-35-2	019-634-0684
宮城県知的所有権センター （宮城県産業技術総合センター）	小林 保	〒981-3206 仙台市泉区明通2-2	022-377-8725
秋田県知的所有権センター （秋田県工業技術センター）	田嶋 正夫	〒010-1623 秋田市新屋町字砂奴寄4-11	018-862-3417
山形県知的所有権センター （山形県工業技術センター）	大澤 忠行	〒990-2473 山形市松栄1-3-8	023-647-8130
福島県知的所有権センター （(社)発明協会福島県支部）	栗田 広	〒963-0215 郡山市待池台1-12 福島県ハイテクプラザ内	024-963-0242
茨城県知的所有権センター （(財)茨城県中小企業振興公社）	猪野 正己	〒312-0005 ひたちなか市新光町38 ひたちなかテクノセンタービル1階	029-264-2211
栃木県知的所有権センター （(社)発明協会栃木県支部）	中里 浩	〒322-0011 鹿沼市白桑田516-1 栃木県工業技術センター内	0289-65-7550
群馬県知的所有権センター （(社)発明協会群馬県支部）	神林 賢蔵	〒371-0845 前橋市鳥羽町190 群馬県工業試験場内	027-254-0627
埼玉県知的所有権センター （(社)発明協会埼玉支部）	田中 廣雅	〒331-8669 さいたま市桜木町1-7-5 ソニックシティ10階	048-644-4806
千葉県知的所有権センター （(社)発明協会千葉県支部）	中原 照義	〒260-0854 千葉市中央区長洲1-9-1 千葉県庁南庁舎R3階	043-223-7748
東京都知的所有権センター （(社)発明協会東京支部）	福澤 勝義	〒105-0001 港区虎ノ門2-9-14	03-3502-5521
神奈川県知的所有権センター （神奈川県産業技術総合研究所）	森 啓次	〒243-0435 海老名市下今泉705-1	046-236-1500
神奈川県知的所有権センター支部 （(財)神奈川高度技術支援財団）	大井 隆	〒213-0012 川崎市高津区坂戸3-2-1 かながわサイエンスパーク西棟205	044-819-2100
神奈川県知的所有権センター支部 （(社)発明協会神奈川県支部）	蓮見 亮	〒231-0015 横浜市中区尾上町5-80 神奈川中小企業センター10階	045-633-5055
新潟県知的所有権センター （(財)信濃川テクノポリス開発機構）	石谷 速夫	〒940-2127 長岡市新産4-1-9	0258-46-9711
山梨県知的所有権センター （山梨県工業技術センター）	山下 知	〒400-0055 甲府市大津町2094	055-243-6111
長野県知的所有権センター （(社)発明協会長野県支部）	岡田 光正	〒380-0928 長野市若里1-18-1 長野県工業試験場内	026-228-5559
静岡県知的所有権センター （(社)発明協会静岡県支部）	吉井 和夫	〒421-1221 静岡市牧ヶ谷2078 静岡工業技術センター資料館内	054-278-6111
富山県知的所有権センター （富山県工業技術センター）	齋藤 靖雄	〒933-0981 高岡市二上町150	0766-29-1252
石川県知的所有権センター （財)石川県産業創出支援機構	辻 寛司	〒920-0223 金沢市戸水町イ65番地 石川県地場産業振興センター	076-267-5918
岐阜県知的所有権センター （岐阜県科学技術振興センター）	林 邦明	〒509-0108 各務原市須衛町4-179-1 テクノプラザ5F	0583-79-2250
愛知県知的所有権センター （愛知県工業技術センター）	加藤 英昭	〒448-0003 刈谷市一ツ木町西新割	0566-24-1841
三重県知的所有権センター （三重県工業技術総合研究所）	長峰 隆	〒514-0819 津市高茶屋5-5-45	059-234-4150
福井県知的所有権センター （福井県工業技術センター）	川・ 好昭	〒910-0102 福井市川合鷲塚町61字北稲田10	0776-55-1195
滋賀県知的所有権センター （滋賀県工業技術センター）	森 久子	〒520-3004 栗東市上砥山232	077-558-4040
京都府知的所有権センター （(社)発明協会京都支部）	中野 剛	〒600-8813 京都市下京区中堂寺南町17 京都リサーチパーク内 京都高度技研ビル4階	075-315-8686
大阪府知的所有権センター （大阪府立特許情報センター）	秋田 伸一	〒543-0061 大阪市天王寺区伶人町2-7	06-6771-2646
大阪府知的所有権センター支部 （(社)発明協会大阪支部知的財産センター）	戎 邦夫	〒564-0062 吹田市垂水町3-24-1 シンプレス江坂ビル2階	06-6330-7725
兵庫県知的所有権センター （(社)発明協会兵庫県支部）	山口 克己	〒654-0037 神戸市須磨区行平町3-1-31 兵庫県立産業技術センター4階	078-731-5847
奈良県知的所有権センター （奈良県工業技術センター）	北田 友彦	〒630-8031 奈良市柏木町129-1	0742-33-0863

派遣先	氏名	所在地	TEL
和歌山県知的所有権センター ((社)発明協会和歌山県支部)	木村 武司	〒640-8214 和歌山県寄合町25 和歌山市発明館4階	073-432-0087
鳥取県知的所有権センター ((社)発明協会鳥取県支部)	奥村 隆一	〒689-1112 鳥取市若葉台南7-5-1 新産業創造センター1階	0857-52-6728
島根県知的所有権センター ((社)発明協会島根県支部)	門脇 みどり	〒690-0816 島根県松江市北陵町1番地 テクノアークしまね1F内	0852-60-5146
岡山県知的所有権センター ((社)発明協会岡山県支部)	佐藤 新吾	〒701-1221 岡山市芳賀5301 テクノサポート岡山内	086-286-9656
広島県知的所有権センター ((社)発明協会広島県支部)	若木 幸蔵	〒730-0052 広島市中区千田町3-13-11 広島発明会館内	082-544-0775
広島県知的所有権センター支部 ((社)発明協会広島県支部備後支会)	渡部 武徳	〒720-0067 福山市西町2-10-1	0849-21-2349
広島県知的所有権センター支部 (呉地域産業振興センター)	三上 達矢	〒737-0004 呉市阿賀南2-10-1	0823-76-3766
山口県知的所有権センター ((社)発明協会山口県支部)	大段 恭二	〒753-0077 山口市熊野町1-10 NPYビル10階	083-922-9927
徳島県知的所有権センター ((社)発明協会徳島県支部)	平野 稔	〒770-8021 徳島市雑賀町西開11-2 徳島県立工業技術センター内	088-636-3388
香川県知的所有権センター ((社)発明協会香川県支部)	中元 恒	〒761-0301 香川県高松市林町2217-15 香川産業頭脳化センタービル2階	087-869-9005
愛媛県知的所有権センター ((社)発明協会愛媛県支部)	片山 忠徳	〒791-1101 松山市久米窪田町337-1 テクノプラザ愛媛	089-960-1118
高知県知的所有権センター (高知県工業技術センター)	柏井 富雄	〒781-5101 高知市布師田3992-3	088-845-7664
福岡県知的所有権センター ((社)発明協会福岡県支部)	浦井 正章	〒812-0013 福岡市博多区博多駅東2-6-23 住友博多駅前第2ビル2階	092-474-7255
福岡県知的所有権センター北九州支部 ((株)北九州テクノセンター)	重藤 務	〒804-0003 北九州市戸畑区中原新町2-1	093-873-1432
佐賀県知的所有権センター (佐賀県工業技術センター)	塚島 誠一郎	〒849-0932 佐賀市鍋島町八戸溝114	0952-30-8161
長崎県知的所有権センター ((社)発明協会長崎県支部)	川添 早苗	〒856-0026 大村市池田2-1303-8 長崎県工業技術センター内	0957-52-1144
熊本県知的所有権センター ((社)発明協会熊本県支部)	松山 彰雄	〒862-0901 熊本市東町3-11-38 熊本県工業技術センター内	096-360-3291
大分県知的所有権センター (大分県産業科学技術センター)	鎌田 正道	〒870-1117 大分市高江西1-4361-10	097-596-7121
宮崎県知的所有権センター ((社)発明協会宮崎県支部)	黒田 護	〒880-0303 宮崎県宮崎郡佐土原町東上那珂16500-2 宮崎県工業技術センター内	0985-74-2953
鹿児島県知的所有権センター (鹿児島県工業技術センター)	大井 敏民	〒899-5105 鹿児島県姶良郡隼人町小田1445-1	0995-64-2445
沖縄県知的所有権センター (沖縄県工業技術センター)	和田 修	〒904-2234 具志川市字州崎12-2 中城湾港新港地区トロピカルテクノパーク内	098-929-0111

資料4．知的所有権センター一覧 （平成14年3月1日現在）

都道府県	名　称	所　在　地	TEL
北海道	北海道知的所有権センター （北海道立工業試験場）	〒060-0819 札幌市北区北19条西11丁目	011-747-2211
青森県	青森県知的所有権センター （(社)発明協会青森県支部）	〒030-0112 青森市第二問屋町4－11－6	017-762-3912
岩手県	岩手県知的所有権センター （岩手県工業技術センター）	〒020-0852 盛岡市飯岡新田3－35－2	019-634-0684
宮城県	宮城県知的所有権センター （宮城県産業技術総合センター）	〒981-3206 仙台市泉区明通2－2	022-377-8725
秋田県	秋田県知的所有権センター （秋田県工業技術センター）	〒010-1623 秋田市新屋町字砂奴寄4－11	018-862-3417
山形県	山形県知的所有権センター （山形県工業技術センター）	〒990-2473 山形市松栄1－3－8	023-647-8130
福島県	福島県知的所有権センター （(社)発明協会福島県支部）	〒963-0215 郡山市待池台1－12 福島県ハイテクプラザ内	024-963-0242
茨城県	茨城県知的所有権センター （(財)茨城県中小企業振興公社）	〒312-0005 ひたちなか市新光町38 ひたちなかテクノセンタービル1階	029-264-2211
栃木県	栃木県知的所有権センター （(社)発明協会栃木県支部）	〒322-0011 鹿沼市白桑田516－1 栃木県工業技術センター内	0289-65-7550
群馬県	群馬県知的所有権センター （(社)発明協会群馬県支部）	〒371-0845 前橋市鳥羽町190 群馬県工業試験場内	027-254-0627
埼玉県	埼玉県知的所有権センター （(社)発明協会埼玉県支部）	〒331-8669 さいたま市桜木町1－7－5 ソニックシティ10階	048-644-4806
千葉県	千葉県知的所有権センター （(社)発明協会千葉県支部）	〒260-0854 千葉市中央区長洲1－9－1 千葉県庁南庁舎R3階	043-223-7748
東京都	東京都知的所有権センター （(社)発明協会東京支部）	〒105-0001 港区虎ノ門2－9－14	03-3502-5521
神奈川県	神奈川県知的所有権センター （神奈川県産業技術総合研究所）	〒243-0435 海老名市下今泉705－1	046-236-1500
	神奈川県知的所有権センター支部 （(財)神奈川高度技術支援財団）	〒213-0012 川崎市高津区坂戸3－2－1 かながわサイエンスパーク西棟205	044-819-2100
	神奈川県知的所有権センター支部 （(社)発明協会神奈川県支部）	〒231-0015 横浜市中区尾上町5－80 神奈川中小企業センター10階	045-633-5055
新潟県	新潟県知的所有権センター （(財)信濃川テクノポリス開発機構）	〒940-2127 長岡市新産4－1－9	0258-46-9711
山梨県	山梨県知的所有権センター （山梨県工業技術センター）	〒400-0055 甲府市大津町2094	055-243-6111
長野県	長野県知的所有権センター （(社)発明協会長野県支部）	〒380-0928 長野市若里1－18－1 長野県工業試験場内	026-228-5559
静岡県	静岡県知的所有権センター （(社)発明協会静岡県支部）	〒421-1221 静岡市牧ヶ谷2078 静岡工業技術センター資料館内	054-278-6111
富山県	富山県知的所有権センター （富山県工業技術センター）	〒933-0981 高岡市二上町150	0766-29-1252
石川県	石川県知的所有権センター （財)石川県産業創出支援機構	〒920-0223 金沢市戸水町イ65番地 石川県地場産業振興センター	076-267-5918
岐阜県	岐阜県知的所有権センター （岐阜県科学技術振興センター）	〒509-0108 各務原市須衛町4－179－1 テクノプラザ5F	0583-79-2250
愛知県	愛知県知的所有権センター （愛知県工業技術センター）	〒448-0003 刈谷市一ツ木町西新割	0566-24-1841
三重県	三重県知的所有権センター （三重県工業技術総合研究所）	〒514-0819 津市高茶屋5－5－45	059-234-4150
福井県	福井県知的所有権センター （福井県工業技術センター）	〒910-0102 福井市川合鷲塚町61字北稲田10	0776-55-1195
滋賀県	滋賀県知的所有権センター （滋賀県工業技術センター）	〒520-3004 栗東市上砥山232	077-558-4040
京都府	京都府知的所有権センター （(社)発明協会京都支部）	〒600-8813 京都市下京区中堂寺南町17 京都リサーチパーク内　京都高度技研ビル4階	075-315-8686
大阪府	大阪府知的所有権センター （大阪府立特許情報センター）	〒543-0061 大阪市天王寺区伶人町2－7	06-6771-2646
	大阪府知的所有権センター支部 （(社)発明協会大阪支部知的財産センター）	〒564-0062 吹田市垂水町3－24－1 シンプレス江坂ビル2階	06-6330-7725
兵庫県	兵庫県知的所有権センター （(社)発明協会兵庫県支部）	〒654-0037 神戸市須磨区行平町3－1－31 兵庫県立産業技術センター4階	078-731-5847

都道府県	名　称	所　在　地	TEL
奈良県	奈良県知的所有権センター (奈良県工業技術センター)	〒630-8031 奈良市柏木町129-1	0742-33-0863
和歌山県	和歌山県知的所有権センター ((社)発明協会和歌山県支部)	〒640-8214 和歌山県寄合町25 和歌山市発明館4階	073-432-0087
鳥取県	鳥取県知的所有権センター ((社)発明協会鳥取県支部)	〒689-1112 鳥取市若葉台南7-5-1 新産業創造センター1階	0857-52-6728
島根県	島根県知的所有権センター ((社)発明協会島根県支部)	〒690-0816 島根県松江市北陵町1番地 テクノアークしまね1F内	0852-60-5146
岡山県	岡山県知的所有権センター ((社)発明協会岡山県支部)	〒701-1221 岡山市芳賀5301 テクノサポート岡山内	086-286-9656
広島県	広島県知的所有権センター ((社)発明協会広島県支部)	〒730-0052 広島市中区千田町3-13-11 広島発明会館内	082-544-0775
	広島県知的所有権センター支部 ((社)発明協会広島県支部備後支会)	〒720-0067 福山市西町2-10-1	0849-21-2349
	広島県知的所有権センター支部 (呉地域産業振興センター)	〒737-0004 呉市阿賀南2-10-1	0823-76-3766
山口県	山口県知的所有権センター ((社)発明協会山口県支部)	〒753-0077 山口市熊野町1-10 NPYビル10階	083-922-9927
徳島県	徳島県知的所有権センター ((社)発明協会徳島県支部)	〒770-8021 徳島市雑賀町西開11-2 徳島県立工業技術センター内	088-636-3388
香川県	香川県知的所有権センター ((社)発明協会香川県支部)	〒761-0301 香川県高松市林町2217-15 香川産業頭脳化センタービル2階	087-869-9005
愛媛県	愛媛県知的所有権センター ((社)発明協会愛媛県支部)	〒791-1101 松山市久米窪田町337-1 テクノプラザ愛媛	089-960-1118
高知県	高知県知的所有権センター (高知県工業技術センター)	〒781-5101 高知市布師田3992-3	088-845-7664
福岡県	福岡県知的所有権センター ((社)発明協会福岡県支部)	〒812-0013 福岡市博多区博多駅東2-6-23 住友博多駅前第2ビル2階	092-474-7255
	福岡県知的所有権センター北九州支部 ((株)北九州テクノセンター)	〒804-0003 北九州市戸畑区中原新町2-1	093-873-1432
佐賀県	佐賀県知的所有権センター (佐賀県工業技術センター)	〒849-0932 佐賀市鍋島町八戸溝114	0952-30-8161
長崎県	長崎県知的所有権センター ((社)発明協会長崎県支部)	〒856-0026 大村市池田2-1303-8 長崎県工業技術センター内	0957-52-1144
熊本県	熊本県知的所有権センター ((社)発明協会熊本県支部)	〒862-0901 熊本市東町3-11-38 熊本県工業技術センター内	096-360-3291
大分県	大分県知的所有権センター (大分県産業科学技術センター)	〒870-1117 大分市高江西1-4361-10	097-596-7121
宮崎県	宮崎県知的所有権センター ((社)発明協会宮崎県支部)	〒880-0303 宮崎県宮崎郡佐土原町東上那珂16500-2 宮崎県工業技術センター内	0985-74-2953
鹿児島県	鹿児島県知的所有権センター (鹿児島県工業技術センター)	〒899-5105 鹿児島県姶良郡隼人町小田1445-1	0995-64-2445
沖縄県	沖縄県知的所有権センター (沖縄県工業技術センター)	〒904-2234 具志川市字州崎12-2 中城湾港新港地区トロピカルテクノパーク内	098-929-0111

資料5．平成13年度25技術テーマの特許流通の概要

5.1 アンケート送付先と回収率

　平成13年度は、25の技術テーマにおいて「特許流通支援チャート」を作成し、その中で特許流通に対する意識調査として各技術テーマの出願件数上位企業を対象としてアンケート調査を行った。平成13年12月7日に郵送によりアンケートを送付し、平成14年1月31日までに回収されたものを対象に解析した。

　表5.1-1に、アンケート調査表の回収状況を示す。送付数578件、回収数306件、回収率52.9%であった。

表5.1-1 アンケートの回収状況

送付数	回収数	未回収数	回収率
578	306	272	52.9%

　表5.1-2に、業種別の回収状況を示す。各業種を一般系、機械系、化学系、電気系と大きく4つに分類した。以下、「○○系」と表現する場合は、各企業の業種別に基づく分類を示す。それぞれの回収率は、一般系56.5%、機械系63.5%、化学系41.1%、電気系51.6%であった。

表5.1-2 アンケートの業種別回収件数と回収率

業種と回収率	業種	回収件数
一般系 48/85=56.5%	建設	5
	窯業	12
	鉄鋼	6
	非鉄金属	17
	金属製品	2
	その他製造業	6
化学系 39/95=41.1%	食品	1
	繊維	12
	紙・パルプ	3
	化学	22
	石油・ゴム	1
機械系 73/115=63.5%	機械	23
	精密機器	28
	輸送機器	22
電気系 146/283=51.6%	電気	144
	通信	2

図 5.1 に、全回収件数を母数にして業種別に回収率を示す。全回収件数に占める業種別の回収率は電気系 47.7%、機械系 23.9%、一般系 15.7%、化学系 12.7%である。

図 5.1 回収件数の業種別比率

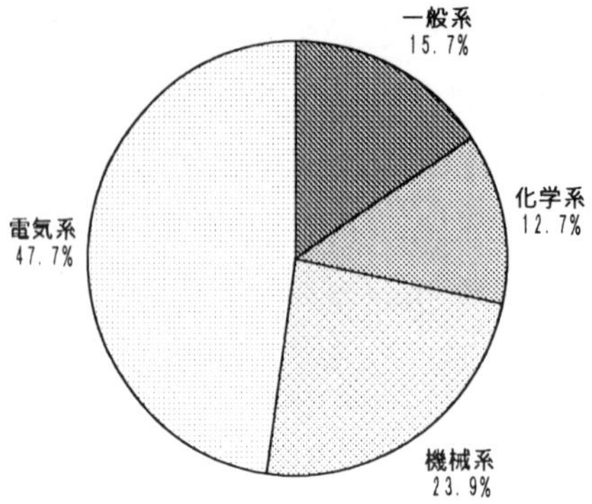

一般系	化学系	機械系	電気系	合計
48	39	73	146	306

表 5.1-3 に、技術テーマ別の回収件数と回収率を示す。この表では、技術テーマを一般分野、化学分野、機械分野、電気分野に分類した。以下、「〇〇分野」と表現する場合は、技術テーマによる分類を示す。回収率の最も良かった技術テーマは焼却炉排ガス処理技術の 71.4%で、最も悪かったのは有機 EL 素子の 34.6%である。

表 5.1-3 テーマ別の回収件数と回収率

	技術テーマ名	送付数	回収数	回収率
一般分野	カーテンウォール	24	13	54.2%
	気体膜分離装置	25	12	48.0%
	半導体洗浄と環境適応技術	23	14	60.9%
	焼却炉排ガス処理技術	21	15	71.4%
	はんだ付け鉛フリー技術	20	11	55.0%
化学分野	プラスティックリサイクル	25	15	60.0%
	バイオセンサ	24	16	66.7%
	セラミックスの接合	23	12	52.2%
	有機ＥＬ素子	26	9	34.6%
	生分解ポリエステル	23	12	52.2%
	有機導電性ポリマー	24	15	62.5%
	リチウムポリマー電池	29	13	44.8%
機械分野	車いす	21	12	57.1%
	金属射出成形技術	28	14	50.0%
	微細レーザ加工	20	10	50.0%
	ヒートパイプ	22	10	45.5%
電気分野	圧力センサ	22	13	59.1%
	個人照合	29	12	41.4%
	非接触型ＩＣカード	21	10	47.6%
	ビルドアップ多層プリント配線板	23	11	47.8%
	携帯電話表示技術	20	11	55.0%
	アクティブマトリックス液晶駆動技術	21	12	57.1%
	プログラム制御技術	21	12	57.1%
	半導体レーザの活性層	22	11	50.0%
	無線ＬＡＮ	21	11	52.4%

5.2 アンケート結果
5.2.1 開放特許に関して
(1) 開放特許と非開放特許

他者にライセンスしてもよい特許を「開放特許」、ライセンスの可能性のない特許を「非開放特許」と定義した。その上で、各技術テーマにおける保有特許のうち、自社での実施状況と開放状況について質問を行った。

306件中257件の回答があった（回答率84.0%）。保有特許件数に対する開放特許件数の割合を開放比率とし、保有特許件数に対する非開放特許件数の割合を非開放比率と定義した。

図5.2.1-1に、業種別の特許の開放比率と非開放比率を示す。全体の開放比率は58.3%で、業種別では一般系が37.1%、化学系が20.6%、機械系が39.4%、電気系が77.4%である。化学系（20.6%）の企業の開放比率は、化学分野における開放比率（図5.2.1-2）の最低値である「生分解ポリエステル」の22.6%よりさらに低い値となっている。これは、化学分野においても、機械系、電気系の企業であれば、保有特許について比較的開放的であることを示唆している。

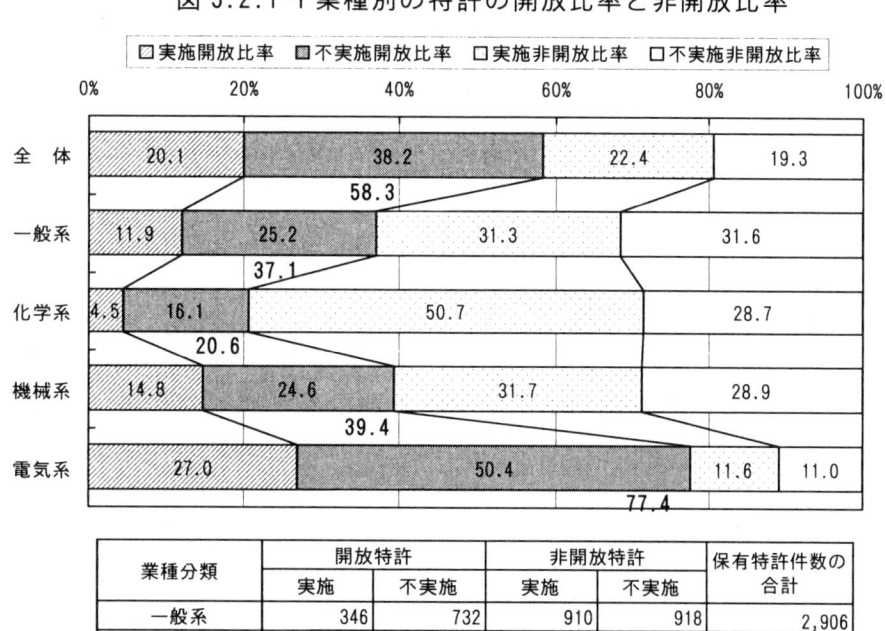

図5.2.1-1 業種別の特許の開放比率と非開放比率

業種分類	開放特許 実施	開放特許 不実施	非開放特許 実施	非開放特許 不実施	保有特許件数の合計
一般系	346	732	910	918	2,906
化学系	90	323	1,017	576	2,006
機械系	494	821	1,058	964	3,337
電気系	2,835	5,291	1,218	1,155	10,499
全体	3,765	7,167	4,203	3,613	18,748

図5.2.1-2に、技術テーマ別の開放比率と非開放比率を示す。

開放比率（実施開放比率と不実施開放比率を加算。）が高い技術テーマを見てみると、最高値は「個人照合」の84.7%で、次いで「はんだ付け鉛フリー技術」の83.2%、「無線LAN」の82.4%、「携帯電話表示技術」の80.0%となっている。一方、低い方から見ると、「生分解ポリエステル」の22.6%で、次いで「カーテンウォール」の29.3%、「有機EL」の30.5%である。

図 5.2.1-2 技術テーマ別の開放比率と非開放比率

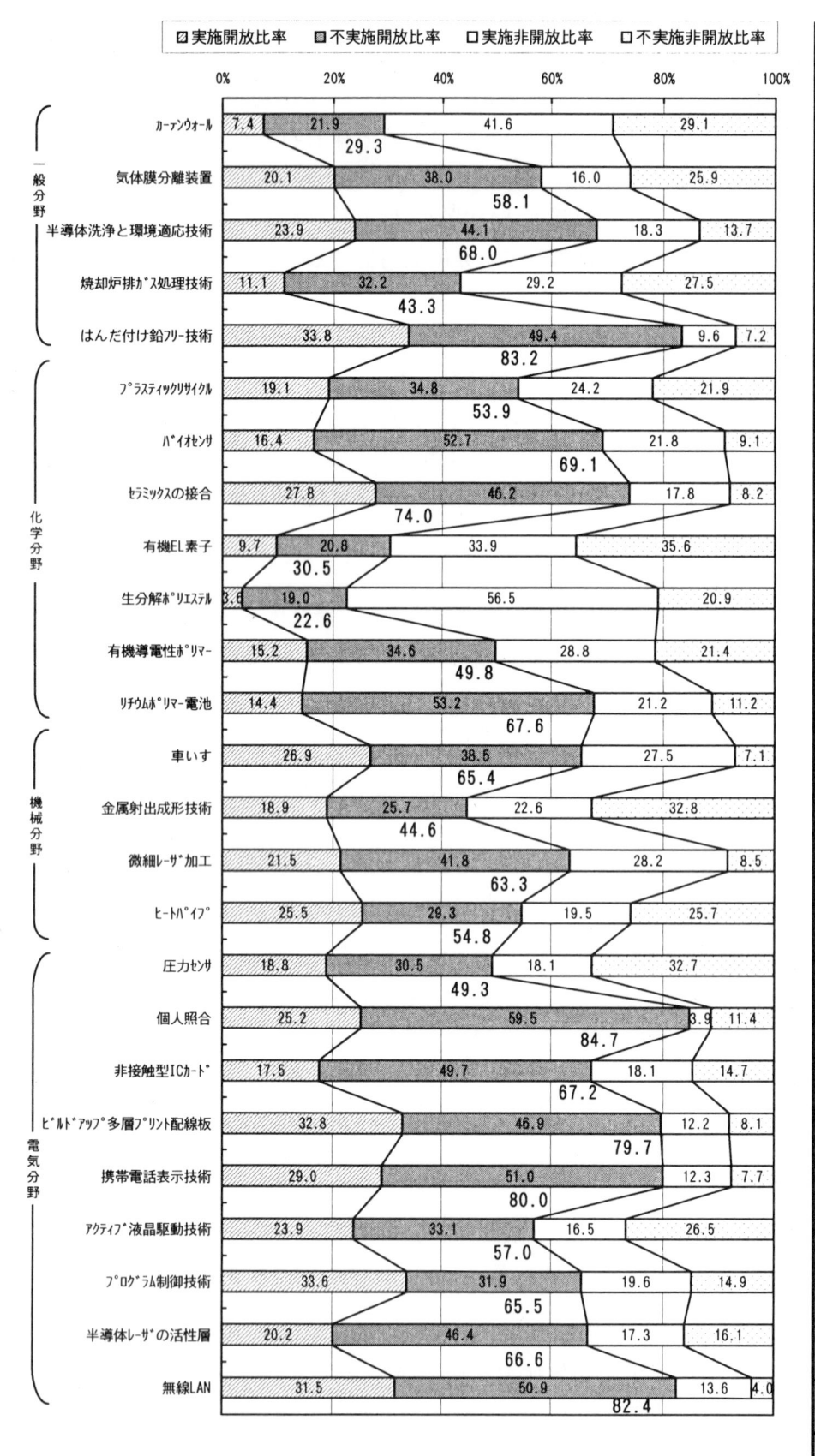

凡例: 実施開放比率 / 不実施開放比率 / 実施非開放比率 / 不実施非開放比率

分野	技術テーマ	実施開放比率	不実施開放比率	実施非開放比率	不実施非開放比率	開放計	開放特許 実施	開放特許 不実施	非開放特許 実施	非開放特許 不実施	保有特許件数の合計
一般分野	カーテンウォール	7.4	21.9	41.6	29.1	29.3	67	198	376	264	905
	気体膜分離装置	20.1	38.0	16.0	25.9	58.1	88	166	70	113	437
	半導体洗浄と環境適応技術	23.9	44.1	18.3	13.7	68.0	155	286	119	89	649
	焼却炉排ガス処理技術	11.1	32.2	29.2	27.5	43.3	133	387	351	330	1,201
	はんだ付け鉛フリー技術	33.8	49.4	9.6	7.2	83.2	139	204	40	30	413
化学分野	プラスティックリサイクル	19.1	34.8	24.2	21.9	53.9	196	357	248	225	1,026
	バイオセンサ	16.4	52.7	21.8	9.1	69.1	106	340	141	59	646
	セラミックスの接合	27.8	46.2	17.8	8.2	74.0	145	241	93	42	521
	有機EL素子	9.7	20.8	33.9	35.6	30.5	90	193	316	332	931
	生分解ポリエステル	3.6	19.0	56.5	20.9	22.6	28	147	437	162	774
	有機導電性ポリマー	15.2	34.6	28.8	21.4	49.8	125	285	237	176	823
	リチウムポリマー電池	14.4	53.2	21.2	11.2	67.6	140	515	205	108	968
機械分野	車いす	26.9	38.5	27.5	7.1	65.4	107	154	110	28	399
	金属射出成形技術	18.9	25.7	22.6	32.8	44.6	147	200	175	255	777
	微細レーザ加工	21.5	41.8	28.2	8.5	63.3	68	133	89	27	317
	ヒートパイプ	25.5	29.3	19.5	25.7	54.8	215	248	164	217	844
電気分野	圧力センサ	18.8	30.5	18.1	32.7	49.3	164	267	158	286	875
	個人照合	25.2	59.5	3.9	11.4	84.7	220	521	34	100	875
	非接触型ICカード	17.5	49.7	18.1	14.7	67.2	140	398	145	117	800
	ビルドアップ多層プリント配線板	32.8	46.9	12.2	8.1	79.7	177	254	66	44	541
	携帯電話表示技術	29.0	51.0	12.3	7.7	80.0	235	414	100	62	811
	アクティブ液晶駆動技術	23.9	33.1	16.5	26.5	57.0	252	349	174	278	1,053
	プログラム制御技術	33.6	31.9	19.6	14.9	65.5	280	265	163	124	832
	半導体レーザの活性層	20.2	46.4	17.3	16.1	66.6	123	282	105	99	609
	無線LAN	31.5	50.9	13.6	4.0	82.4	227	367	98	29	721
	合計						3,767	7,171	4,214	3,596	18,748

図 5.2.1-3 は、業種別に、各企業の特許の開放比率を示したものである。

開放比率は、化学系で最も低く、電気系で最も高い。機械系と一般系はその中間に位置する。推測するに、化学系の企業では、保有特許は「物質特許」である場合が多く、自社の市場独占を確保するため、特許を開放しづらい状況にあるのではないかと思われる。逆に、電気・機械系の企業は、商品のライフサイクルが短いため、せっかく取得した特許も短期間で新技術と入れ替える必要があり、不実施となった特許を開放特許として供出やすい環境にあるのではないかと考えられる。また、より効率性の高い技術開発を進めるべく他社とのアライアンスを目的とした開放特許戦略を採るケースも、最近出てきているのではないだろうか。

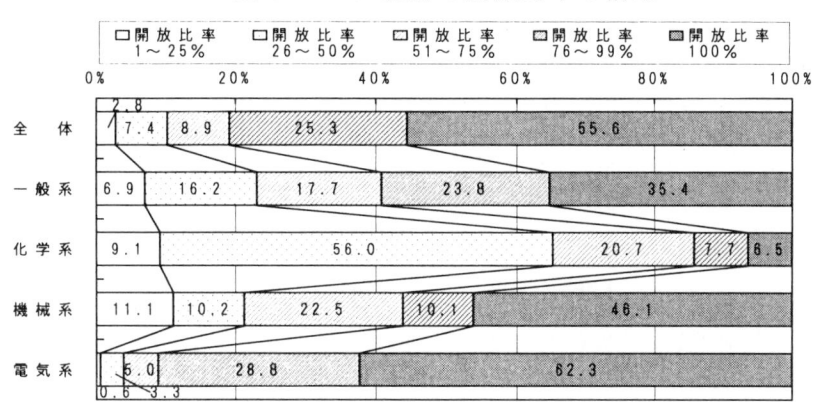

図 5.2.1-3 特許の開放比率の構成

図5.2.1-4に、業種別の自社実施比率と不実施比率を示す。全体の自社実施比率は42.5％で、業種別では化学系55.2％、機械系46.5％、一般系43.2％、電気系38.6％である。化学系の企業は、自社実施比率が高く開放比率が低い。電気・機械系の企業は、その逆で自社実施比率が低く開放比率は高い。自社実施比率と開放比率は、反比例の関係にあるといえる。

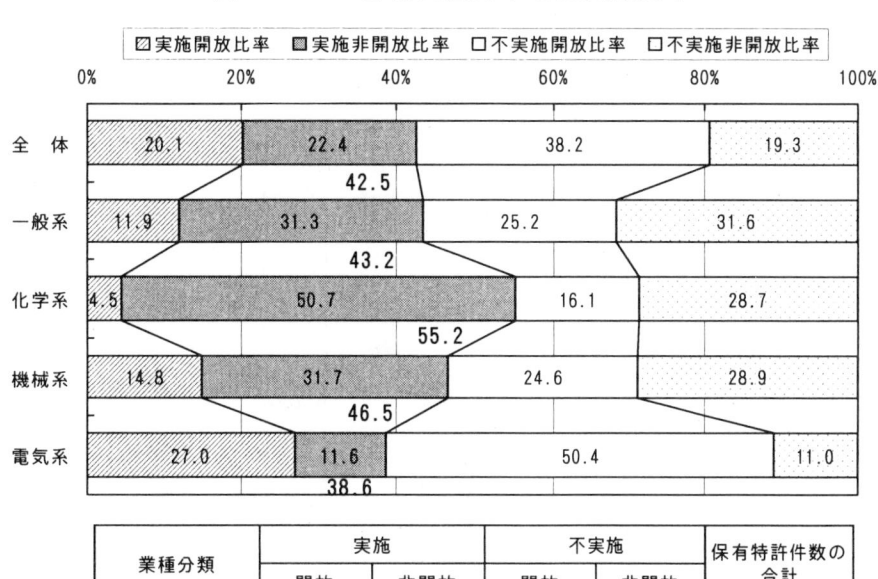

図 5.2.1-4 自社実施比率と無実施比率

業種分類	実施 開放	実施 非開放	不実施 開放	不実施 非開放	保有特許件数の合計
一般系	346	910	732	918	2,906
化学系	90	1,017	323	576	2,006
機械系	494	1,058	821	964	3,337
電気系	2,835	1,218	5,291	1,155	10,499
全体	3,765	4,203	7,167	3,613	18,748

（2）非開放特許の理由

開放可能性のない特許の理由について質問を行った（複数回答）。

質問内容	一般系	化学系	機械系	電気系	全体
・独占的排他権の行使により、ライバル企業を排除するため（ライバル企業排除）	36.3%	36.7%	36.4%	34.5%	36.0%
・他社に対する技術の優位性の喪失（優位性喪失）	31.9%	31.6%	30.5%	29.9%	30.9%
・技術の価値評価が困難なため（価値評価困難）	12.1%	16.5%	15.3%	13.8%	14.4%
・企業秘密がもれるから（企業秘密）	5.5%	7.6%	3.4%	14.9%	7.5%
・相手先を見つけるのが困難であるため（相手先探し）	7.7%	5.1%	8.5%	2.3%	6.1%
・ライセンス経験不足等のため提供に不安があるから（経験不足）	4.4%	0.0%	0.8%	0.0%	1.3%
・その他	2.1%	2.5%	5.1%	4.6%	3.8%

　図5.2.1-5は非開放特許の理由の内容を示す。

　「ライバル企業の排除」が最も多く36.0%、次いで「優位性喪失」が30.9%と高かった。特許権を「技術の市場における排他的独占権」として充分に行使していることが伺える。「価値評価困難」は14.4%となっているが、今回の「特許流通支援チャート」作成にあたり分析対象とした特許は直近10年間だったため、登録前の特許が多く、権利範囲が未確定なものが多かったためと思われる。

　電気系の企業で「企業秘密がもれるから」という理由が14.9%と高いのは、技術のライフサイクルが短く新技術開発が激化しており、さらに、技術自体が模倣されやすいことが原因であるのではないだろうか。

　化学系の企業で「企業秘密がもれるから」という理由が7.6%と高いのは、物質特許のノウハウ漏洩に細心の注意を払う必要があるためと思われる。

　機械系や一般系の企業で「相手先探し」が、それぞれ8.5%、7.7%と高いことは、これらの分野で技術移転を仲介する者の活躍できる潜在性が高いことを示している。

　なお、その他の理由としては、「共同出願先との調整」が12件と多かった。

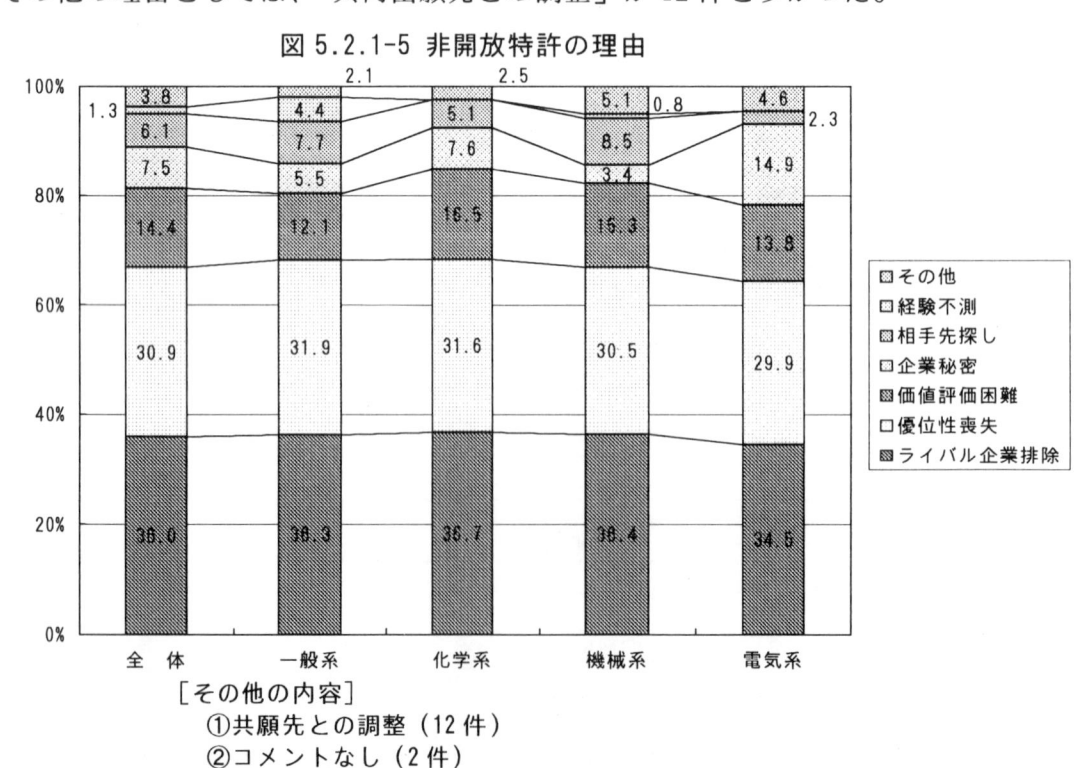

図5.2.1-5 非開放特許の理由

［その他の内容］
①共願先との調整（12件）
②コメントなし（2件）

5.2.2 ライセンス供与に関して
(1) ライセンス活動

ライセンス供与の活動姿勢について質問を行った。

質問内容	一般系	化学系	機械系	電気系	全体
・特許ライセンス供与のための活動を積極的に行っている（積極的）	2.0%	15.8%	4.3%	8.9%	7.5%
・特許ライセンス供与のための活動を行っている（普通）	36.7%	15.8%	25.7%	57.7%	41.2%
・特許ライセンス供与のための活動はやや消極的である（消極的）	24.5%	13.2%	14.3%	10.4%	14.0%
・特許ライセンス供与のための活動を行っていない（しない）	36.8%	55.2%	55.7%	23.0%	37.3%

その結果を、図5.2.2-1 ライセンス活動に示す。306件中295件の回答であった(回答率96.4%)。

何らかの形で特許ライセンス活動を行っている企業は62.7%を占めた。そのうち、比較的積極的に活動を行っている企業は48.7%に上る（「積極的」＋「普通」）。これは、技術移転を仲介する者の活躍できる潜在性がかなり高いことを示唆している。

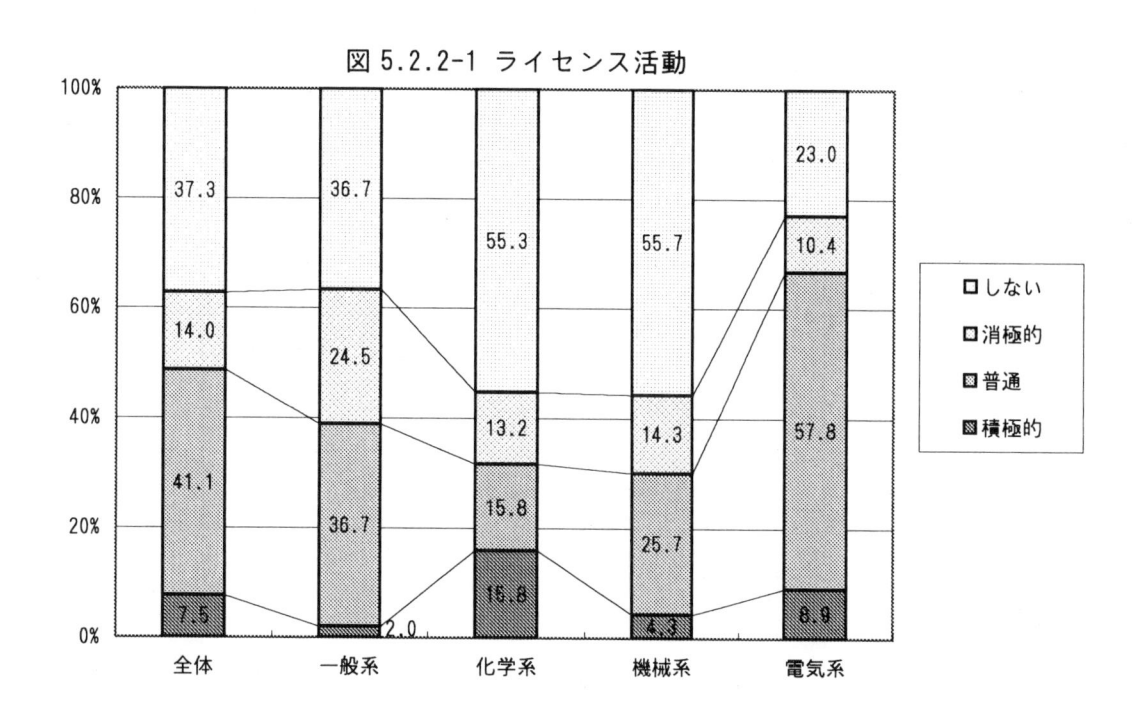

図5.2.2-1 ライセンス活動

(2) ライセンス実績

ライセンス供与の実績について質問を行った。

質問内容	一般系	化学系	機械系	電気系	全体
・供与実績はないが今後も行う方針（実績無し今後も実施）	54.5%	48.0%	43.6%	74.6%	58.3%
・供与実績があり今後も行う方針（実績有り今後も実施）	72.2%	61.5%	95.5%	67.3%	73.5%
・供与実績はなく今後は不明（実績無し今後は不明）	36.4%	24.0%	46.1%	20.3%	30.8%
・供与実績はあるが今後は不明（実績有り今後は不明）	27.8%	38.5%	4.5%	30.7%	25.5%
・供与実績はなく今後も行わない方針（実績無し今後も実施せず）	9.1%	28.0%	10.3%	5.1%	10.9%
・供与実績はあるが今後は行わない方針（実績有り今後は実施せず）	0.0%	0.0%	0.0%	2.0%	1.0%

図5.2.2-2に、ライセンス実績を示す。306件中295件の回答があった（回答率96.4%）。ライセンス実績有りとライセンス実績無しを分けて示す。

「供与実績があり、今後も実施」は73.5%と非常に高い割合であり、特許ライセンスの有効性を認識した企業はさらにライセンス活動を活発化させる傾向にあるといえる。また、「供与実績はないが、今後は実施」が58.3%あり、ライセンスに対する関心の高まりが感じられる。

機械系や一般系の企業で「実績有り今後も実施」がそれぞれ90%、70%を越えており、他業種の企業よりもライセンスに対する関心が非常に高いことがわかる。

図5.2.2-2 ライセンス実績

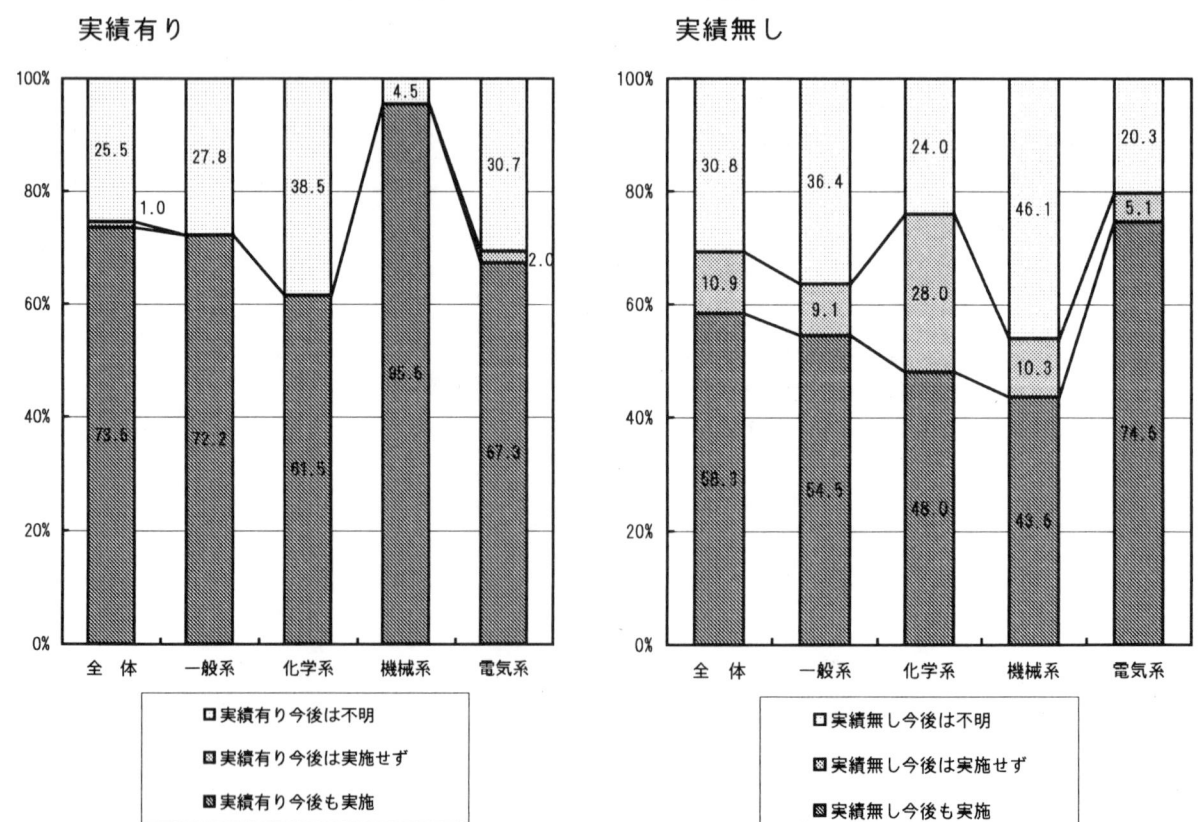

(3) ライセンス先の見つけ方

ライセンス供与の実績があると 5.2.2 項の(2)で回答したテーマ出願人にライセンス先の見つけ方について質問を行った(複数回答)。

質問内容	一般系	化学系	機械系	電気系	全体
・先方からの申し入れ(申入れ)	27.8%	43.2%	37.7%	32.0%	33.7%
・権利侵害調査の結果(侵害発)	22.2%	10.8%	17.4%	21.3%	19.3%
・系列企業の情報網（内部情報）	9.7%	10.8%	11.6%	11.5%	11.0%
・系列企業を除く取引先企業（外部情報）	2.8%	10.8%	8.7%	10.7%	8.3%
・新聞、雑誌、TV、インターネット等（メディア）	5.6%	2.7%	2.9%	12.3%	7.3%
・イベント、展示会等(展示会)	12.5%	5.4%	7.2%	3.3%	6.7%
・特許公報	5.6%	5.4%	2.9%	1.6%	3.3%
・相手先に相談できる人がいた等(人的ネットワーク)	1.4%	8.2%	7.3%	0.8%	3.3%
・学会発表、学会誌(学会)	5.6%	8.2%	1.4%	1.6%	2.7%
・データベース（DB）	6.8%	2.7%	0.0%	0.0%	1.7%
・国・公立研究機関（官公庁）	0.0%	0.0%	0.0%	3.3%	1.3%
・弁理士、特許事務所(特許事務所)	0.0%	0.0%	2.9%	0.0%	0.7%
・その他	0.0%	0.0%	0.0%	1.6%	0.7%

その結果を、図 5.2.2-3 ライセンス先の見つけ方に示す。「申入れ」が 33.7%と最も多く、次いで侵害警告を発した「侵害発」が 19.3%、「内部情報」によりものが 11.0%、「外部情報」によるものが 8.3%であった。特許流通データベースなどの「DB」からは 1.7%であった。化学系において、「申入れ」が 40%を越えている。

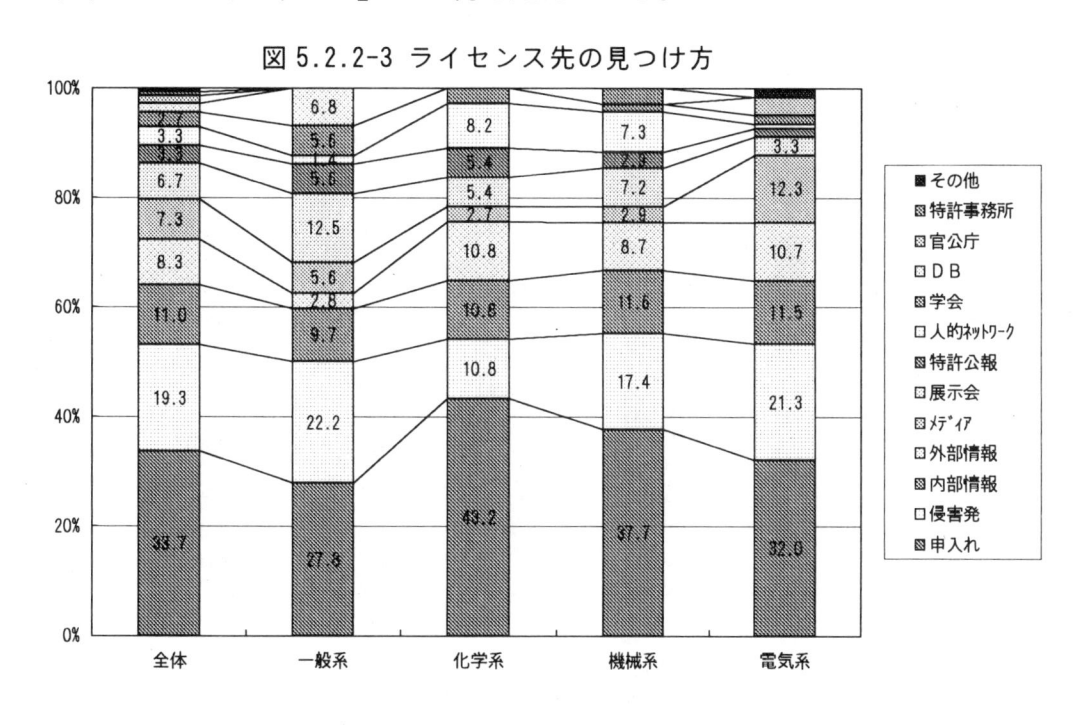

図 5.2.2-3 ライセンス先の見つけ方

〔その他の内容〕
①関係団体（2件）

(4) ライセンス供与の不成功理由

5.2.2項の(1)でライセンス活動をしていると答えて、ライセンス実績の無いテーマ出願人に、その不成功理由について質問を行った。

質問内容	一般系	化学系	機械系	電気系	全体
・相手先が見つからない（相手先探し）	58.8%	57.9%	68.0%	73.0%	66.7%
・情勢（業績・経営方針・市場など）が変化した（情勢変化）	8.8%	10.5%	16.0%	0.0%	6.4%
・ロイヤリティーの折り合いがつかなかった（ロイヤリティー）	11.8%	5.3%	4.0%	4.8%	6.4%
・当該特許だけでは、製品化が困難と思われるから（製品化困難）	3.2%	5.0%	7.7%	1.6%	3.6%
・供与に伴う技術移転（試作や実証試験等）に時間がかかっており、まだ、供与までに至らない（時間浪費）	0.0%	0.0%	0.0%	4.8%	2.1%
・ロイヤリティー以外の契約条件で折り合いがつかなかった（契約条件）	3.2%	5.0%	0.0%	0.0%	1.4%
・相手先の技術消化力が低かった（技術消化力不足）	0.0%	10.0%	0.0%	0.0%	1.4%
・新技術が出現した（新技術）	3.2%	5.3%	0.0%	0.0%	1.3%
・相手先の秘密保持に信頼が置けなかった（機密漏洩）	3.2%	0.0%	0.0%	0.0%	0.7%
・相手先がグランド・バックを認めなかった（グラントバック）	0.0%	0.0%	0.0%	0.0%	0.0%
・交渉過程で不信感が生まれた（不信感）	0.0%	0.0%	0.0%	0.0%	0.0%
・競合技術に遅れをとった（競合技術）	0.0%	0.0%	0.0%	0.0%	0.0%
・その他	9.7%	0.0%	3.9%	15.8%	10.0%

その結果を、図5.2.2-4 ライセンス供与の不成功理由に示す。約66.7%は「相手先探し」と回答している。このことから、相手先を探す仲介者および仲介を行うデータベース等のインフラの充実が必要と思われる。電気系の「相手先探し」は73.0%を占めていて他の業種より多い。

図 5.2.2-4 ライセンス供与の不成功理由

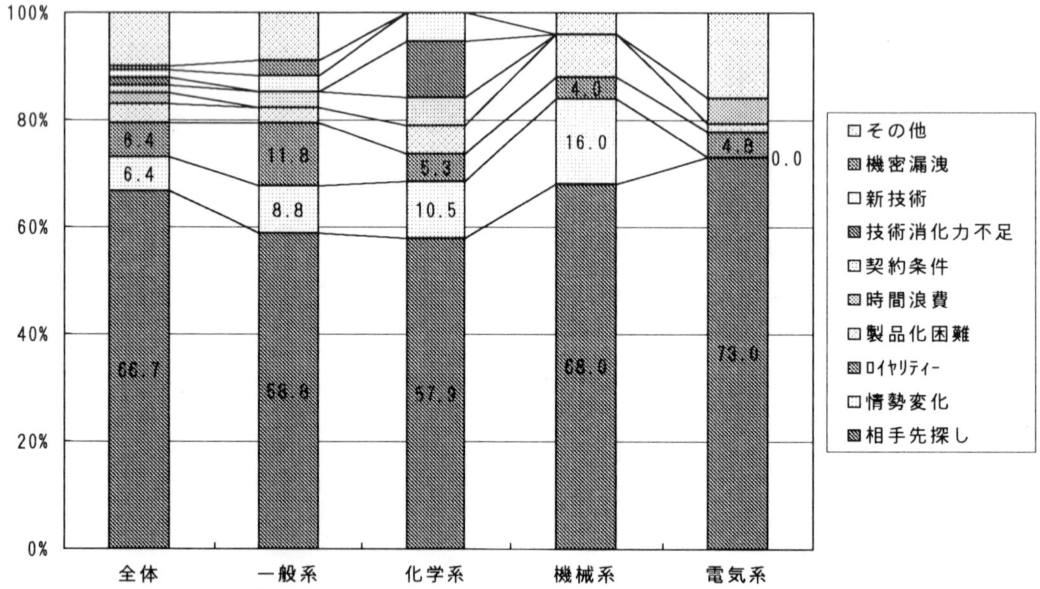

〔その他の内容〕
①単独での技術供与でない
②活動を開始してから時間が経っていない
③当該分野では未登録が多い（3件）
④市場未熟
⑤業界の動向（規格等）
⑥コメントなし（6件）

5.2.3 技術移転の対応
(1) 申し入れ対応

技術移転してもらいたいと申し入れがあった時、どのように対応するかについて質問を行った。

質問内容	一般系	化学系	機械系	電気系	全体
・とりあえず、話を聞く（話を聞く）	44.3%	70.3%	54.9%	56.8%	55.8%
・積極的に交渉していく（積極交渉）	51.9%	27.0%	39.5%	40.7%	40.6%
・他社への特許ライセンスの供与は考えていないので、断る（断る）	3.8%	2.7%	2.8%	2.5%	2.9%
・その他	0.0%	0.0%	2.8%	0.0%	0.7%

その結果を、図5.2.3-1 ライセンス申し入れ対応に示す。「話を聞く」が55.8%であった。次いで「積極交渉」が40.6%であった。「話を聞く」と「積極交渉」で96.4%という高率であり、中小企業側からみた場合は、ライセンス供与の申し入れを積極的に行っても断られるのはわずか2.9%しかないということを示している。一般系の「積極交渉」が他の業種より高い。

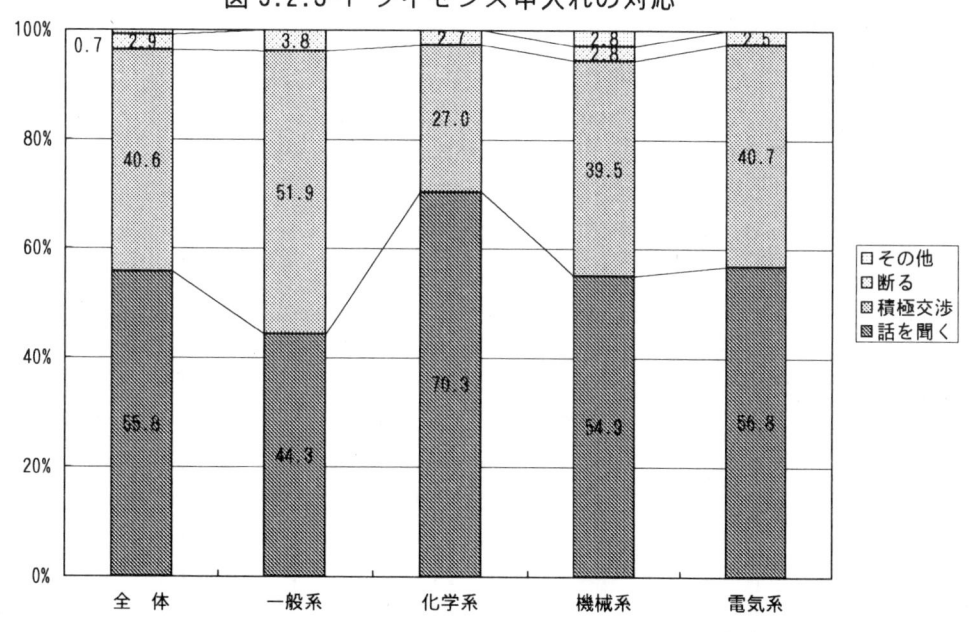

図5.2.3-1 ライセンス申入れの対応

(2) 仲介の必要性

ライセンスの仲介の必要性があるかについて質問を行った。

質問内容	一般系	化学系	機械系	電気系	全体
・自社内にそれに相当する機能があるから不要(社内機能あるから不要)	36.6%	48.7%	62.4%	53.8%	52.0%
・現在はレベルが低いので不要(低レベル仲介で不要)	1.9%	0.0%	1.4%	1.7%	1.5%
・適切な仲介者がいれば使っても良い(適切な仲介者で検討)	44.2%	45.9%	27.5%	40.2%	38.5%
・公的支援機関に仲介等を必要とする(公的仲介が必要)	17.3%	5.4%	8.7%	3.4%	7.6%
・民間仲介業者に仲介等を必要とする(民間仲介が必要)	0.0%	0.0%	0.0%	0.9%	0.4%

図 5.2.3-2 に仲介の必要性の内訳を示す。「社内機能あるから不要」が 52.0%を占め、最も多い。アンケートの配布先は大手企業が大部分であったため、自社において知財管理、技術移転機能が整備されている企業が 50%以上を占めることを意味している。

次いで「適切な仲介者で検討」が 38.5%、「公的仲介が必要」が 7.6%、「民間仲介が必要」が 0.4%となっている。これらを加えると仲介の必要を感じている企業は 46.5%に上る。

自前で知財管理や知財戦略を立てることができない中小企業や一部の大企業では、技術移転・仲介者の存在が必要であると推測される。

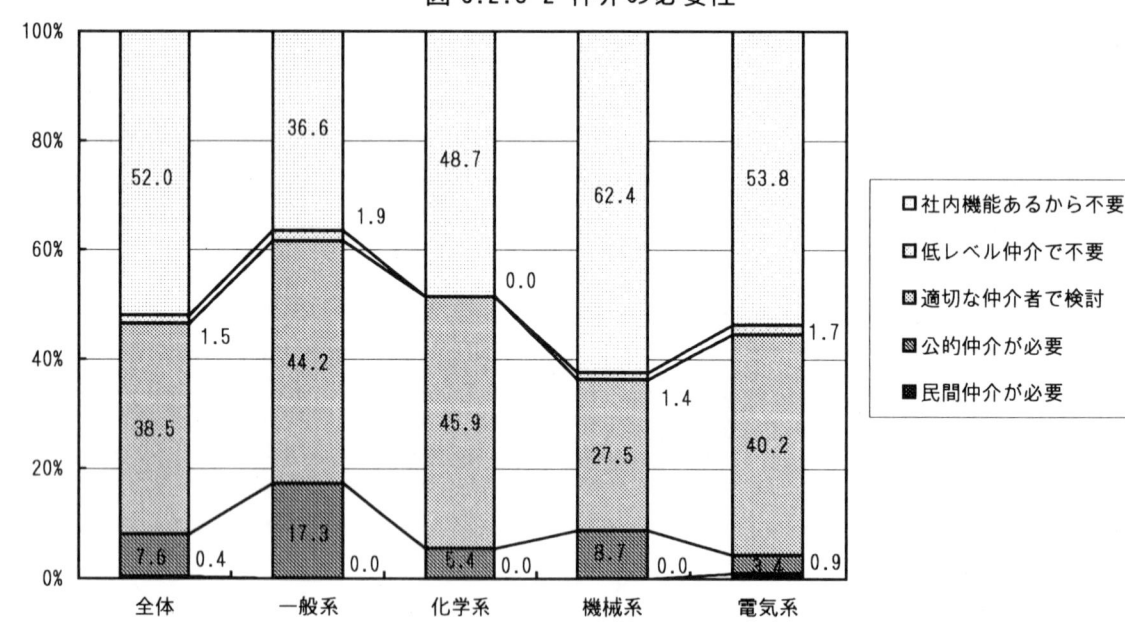

図 5.2.3-2 仲介の必要性

5.2.4 具体的事例
(1) テーマ特許の供与実績

技術テーマの分析の対象となった特許一覧表を掲載し(テーマ特許)、具体的にどの特許の供与実績があるかについて質問を行った。

質問内容	一般系	化学系	機械系	電気系	全体
・有る	12.8%	12.9%	13.6%	18.8%	15.7%
・無い	72.3%	48.4%	39.4%	34.2%	44.1%
・回答できない(回答不可)	14.9%	38.7%	47.0%	47.0%	40.2%

図 5.2.4-1 に、テーマ特許の供与実績を示す。

「有る」と回答した企業が 15.7%であった。「無い」と回答した企業が 44.1%あった。「回答不可」と回答した企業が 40.2%とかなり多かった。これは個別案件ごとにアンケートを行ったためと思われる。ライセンス自体、企業秘密であり、他者に情報を漏洩しない場合が多い。

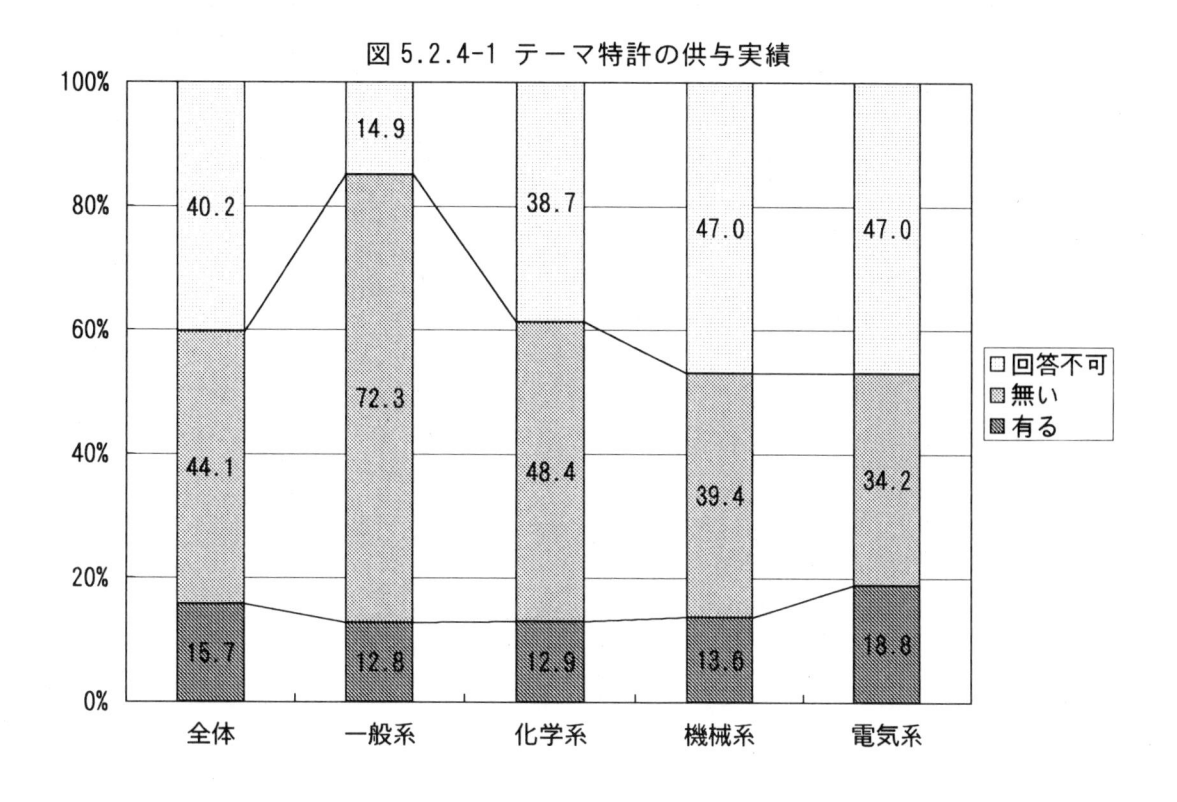

図 5.2.4-1 テーマ特許の供与実績

(2) テーマ特許を適用した製品

「特許流通支援チャート」に収蔵した特許(出願)を適用した製品の有無について質問を行った。

質問内容	一般系	化学系	機械系	電気系	全体
・回答できない(回答不可)	27.9%	34.4%	44.3%	53.2%	44.6%
・有る。	51.2%	43.8%	39.3%	37.1%	40.8%
・無い。	20.9%	21.8%	16.4%	9.7%	14.6%

図 5.2.4-2 に、テーマ特許を適用した製品の有無について結果を示す。

「有る」が 40.8%、「回答不可」が 44.6%、「無い」が 14.6%であった。一般系と化学系で「有る」と回答した企業が多かった。

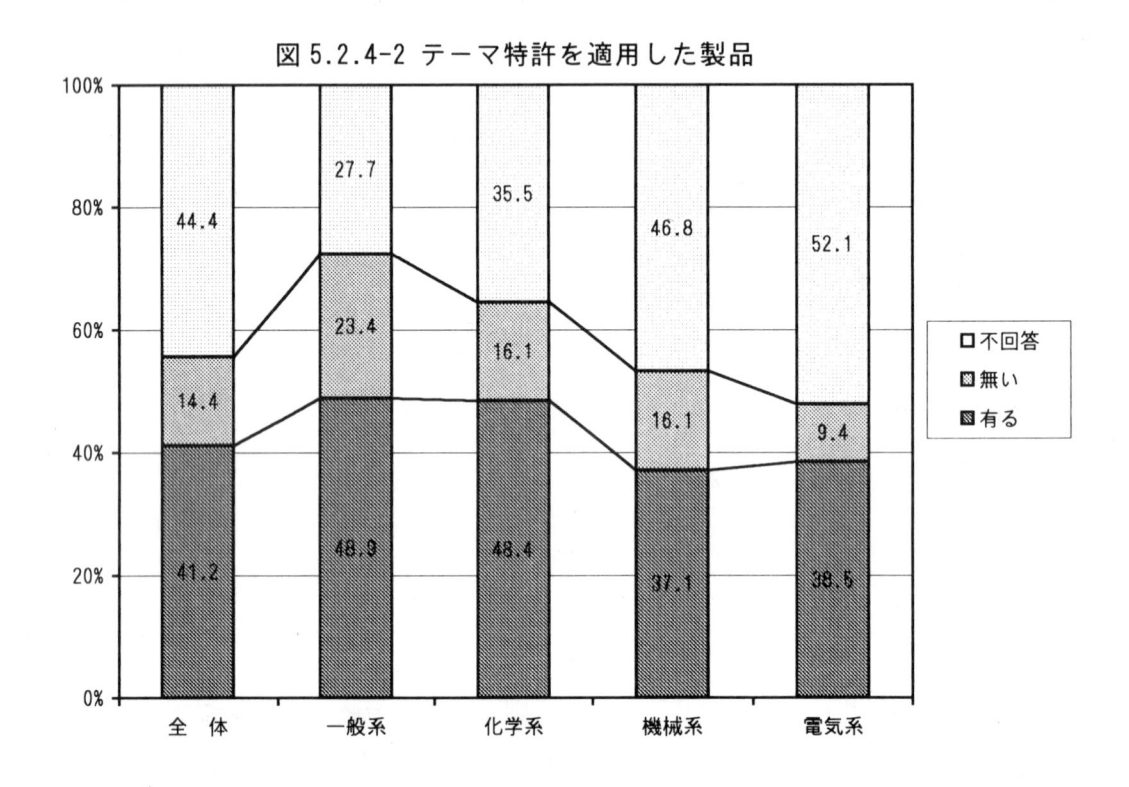

図 5.2.4-2 テーマ特許を適用した製品

5.3 ヒアリング調査

アンケートによる調査において、5.2.2の(2)項でライセンス実績に関する質問を行った。その結果、回収数306件中295件の回答を得、そのうち「供与実績あり、今後も積極的な供与活動を実施したい」という回答が全テーマ合計で25.4%(延べ75出願人)あった。これから重複を排除すると43出願人となった。

この43出願人を候補として、ライセンスの実態に関するヒアリング調査を行うこととした。ヒアリングの目的は技術移転が成功した理由をできるだけ明らかにすることにある。

表5.3にヒアリング出願人の件数を示す。43出願人のうちヒアリングに応じてくれた出願人は11出願人(26.5%)であった。テーマ別且つ出願人別では延べ15出願人であった。ヒアリングは平成14年2月中旬から下旬にかけて行った。

表5.3 ヒアリング出願人の件数

ヒアリング候補出願人数	ヒアリング出願人数	ヒアリングテーマ出願人数
43	11	15

5.3.1 ヒアリング総括

表5.3に示したようにヒアリングに応じてくれた出願人が43出願人中わずか11出願人（25.6%）と非常に少なかったのは、ライセンス状況およびその経緯に関する情報は企業秘密に属し、通常は外部に公表しないためであろう。さらに、11出願人に対するヒアリング結果も、具体的なライセンス料やロイヤリティーなど核心部分については充分な回答をもらうことができなかった。

このため、今回のヒアリング調査は、対象母数が少なく、その結果も特許流通および技術移転プロセスについて全体の傾向をあらわすまでには至っておらず、いくつかのライセンス実績の事例を紹介するに留まらざるを得なかった。

5.3.2 ヒアリング結果

表5.3.2-1にヒアリング結果を示す。

技術移転のライセンサーはすべて大企業であった。

ライセンシーは、大企業が8件、中小企業が3件、子会社が1件、海外が1件、不明が2件であった。

技術移転の形態は、ライセンサーからの「申し出」によるものと、ライセンシーからの「申し入れ」によるものの2つに大別される。「申し出」が3件、「申し入れ」が7件、「不明」が2件であった。

「申し出」の理由は、3件とも事業移管や事業中止に伴いライセンサーが技術を使わなくなったことによるものであった。このうち1件は、中小企業に対するライセンスであった。この中小企業は保有技術の水準が高かったため、スムーズにライセンスが行われたとのことであった。

「ノウハウを伴わない」技術移転は3件で、「ノウハウを伴う」技術移転は4件であった。

「ノウハウを伴わない」場合のライセンシーは、3件のうち1件は海外の会社、1件が中小企業、残り1件が同業種の大企業であった。

大手同士の技術移転だと、技術水準が似通っている場合が多いこと、特許性の評価やノウハウの要・不要、ライセンス料やロイヤリティー額の決定などについて経験に基づき判断できるため、スムーズに話が進むという意見があった。

中小企業への移転は、ライセンサーもライセンシーも同業種で技術水準も似通っていたため、ノウハウの供与の必要はなかった。中小企業と技術移転を行う場合、ノウハウ供与を伴う必要があることが、交渉の障害となるケースが多いとの意見があった。

「ノウハウを伴う」場合の4件のライセンサーはすべて大企業であった。ライセンシーは大企業が1件、中小企業が1件、不明が2件であった。

「ノウハウを伴う」ことについて、ライセンサーは、時間や人員が避けないという理由で難色を示すところが多い。このため、中小企業に技術移転を行う場合は、ライセンシー側の技術水準を重視すると回答したところが多かった。

ロイヤリティーは、イニシャルとランニングに分かれる。イニシャルだけの場合は4件、ランニングだけの場合は6件、双方とも含んでいる場合は4件であった。ロイヤリティーの形態は、双方の企業の合意に基づき決定されるため、技術移転の内容によりケースバイケースであると回答した企業がほとんどであった。

中小企業へ技術移転を行う場合には、イニシャルロイヤリティーを低く抑えており、ランニングロイヤリティーとセットしている。

ランニングロイヤリティーのみと回答した6件の企業であっても、「ノウハウを伴う」技術移転の場合にはイニシャルロイヤリティーを必ず要求するとすべての企業が回答している。中小企業への技術移転を行う際に、このイニシャルロイヤリティーの額をどうするか折り合いがつかず、不成功になった経験を持っていた。

表 5.3.2-1 ヒアリング結果

導入企業	移転の申入れ	ノウハウ込み	イニシャル	ランニング
—	ライセンシー	○	普通	—
—	—	○	普通	—
中小	ライセンシー	×	低	普通
海外	ライセンシー	×	普通	—
大手	ライセンシー	—	—	普通
大手	ライセンシー	—	—	普通
大手	ライセンシー	—	—	普通
大手	—	—	—	普通
中小	ライセンサー	—	—	普通
大手	—	—	普通	低
大手	—	○	普通	普通
大手	ライセンサー	—	普通	—
子会社	ライセンサー	—	—	—
中小	—	○	低	高
大手	ライセンシー	×	—	普通

＊ 特許技術提供企業はすべて大手企業である。

(注)
ヒアリングの結果に関する個別のお問い合わせについては、回答をいただいた企業とのお約束があるため、応じることはできません。予めご了承ください。

資料6．特許番号一覧

出願件数上位50社（ただし、前述の主要企業20社との重複分は除く）の出願リストを以下に示す。なお、上位51社以降であっても、主要特許として選んだ特許については、概要を記載している。対象の出願は、1991年1月1日から01年9月14日公開の出願であって、データ取得時点で特許存続中または係属中のものである。

なお、以下の特許に対し、ライセンスできるかどうかは、各企業の状況により異なる。

出願件数上位50社の出願リスト①

技術要素	課題	特許no.	出願人	概要
分離・選別	都市ごみ中の特定プラスチック(PVC)の分離・選別	特開2001-946(37)	電線総合技術センター 東レエンジニアリング	溶解濾過槽と固液分離装置と蒸発乾固装置などを備え、廃棄物に含有のポリ塩化ビニルは溶媒で溶解され、ろ過、蒸発を経て回収される。
	都市ごみ中の特定プラスチック(PET)の分離・選別	特開2001-137785(43)		
	都市ごみ中の特定プラスチック(その他)の分離・選別	特開平11-235574(41)		
	都市ごみ中のプラスチック一般の分離・選別	特開2001-13069(23)	石川島播磨重工業	廃棄物に近赤外線を照射して反射した光を分光して求めた吸光度スペクトルに基づき、高速で吸収ピークの表れる廃棄物を廃棄プラスチックとして識別する。
		特開平5-253937	大成建設	送風器の風力によってホットプレートと衝突したプラスチックは、その熱によって衝突した部分が溶けてホットプレートに溶着、移送される。
		特開平7-275800	神鋼電機	振動トラフに一対のくし歯を設けて、一方がその先端を下げてガラスビン・金属缶類を通過させシート類を引っ掛ける。
		特開平8-12006	ヘリオス	作業員が画面上で指示した廃棄物の位置を制御装置により、コンベア上の位置に変換し、選択装置で品目別にコンベアから廃棄物を取り去る。
		特開平10-244535	アイン総合研究所	粗砕・撹拌と同時に温風加熱・乾燥して付着物を分離し、破砕片中の沈降速度が遅く浮遊するものを吸引し、浮遊しない部分を回収。
		特開平11-10088	科学技術庁	トンネル型の機体内部に、複数の桟をベルト面に間隔を置いて起立させたベルトコンベアを設け、半双方向の下流から上流に向け送風する。
		特許2947281(40)	日本電気	プラスチックの混合物に吸湿液を添加する吸湿工程と、破砕工程と、サイズ分級工程によってプラスチックを分離する。
		特許3182853	神鋼電機	振動搬送機と、この移送床の下方から加熱した空気流を流してごみを流動化させるための空気吸気口部と、下流の空気吸引装置とからなる。
		特開2000-37726(30) 特許2683631(35) 特許2710206(40) 特許2965479(35)		
	産業廃棄物中の高分子化合物一般の分離・選別	特開平7-178351(37)	電線総合技術センター	帯電させた廃棄物粒子を、落下途中で平行平板電極間に生じた直流電界により静電気力を受け、材料の種類別に精度良く選別する。
		特開2000-237715(35) 特開平9-193157(43)		
	プラスチック複合材の分離（金属・ガラスなどとの）	特開2000-42523	タイシボウスイエンジニアリング 筒中プラスチック工業	樹脂被覆鋼板を-180℃より低い温度の低温液体に所定間浸漬した後、この樹脂被覆鋼板に応力を加えることにより樹脂部と鋼板部とに分離する。
		特開2000-317340(37)	電線総合技術センター	水槽を振動させて銅とプラスチック廃材とを上下に分別する水槽の下流側に、プラスチック廃材の排出口を上下に2つ以上設けることにより、廃電線の被覆材を種類ごとに分別する。
		特開2001-164400	日本表面化学	金属表面に塗布されたフェノール樹脂を陽極または陰極として電解剥離液に浸漬し、電解処理してフェノール樹脂塗膜を剥離させる。
		特開平6-344341	芦森工業	管路に内張りされたプラスチックパイプの両端末を密閉、減圧して、プラスチックパイプを剥離、縮小変形せしめた後、プラスチックパイプを引抜く。
		特開平8-323750	シグマ機器 東京瓦斯	回転ドラム内に投入されたプラスチック被覆鋼管は、高温の水蒸気で加熱され、その膨潤剥離作用で鋼管から剥離する。
		特開平9-48025(50)	日本ビクター	光学ディスクのポリカーボネート基板樹脂再生方法において、研磨材を含む高圧空気流を薄膜層に向けて噴射する。

出願件数上位50社の出願リスト②

技術要素	課題	特許no.	出願人	概要
分離・選別	プラスチック複合材の分離（金属・ガラスなどとの）	特開平9-123167(49)	アインエンジニアリング	加熱された被処理小片に微振動による圧縮衝撃力を付加し、得られた偏平被処理小片に更に衝撃摩砕力を付加すると、金属膜を樹脂材料から分離し、かつ樹脂材料が研磨、整粒される。
		特開平11-919(33)	積水化学工業	外面樹脂被覆金属管を長手方向に移動させつつ高周波誘導加熱し、軟化した外面樹脂層にローラ式カッターにて長切れ目を入れた後、剥離口金にて金属管より外面樹脂層を剥離する。
		特許2891396	岡村製作所	筒状の容器内にプラスチックの軟化温度より高温に加熱した空気を送風しながら容器を回転させ、その回転時の衝撃で、プラスチックと金属とを分離する。
		特許3187392	三立機械工業	ラップシースを一対のギヤ形状ロール間で波形状に塑性変形を施し、熱風吹き付けにより溶融、冷却により自然剥離する。
		特開2000-80199(30)	特開2000-94448(50)	特開2000-167832(21)	特開2000-167836(21)
		特開2001-31793(37)	特開2001-62832(49)	特開2001-137783(21)	特開2001-138326(21)
		特開2001-138330(21)	特開2001-172426(41)	特開2001-179181(24)	特開2001-191330(33)
		特開2001-210160(37)	特開平8-1095(33)	特開平8-1096(33)	特開平8-187466(33)
		特開平8-289837(30)	特開平9-255810(30)	特開平11-48245(21)	特開平11-48246(21)
		特開平11-48247(21)	特許2679477(40)	特許2713231(40)	特許3137504(33)
	プラスチック複合材の表層剥離（プラスチック母材）	特開2000-94446	日産ディーゼル工業	塗装付き樹脂部品を形状、性状別にショット処理を連続処理にするかバッチ処理にするかを選別し、塗膜を剥離された樹脂部品を水洗、乾燥、破砕し分離する。
		特開2000-190327(28)	日産自動車	メッキ層を形成した樹脂成形体を高周波加熱することにより、メッキ部分と樹脂部分とを分離する。
		特開2001-93196(50)	日本ビクター	光記録媒体（CD）最下層の反射層を物理的に露出して化学的に除去することにより、その上層の保護層およびレーベル層を除去する。
		特開2001-179741	エヌツーシステム 太陽誘電 東洋エンジニアリング	シートの塗布物を有しない面を、張力をかけて先端半径Rが1mm以下のブレードの先端部と接触させ、屈曲させたのちロールに巻き取る。
		特開平7-164444	アイン総合研究所	樹脂成形品を破砕した小片に圧縮研削作用を付加して表面樹脂塗膜を研削、剥離し、微振動による圧縮衝撃力を付加して塗膜を除去する。
		特開平11-165317	ハーネス総合技術研究所 住友電気工業 住友電装	放射線を樹脂成形物に所定の吸収線量に達するまで照射し、劣化した表層部を機械的な衝撃を加えて粉砕して塗膜とともに除去する。
		特開平11-277535	渋谷工業	所定出口圧力とした低圧高速空気流に混入した研掃材を金属被膜の表面に吹きつける。
		特開平11-349726	鐘淵化学工業	ウレタン系塗装を施したプラスチック成形品を、粗破砕し、加温した特定のアルコールなどに浸漬し、乾燥、微粉砕した後、塗膜片を風力分離する。
		特許2553807	アイン	破砕した樹脂材料を加圧下にスクリーン板を経て溶融、押し出すことにより、表面に形成されている樹脂塗膜を分離除去する。
		特許2829236(25)	富士重工業	塗装樹脂製品の切断材を塗膜側ロールの周速度が樹脂素材側ロールの周速度よりも大であるロール装置により圧延する。
		特許3117808(28)	日産自動車	表面被膜を有する樹脂基体を、濃度0.1wt%以上のアルカリ水溶液中で、温度110℃以上で処理し、さらにスクリューフィーダーなどを用いて、該基体表面同士を接触させて研磨する。
		特許3200934	鈴木自動車工業	塗装膜を有する樹脂成形品を、沸点以下の温度まで加熱される低級アルコールを収容する容器内に投入して密封し、塗装膜を剥離する。
		特公平7-67695	大日本プラスチックス	積層板を押圧ロールにて表面層を平滑に保持した後、表面層を切削刃を用いて切削除去する。
		特開2000-326326(28)	特開2001-1338(28)	特開2001-26017(28)	特開2001-26018(28)
		特開2001-26019(28)	特開2001-30243(28)	特開2001-30244(28)	特開2001-30250(28)
		特開2001-35285(37)	特開2001-129429(37)	特開2001-198919(25)	特開平6-99433(39)
		特開平6-328444(25)	特開平6-328445(25)	特開平6-328446(25)	特開平7-90107(39)
		特開平7-171832(25)	特開平7-214558(25)	特開平7-266337(28)	特開平8-258044(49)
		特開平9-248826(49)	特開平10-52823(45)	特開平10-58450(45)	特開平11-286016(21)
		特開平11-286017(21)	特開平11-286018(21)	特許3076961(21)	特許3081132(29)
		特許3117809(28)	特許3131554(25)	特許3144660(29)	特許3148363(45)
		特許3177371(25)	特許3177372(25)	特許3177373(25)	特許3177400(25)
		特許3177401(25)	特許3177402(25)	特許3177403(25)	特許3177416(25)
		特許3178095(39)			

出願件数上位50社の出願リスト③

技術要素	課題	特許no.	出願人	概要
分離・選別	プラスチック混合材の分離(PVC)	特開2000-28565	富士電機	比誘電率または誘電正接の測定値を利用することにより、ポリ塩化ビニルを容易正確に分別する。
		特開2000-84930	日立エンジニアリングサービス	二つのエアテーブルを用いて、混合プラスチックからPVCを分離する。
		特開平9-70827	内海企画	肉厚とX線透過度との所定の関係を満足する時、この容器をポリ塩化ビニルと判断し排出する。
		特許2796934	中小企業事業団	水中に懸濁した廃プラスチック粒子に超音波を発射して脱気し、この粒子を水に入れてポリエチレンと塩化ビニルを分離する。
		特開2000-169625(37)	特開平7-60746(21)	特開平11-228730(26)	特許2769265(42)
		特許2843555(35)			
	プラスチック混合材の分離(PET)	特開2000-288481(43)	エヌケーケープラント建設	紫外線を照射によってポリエチレンテレフタレートが発光する光を検知して、そのポリエチレンテレフタレートを仕分ける。
		特開平8-48807	ヘキスト セラニーズ	混合プラスチック中の一つの材料を超臨界流体中で選択的に発泡させ、混交材料中の配合材料間に大きな密度差を与え、発泡成分を密度浮選する。
		特開平10-24414	科学技術庁	回転式打撃によりボトル状の廃プラスチックを取り出し、近赤外光の吸光度によりPETボトルおよびボトルを識別、振り分ける。
		特開平10-67015	日水化工	プラスチックボトルに表示されたバーコードまたは表示マークを読み取り、PETボトルを選別し破砕収集する。
		特許3108989	ヤマトヨ産業	電磁石を用いて感磁性体を混入したポリエチレンテレフタレートの細粒のみを簡単かつ効率よく分別収集する。
	プラスチック混合材の分離(一般・その他)	特開2000-105148	新潟鉄工所	所定の姿勢で樹脂製ボトルを通過させ、照射された光を撮像して得た画像情報から色識別処理を行なう。
		特開2000-108126	科学技術庁	廃棄物を搬送ベルトの裏側から吸引して吸着保持し、搬送中にセンサによる材質識別結果に基づいて特定の材質の廃棄物の吸着を解除する。
		特開2001-74650(28)	日産自動車 経済産業省産業技術総合研究所長	透過光または反射光の中赤外領域におけるスペクトルを解析してプラスチックの種類を判別する。
		特開2001-87711(24)	クボタ	回転板を並べて篩目を形成する際に回転板の傾きを利用して硬質重量物と軟質軽量物に選別する。
		特開平10-38807	神奈川科学技術アカデミー 浜松ホトニクス	被選別プラスチックのラマンスペクトルを素材が既知のラマンスペクトルと比較して素材を判別する。
		特開平10-45941(26)	千代田化工建設	廃プラスチックを羽根が網目構造に形成されたスクリューコンベアの下部に供給し、上部から分別溶剤を供給する。
		特開平11-58382(27)	川崎重工業	廃プラスチックを湿潤処理槽内で湿潤剤溶液中に浸漬させた後、撹拌分別槽に導入して液中で撹拌する。
		特開平11-160309(31)	東芝プラント建設	強度の紫外線をプラスチック混合物に照射し、発生する塩化水素ガスからポリ塩化ビニルの存在を検出する。
		特開平11-286015	日水化工	プラスチック破砕片を比重を調整した表面張力緩和液とともに容器の一側から他側に流動させ沈降するものと浮遊するものとに分ける。
		特許2797072	ダイムラーベンツ	合成樹脂粒子の表面処理を、浮遊選別の前に、粒子混合物のプラズマ処理およびそれに続く貯蔵による物理的乾燥方式で行なう。
		特開2000-17105(28)	特開2000-198876(44)	特開2000-308855(43)	特開2001-198529(43)
		特開平7-331509(30)	特開平10-195233(26)	特開平10-277497(23)	特開平11-12387(26)
		特開平11-21372(26)	特開平11-21373(26)	特開平11-49888(26)	特開平11-50062(26)
		特開平11-116728(26)	特開平11-138542(41)	特許2520527(47)	特許2523062(47)
		特許2921665(26)	特許2941781(27)	特許2977799(27)	特許3080578(26)
	プラスチック複合・混合材の異物除去	特開平11-207743(24)	クボタ	トラフトの下端近傍に、比重差により下方へ分離してくる異物を分別排出するスクリーンを設ける。
		特開2000-246135(44)	特開平10-1680(24)		
	単一プラスチックの異物除去	特開平11-90934	根来産業	異物を除去するすすぎ脱水手段の後段に、フレークを有機溶剤を用いて洗浄する有機溶剤洗浄手段を設ける。
		特許2926919	三菱瓦斯化学	永久磁石式ロールセパレータで磁性金属片の混入するペレットとそうでないペレットとを分離する。
		特開2001-181439(23)	特開平8-169015(49)	特開平9-220721(49)	特開平11-918(33)
		特許3137543(33)			
	単一プラスチックの高純度化	特開平7-1452	フジタ	パレットを成形する度にプラスチックに着色剤を混入して、プラスチックの再生回数をパレットに付された色に基づいて判別する。

出願件数上位50社の出願リスト④

技術要素	課題	特許no.	出願人	概要
圧縮・固化・減容	発泡プラスチック（スチロール樹脂など）の圧縮・固化・減容	特開2001-2828	スタイロジャパン	発泡スチロールを完全に溶解することなく、その体積を収縮し、運搬および分離回収に有利な形態となす溶剤組成物および同溶剤組成物を用いた脱泡収縮方法を提供する。
		特開2001-192102	トヨシステムプラント	種々の場所へ移動でき、プラスチック類などの各種廃棄物を種別に応じて粉砕を行なうことにより減容できるとともに、廃棄物処理性能やメンテナンス性に優れた廃棄物分別収集車を提供するものである。
		特開平6-166034	エスデーアール	発泡スチロールを遠赤外線を照射して加熱することにより減容化し高品質状態で容積の縮減を効率良く行ない、かつ装置構成の簡略化を図って保守点検を容易なものとする装置を提供する。
		特開平8-269226	三峰商事 新興リファイン	特定の処理剤を用いることにより、嵩高な成型品を簡単かつ迅速に処理して体積を縮小させる一方でナフサ状の油を回収できる、発泡ポリスチロールの体積縮小化処理方法を提供する。
		特開平9-71682	ジーテック	柑橘類抽出油と天然界面活性剤を含んだ薬剤に発泡スチロールなどの合成樹脂を溶解して、溶解された物質の容積を少なくさせる工程を常温常圧の下で実施し、得られたガム状物質を水の上に浮かべて回収する方法を提供する。
		特開平9-77902	ジャム 新興リファイン	特定の界面活性剤、および特定の助剤などを配合することにより、発泡ポリスチレンの減容化のための減容液原液を得る方法を提供する。
		特開平9-207133	ジャム 新興リファイン	圧搾力などの機械力と減容液による溶解力との両者を的確な条件下で共働させることにより、環境に問題なく、処理済の発泡ポリスチロールがそのままで再使用可能な無色の固形物として簡単に得られるようにする。
		特開平10-211620	ティ アンド ワイ 板倉祐三	発泡スチロール製品などのプラスチックフォーム材を加熱溶融し、その溶融物を固形化処理するもので騒音などを生じることなく再利用可能に処理する装置を提供する。
		特開平11-49887	コスモエンジニアリング	発泡スチロールを油の入ったオイルパンに浸漬させることにより減容化する。オイルパンと押し込みダンパとを設ける事により、小型化に成功した。
		特開平11-300318	スタイロジャパン 新明和工業	発泡スチロールなどの発泡材を減容液により減容させて回収し、作業性を良くすることができ、円滑で効率の良い減容処理を行なうことができる発泡材減容装置を提供する。
		特許3026415	ホンルイ 生研化学	発泡スチロール廃棄物を石油系有機溶媒に浸漬し、軟化させて餅状中間生成物を生成して、中間生成物の容積を大巾に縮小し、効率良く、安価に、上記処理を行なう方法を提供する。
		特許3207404	カネコ化学	発泡スチロール溶解剤を加熱して蒸気を生成し、この蒸気を発泡スチロールと接触させ溶解処理を行なうことにより減容化することにより、きわめて効率よく処理が行なえる方法および装置を提供する。
		特公平3-79075(35)	御池鉄工所	発泡スチロールを破砕後圧搾して半溶融状態とし、その後棒状固形物にかえることにより減容化する方法を提供する。
		特表平9-503235	化学工業部晨光化工研究院 成都 成都光華塑料科技	発泡プラスチック廃棄物と特定の混合溶剤とを混合して脱泡、ゲル化させた後、混合溶剤を除去することにより、溶剤の揮発損失および消費量を少なくし、ゲルの粘度の低下を図る。
		特許2954505(35)		
	ペットボトルの圧縮・固化・減容	特開平10-6341	アール	使用済みの樹脂製容器を簡単に圧縮して、小さく潰すことができる容器の圧縮方法および圧縮装置を提供する。
		特開平10-100153	東洋食品機械	圧縮時の爆発破壊を防止するとともにそれに必要な圧縮圧を減少させ、容器のばらけ性がよく、回収後の分別処理が容易な廃プラスチック容器の圧縮処理装置を提供する。
		特開平11-77390	柳河精機	簡単な構造で、ペットボトルなどの容器をスプリングバックの影響が少ない形状に容易に押し潰して圧縮することのできる容器圧縮機を提供する。
		特開平11-348039	明和工作所	駆動モーターにより回転駆動するロールがペットボトルを潰すことにより、かさばるペットボトルを7分の1～10分の1程度に減容する装置を提供する。
		特許2759741	坂田光司	一般家庭内においても、ペットボトルに付いている紙ラベルを容易に取り外すことができ、しかも、安全に加熱圧縮することで減容化でき、ペットボトルのリサイクルに極めて有効な装置を提供する。
		特許2921758	幸野耿 渡辺国男	ペットボトルなどを簡単な構成により圧縮し、その容積の縮小化を図り、再生のための回収や運搬をやりやすいようにする。
		特許3021396	新日本空調	粉砕に際しての人力負担が無く、安全にペットボトルを粉砕し減容化できるようにする。

出願件数上位50社の出願リスト⑤

技術要素	課題	特許no.	出願人	概要		
圧縮・固化・減容	ペットボトルの圧縮・固化・減容	特開2000-42791(46)	特開2000-218397(46)	特開平9-234596(46)		特開平9-234597(46)
		特開平10-43892(46)	特開平10-100149(46)	特開平11-276923(25)		特許3175145(46)
	その他容器の圧縮・固化・減容	特開平9-314559(46)	ぺんてる	プラスチック製のボトルを1回の押圧動作で、先ず中心部を押圧し、次いで両側底部と頭部を内方に押圧し、弱い力で完全に潰すことができる装置を提供する。		
		特開平10-216989	新明和工業	シンプルな構成で、ポリタンク、紙パックやペットボトルなどの復元性の高い殻容器を効果的に減容して全潰状態に保持し得る減容処理装置を提供する。		
		特開2001-18092(46)	特開2001-18093(46)	特開平10-137987(33)		特開平11-192591(46)
	繊維強化複合樹脂(FRP)の圧縮・固化・減容	特許2679477(40)				
	医療廃棄物の圧縮・固化・減容	特開平4-327848(27)	川崎重工業	プラスチック類を含む医療廃棄物をプレスにより圧縮するとともに、プレスの圧縮面を利用して誘電加熱を行なって滅菌することにより、医療廃棄物を二次感染なく処理するとともに、その後の取り扱いを容易にする方法および装置を提供する。		
	自動車・家電部品などの圧縮・固化・減容	特開平8-229533	伸生 前田正史	塩素含有重合体を含む廃棄物、例えば廃自動車のシュレッダーダストを熱分解または燃焼させ、大幅に減容化できる低コストの廃棄物の処理方法を提供する。		
		特開平8-47958(23)	特開平8-281766(23)	特許2921465(40)		特許3157439(36)
		特許3157440(36)	特許3190948(36)			
	その他特定形状・機能材の圧縮・固化・減容	特表平10-501621	ジーメンス	混合物にフィルタ繊維を溶解する溶剤を添加し、その際に生ずる混合物を乾燥し、引き続いて熱的に処理することにより、混合物の容積を減少して減容化する。		
		特開2000-15634(36)	特許3076811(25)	特許3083980(25)		
	プラスチック一般（ポリエチレン、ポリスチレン、ポリ塩化ビニル、エポキシ、ポリエステルなど）の圧縮・固化・減容	特開2001-38731	梅本雅夫	不燃気体を熱源により高温に加熱し、その気流をプラスチックにあてプラスチックを加熱することにより液化させることにより減容化する。		
		特開2001-38732	梅本雅夫	不燃気体を熱源により高温に加熱し、その気流をプラスチックにあて加熱することで、プラスチックを急速に溶解することにより減容化する。		
		特開2001-131332	エヌケーシステム	ポリスチレン製品を簡易的に破砕し、かつ、破砕したポリスチレン樹脂と溶剤を効率よく反応させて処理能力を向上し、処理能力を低下することなく減容化する減容器を提供する。		
		特開平3-178390	モルトン	選別、破砕された廃プラスチック類を溶融炉で軟化溶融後、圧縮整形固化し、搬出までの工程を連続化して、体積を最初の1／30～1／40に減容可能にする方法を提供する。		
		特開平9-165465	インターナショナル フォーム ソリューションズ	ポリスチレンの気泡を迅速に破壊して、ポリスチレンの再生も容易で、再生に先立つ輸送を経済的かつ安全に行なうことを可能とするポリスチレン製品の減容剤を提供する。		
		特開平9-316460(34)	黒木健	廃棄プラスチックの処理技術に関して、廃棄プラスチックを加熱分解させて油化物を回収する方法を提供する。		
		特開平10-113926	イースト	プラスチック廃棄物を加熱＋圧縮して凝縮する装置を提供する。		
		特開平10-273203(25)	富士重工業	広大な廃棄プラスチック類の保管場所を要することなく、加熱減容処理することにより廃棄プラスチック類の減容分別収集車を提供する。		
		特開平11-342497(44)	栗本鉄工所	各種プラスチックの廃棄物を圧縮・加熱してプラスチックを軟化・溶融させて非溶融物と混合し固形化、減容化して排出する2軸押出し機を提供する。		
		特許2727031	テキサコDEV	廃物プラスチック材を粒状化して炭液体溶媒と加熱して得たポンプ輸送可能な部分液化スラリーを部分酸化気化装置に導入することにより、合成ガス、燃料ガス、還元ガスの製造を可能にする。		
		特許2883640	小熊鉄工所	本体ケースの内部に回転方向の異なる二本のスクリューを平行に設け、短軸に切断刃を取り付けることにより、粉砕と圧縮を同時に行なう装置を提供する。		
		特許2933353	ターモパーズ	包装用フィルムなどのプラスチック廃棄物を圧縮し、熱を加えることによって表面を軟化させ、冷却して固化させ、排出するに際し、特定温度条件および圧力条件下で実施することにより、簡単な構成で圧縮処理する方法および装置を提供する。		
		特許3118238	鎌長製衡	廃プラスチックを圧縮減容し、梱包し、結束ベルトを掛け包装する。さらに、減容廃プラスチックの固有重さを求め、目標重さと比較し、固有重さが目標重さに近くなるように減容梱包手段を制御することにより、圧縮率のバラツキが生じないようにする。		

出願件数上位50社の出願リスト⑥

技術要素	課題	特許no.	出願人	概要
圧縮・固化・減容	プラスチック一般（ポリエチレン、ポリスチレン、ポリ塩化ビニル、エポキシ、ポリエステルなど）の圧縮・固化・減容	特許3120971	マイカル総合開発 亀田製作所 三機工業	廃プラスチックを熱処理し、溶融減容する廃プラスチック減容装置に関する。
		特許3145683(35)	御池鉄工所	各種形状のプラスチック廃棄物を円筒形の回転炉に入れて連続的に嵩比重の大きい粒状物に成形していくことにより大量処理し、またコンベヤなどによる輸送も容易にし、保管スペースも小さくてすむようにする。
		特許3201625	アンスチ フランセ デュ ペトロール ルッツ エ ケンプ インダストリ エル ケイ アイ	洗浄済み廃棄物の液を分離するドリップドラムの壁に制動部材を設け、廃棄物が通る断面を変化させて廃棄物にかかる圧縮応力を調整するようにして、脱水効率向上を図る装置を提供する。
		特公平6-86059	西村産業	シリンダーに供給した廃棄合成樹脂を発熱減容開口とテーパー軸との隙間で摩擦し、加熱溶融後シリンダーから押し出すことにより、充分に減容できるようにする。
		特開2000-127163(27)	特開2000-127163(48)	特開2000-129030(23)	特開2000-237715(35)
		特開2000-290425(23)	特開平6-269760(32)	特開平9-248825(48)	特開平10-1680(24)
		特開平10-5719(23)	特開平10-6339(24)	特開平10-315237(27)	特開平10-315237(48)
		特開平11-33518(48)	特開平11-198141(23)	特許2502423(47)	特許2502424(47)
		特許2523062(47)	特許2540734(35)	特許2569298(35)	特許2569299(35)
		特許2569300(35)	特許2790035(44)	特許2840518(47)	特許2870726(27)
		特許2870726(48)	特許3126905(25)	特公平6-37055(47)	特公平7-29356(44)
	その他（都市ごみなど）の圧縮・固化・減容	特開2001-192670	岡本良一 宍戸弘 面田憲生	生ごみを常圧以上の低圧過熱水蒸気により加熱して乾燥および熱分解処理し、生ごみを炭化することにより減容化を図り、その炭化物を効率よく製造できるようにする。
		特開2000-190379(44)	特開平9-193157(43)		
脱塩素処理	塩化水素のリサイクル	特許2648412	フジテック 工業技術院長	廃プラスチックを押し出し方向に温度制御可能な熱分解反応装置を用いて段階的に昇温し熱分解・脱HCl後、ガス生成物と融解固体物に分離。
		特開2000-288344(43)	特開平8-151213(32)	特開平10-237214(34)	特開平11-80746(43)
	塩化水素の無害化	特開2000-178458	大日精化工業	消石灰：生石灰＝100：1～40の割合の消石灰と生石灰の混合物を0.1～80重量％含有する廃プラスチック脱塩素処理用の樹脂組成物。
		特開2001-114931(33)	積水化学工業	塩素含有樹脂をCaまたはFe化合物を20％以上含有する無機粉体物質と混合後、機械的エネルギーを作用して樹脂を脱塩素化させる。
		特開平7-238182	ヘキスト	PVC廃プラスチックを無酸素下250～500℃で熱分解後、HCl、炭素含有残留物および可塑剤含有蒸留物を分別蒸留して、可塑剤を回収。
		特開平8-24820(32)	元田電子工業	含塩素廃プラスチックを密閉容器内で加熱脱水後、無酸素下で低温加熱、高温加熱して脱塩素化し、HClを水またはアルカリ溶液で中和処理。
		特開平8-188780	ビーピーCHEM INTERN	PVC含有廃プラスチックを予備加熱後、流動化層で熱分解するとともに酸化カルシウム生成化合物を含む吸収剤層を通過させ塩化水素を除去。
		特開平8-290147	三菱金属	PVCおよび金属屑含有シュレッダーダストを乾留してHClを金属塩化物として残渣中に固定後、洗浄により金属塩化物を溶解除去。
		特開平10-330532	浜田重工	可塑剤および塩素含有廃プラスチックを有機溶媒で溶解、懸濁状にした後、アルカリ水溶液と200℃以下で反応させ脱塩素化。
		特開平11-116730(43)	エヌケーケープラント建設	円筒状反応器内に設けた中空スクリュー軸内に熱媒体を供給し、廃プラスチックを混練しながら加熱し脱塩素化する。
		特許3065898(32)	元田電子工業	PVC含有廃プラスチックを減圧状態で脱水、無酸素下熱分解後、ガス中HClを中和槽で回収、340℃以上加熱保持によるタール分離、回収。
		特許3178818	浜田重工	含塩素廃プラスチックを水溶性かつ非プロトン極性の有機溶媒に溶解後、アルカリ添加し溶媒沸点以下の温度で加水分解し脱塩素化。
		特開2000-17278(36)	特開2000-26864(27)	特開2000-26864(48)	特開2000-117732(23)
		特開2000-117739(23)	特開2000-126548(27)	特開2000-126548(48)	特開2000-285756(37)
		特開2001-31793(37)	特開2001-72412(36)	特開平6-269760(32)	特開平8-40704(32)
		特開平8-108164(32)	特開平8-187483(32)	特開平9-40804(38)	特開平9-118887(32)
		特開平10-43718(32)	特開平11-90392(32)	特開平11-90393(32)	特開平11-116726(43)
		特開平11-116979(36)	特開平11-217461(43)	特開平11-323005(38)	
	操業効率の向上	特開平11-33518(48)	関商店 共立	廃プラスチック圧送部と熱風加熱室を区画壁を介して配置し、区画壁から熱風加熱室前方までを貫通する複数のダイスチューブを設けた押出機。

出願件数上位50社の出願リスト⑦

技術要素	課題	特許no.	出願人	概要
脱塩素処理	操業効率の向上	特許2988508(24)	久保田鉄工	含塩素廃プラスチックを軟化溶融用の溶融槽に投入するとともに油化処理用の熱分解槽の一部の溶融物を溶融槽に還流して脱塩素化を促進。
		特許3100956(27)	川崎重工業	上段スクリュー装置で加熱・脱塩素後、下段スクリュー装置で加熱・押し出し、排ガス中の油蒸気を冷却・凝縮して液状油とし回収。
		特公平8-19419	中小企業事業団	廃プラスチックを原料混合槽で溶融後、熱分解槽で熱分解し発生熱分解油ベーパー中の塩素をCaO層からなる脱塩化水素槽で除去。
		特開2000-127163(27)	特開2000-127163(48)	特開平10-183138(34)	特開平10-245567(34)
		特開平10-315237(27)	特開平10-315237(48)	特許2769265(42)	
	生成プラスチックの品質向上	特開2001-123182	日本省エネ環境製品	塩素含有廃プラスチックを熱分解槽で加熱分解し、ガス状熱分解生成物を酸化鉄系触媒に接触させ、塩素成分を反応／吸着により分離除去。
		特開2000-8057(36)	特開2000-80380(42)	特開2000-178376(24)	特開2001-89595(24)
		特開平10-180759(42)	特開平11-28441(29)	特開平11-90387(24)	特開平11-106558(43)
	設備耐久性向上	特開平8-120285	シナネン	廃プラスチックをスクリュー式熱分解反応筒で熱分解後、HClと溶融物を各々の流出口から分離するとともに溶融物の一部を戻り路により循環。
		特開平9-71683	三菱金属	流動炉などを用いて200℃以下で空中分散状態のPCV含有廃プラスチックにマイクロ波を照射、PCVを選択的に誘電加熱し脱塩素化する。
		特開平10-72587	三井石炭液化	PCVなどを含有する廃プラスチックを石油、石炭系重質油および塩素固定剤と混合、低酸素下所定温度で加熱して塩素ガスを塩素物として固定化。
		特許2922760	日鉄プラント設計	熱分解槽および接触分解槽の最上流側に廃プラスチックの撹拌および熱分解油の循環手段を持つ複数の原料混合槽を設け、脱塩素化する。
		特開2000-73071(27)	特開2000-73071(48)	特開平7-316562(32)	特開平8-311236(23)
		特開平10-324769(29)	特開平11-12387(26)	特許2977743(27)	
	その他の脱塩素処理	特開2000-327829(43)	エヌケーケープラント建設	PVCなどを含有する廃プラスチックを熱分解し90％以上脱塩素化後、残渣を低酸素・密閉状態で搬送しながら発火点・HCl発生温度未満に冷却。
		特開2000-70995(27)	特開2000-70995(48)		
単純再生	熱可塑性樹脂の単純再生（ポリエチレン(PE)）	特許2001-131331(29)		
	熱可塑性樹脂の単純再生（ポリプロピレン(PP)）	特開平10-230518	鈴木自動車工業	表面に塗膜を有する樹脂成形体を粉砕し界面活性剤を含有する水溶液と混合して加熱・撹拌処理を行ない、比重差分離水槽により樹脂と塗膜とに分離する。
		特許3177416(25)		
	熱可塑性樹脂の単純再生（ポリスチレン(PS)）	特開2000-296521	プリマーク アール ダブリュー ピー ホールディングス	使用済プラスチックを細断し、金属および望ましくないプラスチックを分離し、材料成分を分析してこれを配合することにより、所定の再生プラスチックを生成する。
		特開平10-175215	ミドルトン ENG	発泡プラスチック物質を、ホッパーで小片に切断し、垂直室に放出した小片をボード錐により圧縮し、さらに水平な摩擦シュート内で油圧ラムにより圧縮し、押し出す。
		特許2518713	フォーミングカキヌマ	発泡スチロール廃棄物を粉砕して型内へ射出し、加熱して粉砕発泡粒の表面を溶融軟化させ、型締め加熱することにより、粒子を相互に固溶化する。
		特許2784528	アキレス 三菱電機 都生工業	短径の長さが特定以上の粉砕片を発泡成形体に体積比で所定以上の含有率で分散混入することにより、使用済みの発泡スチロールを再生利用する。
		特許2819209	須加基嗣	スチレン系樹脂からなるプラスチック廃棄物を加温下で、この樹脂用の溶剤中に溶解させて溶液を形成し、得られた溶液を濾過してラベルなどの付着異物を除去する。
		特許3132726	エムシーケミカル カネコ化学ナル	発泡ポリスチレンを溶解してその体積を収縮させる処理し、その後、溶解生成物を加熱処理してそれに含まれている溶剤成分を蒸発除去する。
		特公平7-53375	名濃	粉砕した発泡スチロールを対向支持した固定刃と回転刃により撹拌圧縮し、周縁部の間隙部から造粒化した再生素材として取り出す。
		特表平12-501122	ダウケミカル	廃ポリスチレンフィルムと、バージン樹脂との混合物とし、射出成形または熱成形してフィルム状に成形した後、1軸延伸または2軸延伸し、ポリスチレンフィルムを得る。
		特開2000-309659(41)	特開2001-106825(44)	特開2001-114925(41)	特開平11-106557(23)
		特許2637664(47)	特許3044921(41)		

出願件数上位50社の出願リスト⑧

技術要素	課題	特許no.	出願人	概要
単純再生	熱可塑性樹脂の単純再生（ポリオレフィン共通）	特開2000-71249	日本ゼオン	脂環式構造含有重合体樹脂成形体を溶融混練した後、この溶融混練した樹脂を300℃以下の温度で溶融成形する。
		特開平7-171832(25)	富士重工業	塗装を施したプラスチック成形体を、70℃以上かつプラスチックの融点またはガラス転移点未満の温度条件下で、これに応力をかけて塗膜を剥離させる。
		特開平8-52781	クライオバック	内層と2つの外層を形成する異なる2種のポリマー材料をテープに同時に押し出し、架橋、配向し、これらスクラップ材料の特定量を再利用する。
		特開平9-272743	フェニプラスティックス	破砕されかつ汚物を洗い落としたリサイクル・ポリオレフィンを常時撹拌の下で液体ポリオルガノシロキサンによる処理により熱化学的に変性し、不活性充填剤を加える。
		特開平10-86152(29)	豊田中央研究所	ポリオレフィン架橋材を架橋切断剤とともに加熱し、架橋結合を架橋切断剤により切断し成形可能な熱可塑性樹脂に再生する。
		特開平11-35734	国際環境技術移転研究センター	ポリオレフィン樹脂フィルムを溶融、混練した後、特定量の水を加えて混練し、特定温度、圧力でポリオレフィン以外の有機物を加水分解する。
		特許3106213	チバ スペシャルテイ ケミカル ホールディング	着色したポリオレフィンに、ヒドロキシルアミンを混入し、再加工することにより、着色ポリオレフィンを十分に減少した色の再生ポリオレフィンとして再循環する。
		特許3153021	旭電化工業	ポリオレフィン系樹脂製品廃棄物を細断または粉砕し、加熱溶融成形してリサイクルするにあたり、特定のフェノール化合物および特定の環状ホスファイト化合物を添加する。
		特開平7-214558(25)	特開平7-241848(29)		
	熱可塑性樹脂の単純再生（塩化ビニル(PVC))	特開平11-310660	ソルベイ エ	実質的に乾燥している製品の断片を、実質的に無水の溶剤と接触させ、溶液中にスチームを注入し溶剤に溶解した塩化ビニルポリマーを沈殿させる。
		特許2958642	タイボー	第1のシリンダー内に硬質塩化ビニル系樹脂材料片を、第2のシリンダー内に軟質塩化ビニル系樹脂材料片を投入し、各シリンダー内で混練・溶融させ、合流させて混練し押し出す。
		特表平12-504367	インターフェイス	可撓性ビニルプラスチゾルを粉砕して得る粒子を溶剤と混合して粒子を溶解させ、可塑剤を加え、混合物から溶剤を除去する。
		特開平10-316816(33)			
	熱可塑性樹脂の単純再生（ポリエチレンテレフタレート(PET))	特開2000-290362(22)	帝人	ポリエステルポリマーと、ビスオキサゾリン化合物0.01～3重量％とを反応させて、ポリエステルポリマーの固有粘度を0.5～1.1とする。
		特開2001-192492	小林昭雄	熱可塑性ポリエステル樹脂廃棄物の破砕物をアルカリとアルコールとの混合液と接触させて、この破砕物の全量の0.5～15重量％を不純物として除去する。
		特開平10-259254	イリノイ ツール ワークス	使用済みPETを、フレーク化状態から直接固相重合を行なうことにより、短時間で固相重合を行なうことができ、高性能ストラップ用の材料を得る。
		特開平10-323831	三菱化学ポリエステルフィルム	粉砕機と単軸押出機が連結された再生装置に回収ポリエステルを投入して粉砕した後、単軸押出機に到達する以前の段階で脂肪族カルボン酸の金属塩を添加する。
		特開平11-60707	大日本樹脂研究所	PETをグリコール分解し、さらに不飽和多塩基酸またはその酸無水物を加えて重縮合させ不飽和ポリエステル樹脂を製造するに際に、所要の含水ポリエチレン-テレフタレートを用いる。
		特許3016508	加茂守	回収した合成樹脂製容器を粉砕・加熱・溶融し、シート状に押し出して、バージン・ペレットで作った合成樹脂フィルムと重ね合わせ容器に成型する。
		特許3126907(47)	積水化成品工業	熱可塑性ポリエステル系樹脂とその回収品を二軸押出機供給として加熱溶融し、減圧吸引して樹脂中の揮発分を取り除き、発泡剤を圧入し、押し出して発泡シートとする。
		特表平8-508776	チバ スペシャルテイ ケミカル ホールディング	ポリエステル再循環物に、特定の2種の化合物をブレンドし、このブレンド物をそのポリエステルの融点以上に加熱し、特にPETの分子量を増加させる。
		特表平9-509214	チバ スペシャルテイ ケミカル ホールディング	ポリエステル、ポリエステルコポリマーまたはポリエステルブレンドをそれぞれ特定の化合物と混合して所定条件で加熱することにより、ポリエステルの分子量を増加させる。
		特開2000-15634(36)	特開2000-119417(22)	特開2000-255014(22)	特許3117808(28)
		特許3117809(28)			

出願件数上位50社の出願リスト⑨

技術要素	課題	特許no.	出願人	概要
単純再生	熱可塑性樹脂の単純再生（エンジニアリングプラスチック）	特開平7-207059(22) 特開平7-207059(45)	帝人 帝人化成	廃芳香族ポリカーボネート樹脂を分解して得られる芳香族ジヒドロキシ化合物やジアリールカーボネート化合物を再び芳香族ポリカーボネート樹脂の原料とする。
		特開平7-256647	ヘキスト	短ガラス繊維強化熱可塑性材料を微粉砕し、これと長ガラス繊維で強化されている熱可塑性材料のチップとを混合し、混合物を熱可塑的に成形する。
		特開平7-310205(30)	東レ	所定のナイロン6繊維製衣料製品を回収し、解重合し、精製して得たラクタムを重合し、溶融紡糸して、衣料製品を再生する。
		特開平10-225935(22)	帝人	溶液流延法で製膜したポリカーボネートフィルムを、破砕した後、溶剤に溶解してドープとなし、これを使用して再び溶液流延法で製膜する。
		特開平11-140221	ティコナ	リサイクルされた材料の形の高性能ポリマーを溶剤に溶解させ、次いで液体媒質中に沈殿させることにより、ポリマーブレンドを得る。
		特許2618574	バイエル	フラグメントを特定の温度で特定の時間塩基とともに撹拌し、塩基を除去した後希酸で洗浄してから電解質が無くなるまで水で洗浄し、精製フラグメントを濾別して乾燥する。
		特許3174446	バイエル	特定の溶融エステル化反応法により、ポリカーボネート樹脂廃棄物を再生して、溶剤フリーで、良好な品質のポリカーボネートを得る。
		特開2000-319500(45)	特開2001-93196(50)	特開平7-205153(22)	特開平7-205153(45)
		特開平7-207060(22)	特開平7-207060(45)	特開平8-1670(38)	特開平8-142054(45)
		特開平8-290428(29)	特開平9-235405(45)	特開平9-255810(30)	特許2845702(40)
	熱可塑性樹脂の単純再生（ポリウレタン）	特開2001-106763	三井武田ケミカル	硬質ポリウレタンフォームを高温高圧で加水分解し、原料ポリオールとイソシアネート成分に基づくアミン化合物に分解し、回収する。
		特開平6-328443	マシーネンファブリーク　ヘンネッケ	ポリオールとイソシアネートからなるポリウレタンを製造する際の添加剤を作る際にポリウレタン廃棄物を粗粉砕し、一方と混合し、混合物を微粉砕する。
		特開平10-310663(38)	神戸製鋼所 三井武田ケミカル	ポリウレタン樹脂を、実質的に高温高圧の水のみ接触させて分解し、ポリウレタンの原料化合物または利用可能な原料の誘導体を回収する。
		特許3144660(29)	豊田中央研究所	ポリウレタン発泡複合体に接合されている各積層部を水を主成分とする処理液中で加熱処理してそれぞれポリウレタン発泡体から分離する。
		特開平10-87845(29)	特許2993250(28)		
	熱可塑性樹脂の単純再生（共通・その他）	特開2000-169859	萩原工業	ホッパー内の廃プラスチック材をスライダで押圧した状態で、固定刃とこれに噛み合う回転刃6を周表面に配したドラムとからなる一軸シュレッダーにかけて破砕する。
		特開2001-30248	キヤノン	熱可塑性プラスチックを粉砕し、粉砕後に洗浄し、洗浄後の熱可塑性プラスチックから洗浄液を除去してこれを乾燥させ、乾燥後固形物を除去する。
		特開平10-204207(39)	いすゞ自動車	表面に塗装を施した成形品の裏面部に、塗膜分解剤を塗布し自然乾燥させ、再利用時に、表面の塗膜を化学的に反応させ、プラスチック材料中に溶融し、無害化を図る。
		特許3066209	日本ジーイープラスチックス	再生すべき熱可塑性樹脂の塗膜付き成形品を、一旦粉砕し、せん断力を加えつつ溶融混練し、成形用素材を押し出し・切断することによる再生方法。
		特開平10-202797(39)	特開平10-204208(39)	特開平11-320561(28)	特許3081132(29)
	熱硬化性樹脂の単純再生（フェノール、ユリア、メラミンなど）	特開平4-232703	スタンキーヴィッツ	熱硬化性ポリウレタン軟質フォームをミルで粉砕し、加圧加温下で圧縮し、種々の構造を有する高強度シート材を形成する。
		特許2699686(40)	日本電気	熱硬化性樹脂の硬化体の粉砕物をカップリング剤で表面処理した充填剤。
		特許2953412(40)		
	共通・その他の単純再生	特開2001-198919(25)	特開平7-331509(30)	特開平9-99433(22)	
複合再生	再生品の品質・機能向上（外観）	特開2000-102962	プラコー	多層パリソンからなるブロー成形品の最外層を光沢のある新材から、最内層を廃棄プラスチックから形成し、低コストで光沢のある成形品とする。
		特開2000-185321	出光石油化学	平均粒径が2mm以下および（または）嵩密度が0.001g/cc以上に粉砕したウレタンフォームを樹脂に混合し、成品表面をレザー調とする。表面への接着、印刷などもやり易くなる。
		特開平8-311326(45)	帝人化成	廃コンパクトディスク粉砕物を分散させた芳香族ポリカーボネート樹脂とグラフト共重合体とからなる流動性、耐熱性などが良好なメタリック調外観の樹脂。

出願件数上位50社の出願リスト⑩

技術要素	課題	特許no.	出願人	概要
複合再生	再生品の品質・機能向上（外観）	特開平11-58537(24)	クボタ	リサイクルFRP粉体成形において、金型の内表面の少なくとも一部にゲルコート層を形成し、成形品の表面に転写することにより表面平滑性や光沢性を向上する。
	再生品の品質・機能向上（構造）	特許2996788(22)	帝人	密閉発泡成形により発泡コアと外殻を形成し、軽量で剛性を有する複合成形品を得る。
		特許3044913(41)		
	再生品の品質・機能向上（機械的特性）	特開平7-268113	マルコ ミケロッチ レオポルド ミケロッチ	ポリエチレンテレフタレート（PET）の再生に際して、添加剤としてゴムを添加して、シートなどの成形品における衝撃強度を改善する。
		特開平9-300351	三菱樹脂	樹脂バインダーに対して2～6倍重量の断裁ないし破砕した使用済みのカード類を充填して形成することにより、高い機械的強度の成形体とする。
		特開平9-95568(21)	特開平9-95569(21)	特許2932114(29)
	再生品の品質・機能向上（劣化防止）	特開2000-17106	日本ポリオレフィン	窒素含有染料により染色された熱可塑性樹脂製繊維屑とともに、ホスファイト化合物またはホスホナイト化合物から選ばれる少なくとも1種を配合し劣化を防止する。
		特開2001-200075(22)	帝人	アクリル成分のウレタン成分に対する比率を1～5とすることにより、再生ポリエステルフィルムの着色を少なくし、塗料や接着剤の密着性を高める。
		特開平11-293030	日本ゼオン	環式構造含有重合体樹脂成形体を溶媒に溶解して吸着剤で脱色処理することにより、透明性に優れた樹脂工学部品などの再生品を得る。
		特許2735963(47)	積水化成品工業	熱分解温度以下で処理することにより添加されたハロゲンの劣化を防ぐ。
		特許3054113	呉羽化学工業	第二の樹脂中に非相溶である第一の樹脂を混合分散させ、第一の樹脂が薄膜状になるように引き伸ばして廃棄物を原料としても透明なプラスチックを得る。
		特開2001-131290(29)		
	再生品の品質・機能向上（リサイクル性）	特開2000-154276	キヤノン	水溶性塩型のCMC成形体の表層を酸洗や加熱により、酸型のCMCに移行させ、耐水性、安全性、リサイクル性の高い樹脂成形体とする。
		特開2000-177057	徳山曹達	廃離型フィルムを原料とするポリオレフィン基材層にシリコン樹脂被膜層が積層された粘着層保護用の離型フィルム。
		特開平7-144327	清水建設 東京工業大学長	空気中で放射線処理しパーオキサイドを形成した後、重合性モノマーまたはその誘導体で処理することにより、熱硬化した廃プラスチックを有効に再利用する。
		特開平7-316280(22)	帝人	芳香族ポリカーボネート樹脂を芳香族モノヒドロキシ化合物によりエステル化し、芳香族ジヒドロキシ化合物およびジアリールカーボネート化合物を高品質経済的に回収する処理方法。
		特開平11-166040	三菱レイヨン	低粘度の回収ポリエチレンテレフタレート樹脂110量部に対して芳香族テトラカルボン酸二無水物0.1～2重量部を添加することにより高粘度として利用価値を高める。
		特開平11-240979(30)	東レ	自動車用樹脂部品などに含まれるナイロン6樹脂成形体を解重合してε-カプロラクタムとして回収する。
		特許2679477(40)	日本電気	酸やアルカリ溶液に浸すか、または放射線や熱環境にさらすと、分解または溶解する樹脂層を層間に設け、分別容易な複合材料とする。
		特許3026543	大阪府 棚沢日佐司	熱硬化性樹脂硬化物を粉砕し、フェノール類の存在下で可溶化し、再度架橋硬化し得るように再生したフェノール系樹脂成形材料。
		特許3134240(29)	豊田中央研究所	バンパー廃材などのポリウレタン樹脂を水分の存在下に、樹脂加水分解温度より高く、液状化温度より低い温度で処理し、架橋結合が一部切断された樹脂を得る。
		特許3140469	スンキヨン インダストリ	回収したポリエチレンテレフタレートをアルカリ（土類）金属によって加水分解し、テレフタル酸アルカリ（土類）金属塩として回収する。
		特公平8-18809(40)	日本電気	シリカ粉、エポキシ樹脂、硬化剤を必須成分とする電子部品封止用エポキシ樹脂組成物の粉砕物を非酸化雰囲気下で加熱して、炭化珪素を合成する。
		特開2000-34362(30)	特開2000-34363(30)	特開2000-38377(30)	特開2001-58366(30)
		特開2001-79842(47)	特開平7-40343(33)	特開平11-222533(26)	

出願件数上位50社の出願リスト⑪

技術要素	課題	特許no.	出願人	概要
複合再生	用途・機能開発（日用品）	特開2000-108153	ビップ	植物性発泡剤、澱粉系添加剤、ポリプロピレン樹脂および水から混合原材料高温加熱型押出機でひも状に成形し、硬質表面バラ状緩衝材とする。
		特開2000-169639	住友電気工業	ポリ塩化ビニルとエチレン重合体に、両者と相溶性のあるポリマーを添加して機械的物性に優れ被覆材に適した複合樹脂とする。
		特開2000-254489	三重県	カルシウム系／アルミニウム系化合物含有する廃プラスチックを、400～1000℃で炭化させオルソリン酸およびメチレンブルー吸着活性炭とする。
		特許2883444	梶原平	ビニルシートなどの農業用廃合成樹脂材の再利用に際し遠赤外線放射物質を添加して生育性などを向上させる。
		特許2991696	藤倉電線	ポリオレフィン系樹脂、金属水酸化物、難燃補助剤からなり、焼却処理時に有害なガスを発生せず、かつPVCとの比重分別が可能である電線被覆用樹脂組成物。
		特許3067270	凸版印刷	ガスバリヤー性樹脂層を中間層として設け、再利用して得られるボトルもガスバリヤー性に優れるようにする。
		特公平7-25528(34)	黒木健 太陽工業	含塩素系ポリマーを面状に支持させた状態で加熱処理を施し、シート状のような特定の形状を持つ活性炭を得る。
		特開2000-280288(38)	特開2000-327896(45)	特開平8-92413(31) 特開平11-217207(44)
	用途・機能開発（建築材料）	特開2000-36405	伊東敏 米出達雄	一定の外部磁界をかけた状態で、磁気テープ屑を加熱、加圧することにより、含まれる磁性粉の極性を、一定になる様に転向させ、磁力を有する内装材とする。
		特開2001-9853	アキレス	平均の大きさが1mm以下である硬質ウレタンフォームに紙／パルプ、さらに、イソシアネート類接着剤を混合成形し、建材などに適した成型品とする。
		特開2001-60091	豊田紡織	防音材成形の吹き込み充填において、吹き込み風量を充填に伴う吹き込み抵抗の増大に対応して低減させることにより均一充填とする。
		特開2001-162705	東リ	カーペットなどの繊維内装材の裏打ち層に廃品粉砕物を含むリサイクルシートを利用する場合の強度や平滑性の劣化をガラス繊維不織布補強層の積層により防止する。
		特開2001-170932	村上清志	溶融させたポリエチレン（テレ）フタレートに木チップ、またはかんな屑を混合後粉砕し、アクリルなどの熱可塑性樹脂で成形した混合プラスチック建材。
		特開2001-181518	宇部木材	木質材料を、約200℃以上350℃以下の温度で約1分間～1時間熱処理した変成木質材料を熱可塑性樹脂で成形した複合材料。
		特開平10-202656	ミサワホーム	再利用樹脂からなるものを1種以上含み、色彩が異なる複数種類のペレットを混合して単一色とならない木質様製品を得る。
		特許2578697	フジ化成工業 日本セメント	廃磁気テープを分散させ、吸音性、断熱性能、静電気防止性能を持つ建材ボードを得る。
		特許2659521	藤増総合化学研究所	アルミナセメントなどを防炎剤として添加して、繊維系廃材と樹脂バインダーからなる建材を難燃性1級とする。
		特許2957953	曽根音重	生理製品屑を畳床用インシュレーションボードの原料として採用する。また、外表面に不織布を接合して寸法精度や再利用性を向上させる。
		特許3117564(33)	積水化学工業	粉砕した繊維複合体をマット状物の片面に積層加熱加圧圧縮して溶融状態にあるうちに積層物を厚さ方向に真空吸引し、繊維複合体とし、内装材などに利用する。
		特開平7-52158(36)		
	用途・機能開発（土木材料）	特開2000-145008(36)	太平洋セメント 寿三幸	磁気テープ収縮片と硬化性樹脂を加圧成形したパネル基体の片面または両面に、モルタルやコンクリートなどの硬化材層を複合一体化させた構築用パネル。
		特開2000-169856(31)	東芝プラント建設 東京エルテック	廃プラスチック類とストレートアスファルトなどの重質油の混合物を300～450℃の温度で加熱分解し、合成アスファルトを低いエネルギー消費量で効率的に製造する。
		特開平4-348913(47)	エフピコ 積水化成品工業	発泡プラスチック回収品を特定の圧縮率にて成形し、盛土工法に要求される吸水性と、屋上庭園用に要求される排水性を充足できる排水材として適する成型品を得る。
		特開平7-124950	清水建設	放射線照射処理した後に、スチレンまたは重合性スチレン誘導体にて加熱処理で熱硬化した廃プラスチックを廃ポリスチレンと混合し、コンクリートの型枠原料として利用する。
		特許2540477	工業技術院長 高知県	FRPの破砕物を繊維状に粉砕し、モルタルまたはコンクリート中に混合することにより機械特性や断熱性を向上させる。
		特開2000-53457(24)	特開2000-143310(24)	特開2000-254919(30) 特開2000-302568(33)
		特開2000-335947(33)	特開2001-105524(36)	特開平9-110484(30)

出願件数上位50社の出願リスト⑫

技術要素	課題	特許no.	出願人	概要
複合再生	用途・機能開発(自動車・家電部品)	特開2000-238159	三菱電機	廃棄発泡樹脂の粉砕物をバインダーで固化した断熱層を意匠層の裏面に一体化し、エアコンなどを隙間無く施工できるパネルとする。
		特開平7-60819	マツダ	塗膜の微細化と相溶化剤との組合せにより、微細化した塗膜を相溶化剤でバンパー材料に相溶化させ、塗膜の影響を受けることなく再生する。
		特開平11-147223	鈴木自動車工業	プライマーやカップリング剤などを塗布することにより、廃バンパー表面のウレタン樹脂塗膜を無害化し、素材として利用価値を高める。
		特開平11-228706(29)	豊田合成 豊田中央研究所	熱可塑性樹脂の存在下において、ゴムに熱と剪断力とを同時に加えて、バンパーなどに適する熱可塑性樹脂とゴムよりなるブレンド素材を生成する。
		特許2643643(28)	日産自動車	塗装されたバンパーを粉砕し、スタンパブルシートの中間層に添加して、再生させる。
		特許2887986(28)	日産自動車	繊維状補強体を含む粉砕廃材を水分散させ、紙すきの要領でスタンパブルシートとして再生板を製造する。
		特許3031357(40)	日本電気	表面積0.1平方メートル当たりの半径100μm以上の大きさの異物の数で10個以下にした再生品を芯材としてサンドイッチ成形品とする。
		特許3158533(39)	いすゞ自動車	粉砕されたSMC廃材など2枚の熱可塑性樹脂シートでサンドイッチ状にして加熱圧着したペレットを原料として高強度、高品質の成形品を得る。
		特開2000-7792(21)	特開2001-18278(39)	特開2001-30237(29)	特開2001-206951(29)
		特許2699686(40)	特許3151970(41)	特許3158520(39)	特許3158546(39)
		特許3158547(39)	特許3176406(36)		
	用途・機能開発(他用途化・その他)	特開平7-148735	パルボード	0.005よりも高い損失係数を有する熱可塑性材料を、2～10mmの最大直径を有する大きさのピースに切断した後、電波放射ヒーターによりマイクロ波加熱してシート成形する。
		特開平8-112584	中外	シュレッダーダストのうち樹脂などの軽量成分が主となるよう嵩密度が0.3g/cm³以下に管理する。また、これを樹脂バインダーにより造粒し、さらに使い易くする。
		特開平9-123169(49)	アインエンジニアリング	ペットボトルの破砕物と、ポリエチレンおよび(または)ポリプロピレン、またはポリ塩化ビニルを、撹拌衝撃翼により混合しつつ摩擦熱によりゲル化混練する。
		特許2729583	柏木秀博 平石義光	化学繊維廃材を微粉状の繊維パウダーとして、熱可塑性合成樹脂または(および)廃棄物樹脂フィルムなどの再生品と混合し成型することにより、建具素材などに利用する。
		特許3010158	日昭技研	回収ペットボトルに、炭素系物質および火成岩乾燥粉砕物を混合し、カーボン系のライナーを押出ダイおよびサイジングダイの内面に設けて押出成形する。
		特許3062496(27) 特許3062496(48)	川崎重工業 関商店	アルミ層を有する廃ラミネートフィルム類の切断片をペレット化し、取鍋における溶鋼の泡立ち鎮静剤もしくは湯面保温剤として用いる。
		特開平8-188455(24)	特開平8-188455(36)	特開平8-310147(49)	特開平9-66527(49)
		特開平9-141656(49)	特開平10-323643(21)	特開平10-323648(21)	特開平11-156853(35)
	プロセス改善(分離・除去・無害化)	特開2000-166588	キヤノン	回収した有機化合物にポリエステル化合物を生産する微生物を含む培養液を加え、微生物が生産したポリエステル化合物を抽出剤を用いて抽出回収する。
		特開2000-281830	熊本県 経済産業省産業技術総合研究所長	アルカリ濃度0.5M以上、300～400℃の塩基性有機溶媒でレゾール樹脂あるいはノボラック樹脂を溶解除去し、含有されるカーボン材料を回収する。
		特開2000-301104	鐘紡	非熱溶融性の天然繊維または再生繊維を、熱溶融性の生分解性合成繊維をバインダーとしてシート化し廃棄容易とする。
		特開2000-326407	国際環境技術移転研究センター	2層以上のダイスを用いてシート状に押出成形することにより、1層のある部分に不純物が存在しても他層がこれと積層して膜切れを防止する。
		特開2001-128667	シーピーアール 経済産業省産業技術総合研究所長	ポリ乳酸樹脂を放線菌で積極分解し堆肥などに転換する。例えば、培地のpHは5.0～8.0で、培養温度10～40℃で、好気的条件下で分解する。
		特開平11-319751	エヌテック	ダイオキシン含有焼却灰を廃棄発泡スチロールにより固化することにより、廃棄発泡スチロールおよびダイオキシン含有焼却灰の両方を処理する。
		特許3109836	デルグリューネプンクト デュアレス システム ドイチランド	凝集中に飛散性の障害物質を実質的に吸引除去し、凝集化された材料の細かい粒子部分を篩い別けることによって、少ないエネルギー量で高品質のプラスチック凝集体を調製可能とする。

出願件数上位50社の出願リスト⑬

技術要素	課題	特許no.	出願人	概要
複合再生	プロセス改善(分離・除去・無害化)	特許3122659	工業技術院長 坂口豁 松田昭男 増田隆志 浜谷建生	テレフタル酸、コハク酸、1,4-ブタンジオールからなる生分解性ポリエステル。液状化した廃ペットボトルにコハク酸ジメチルを反応させて製造する。
		特表平8-509659	ハニカット トラヴィス ダブリュー	アンチブロッキング剤を含有するポリビニルアセテートからなる油可溶性ポリマー。衣類などに用いれば医療廃棄物としての溶解廃棄が容易である。
		特表平11-502162	リミテッド リソーセス	熱可塑性ポリマーの粒子を流体流により懸濁させ加熱する。軟化し密度が高まった部分は沈降し分離できる。
		特開2000-279917(21)		
油化	生産効率向上(高速・連続化、回収率向上)	特開2000-53801	オルガノ	微細無機固形物を含む芳香族ジカルボン酸とポリエステルを、臨界水を用いて加水分解して無機固形物を分離除去した後、芳香族ジカルボン酸を回収する。
		特開2000-186167	日本ポリウレタン工業	尿素基含有軟質ポリウレタン発泡体を、高温・高圧熱水に連続的に接触混合させて、有効利用できる活性水素含有化合物に改質する。
		特開2000-265173(23)	石川島播磨重工業	乾留式分解方法および装置において、短時間で効率的に処理でき、さらに、安定した状態で気体成分と固形成分との分離ができるようにする。
		特開2000-351838(22)	帝人	回収ポリエステルと、特定量のジオール成分とを、溶融混合して得た解重合反応生成物を重縮合反応させることにより、易溶解性ポリエステルを得る。
		特開平6-116566(31)	東芝プラント建設	廃プラスチックを熱分解して得られる熱分解留分から効率良く重質成分を除去して軽質化した油分を回収することができる装置。
		特開平6-340766	ビー エイ エス エフ	ナイロン6などのポリアミド廃棄物の解重合において、転換途中に当該廃棄物を再添加する半連続触媒解重合方法。
		特開平8-253601(42)	三井造船	熱分解速度が向上し、しかも軽質の留出油を得ることができ、易熱分解性プラスチック成形体を用いたプラスチックの熱分解法。
		特開平9-118639	イーストマン コダック	段塔式反応器とを具備する装置を使用し、ポリエステルのモノマーへの転化速度を速めた、ポリエステルの成分回収方法を提供する。
		特開平9-272876	鐘淵化学工業	スチレン系樹脂廃棄物から芳香族溶剤、ガソリン添加剤、重油添加剤などの芳香族系炭化水素油を取得できる熱分解装置および熱分解方法。
		特開平10-251656(42)	三井造船	廃プラスチックの熱分解速度を長期間にわたって高く維持し、分解生成油の極端な軽質化を抑制し、軽油またはA重油相当油を回収する。
		特開平11-29774	シナネン	廃プラスチックの処理量が増大しても、装置の長尺化を回避でき、連続的かつ効率的に熱分解反応させる熱分解反応装置を提供する。
		特開平11-209510(31)	東芝プラント建設	廃プラスチックを効率的かつ低コストで熱分解できる装置と方法である。供給部、熱分解部、本体、ガス排出口、加熱装置から構成される。
		特許2895754(34)	黒木健 日邦産業	廃棄プラスチックを粒状加熱媒体と混合接触させて熱分解を行なうにあたり、その混合接触をより均一に、かつ広い面積で行なわせる。
		特公平7-17914	フジリサイクル モービルオイル	ポリオレフィン溶融物の熱分解蒸気状生成物を接触転化するとともに溶融物の一部を溶融混合槽に循環することにより、低沸点低流動点の炭化水素油を得る。
		特開2000-103901(38)	特開2000-159925(38)	特開2000-176936(50)	特開2000-178249(30)
		特開2000-178564(50)	特開2000-355690(50)	特開2001-139517(22)	特開2001-151880(22)
		特開2001-151881(22)	特開平8-81684(31)	特開平8-170081(31)	特開平8-253773(42)
		特開平9-59647(42)	特開平9-77905(38)	特開平9-316460(34)	特開平10-80674(41)
		特開平10-183137(34)	特開平10-183138(34)	特開平10-245567(34)	特開平10-249214(42)
		特開平11-61158(23)	特開平11-193384(23)	特開平11-302227(22)	特許2909577(29)
		特許2969417(34)	特許2992486(34)	特許3042076(38)	特許3096448(34)
	生産効率向上(低コスト化・省エネルギー)	特開2000-219884	松田常雄 渡辺製作所	特定の粘土鉱物を触媒として用い、廃プラスチックを熱分解することにより、燃料油を効率良く回収することを特徴とする。
		特開2001-181442(31)	東芝プラント建設	廃プラスチック、特にポリエチレンなどのオレフィン系プラスチックを低コストで効率よく熱分解してガス成分とする。
		特開2001-181651	東北電力	廃プラスチックから所望の油またはガスが容易に回収でき、しかも熱経済性が従来よりも格段に向上した廃プラスチック処理方法および装置。
		特開2001-192497	生産開発科学研究所	ポリカーボネート系廃棄物の再原料化(再資源化)を図るための効率的かつ経済的な分解方法を提供する。

出願件数上位50社の出願リスト⑭

技術要素	課題	特許no.	出願人	概要		
油化	生産効率向上(低コスト化・省エネルギー)	特開平10-60154	バイエル	低コストで、生産物量の増加なしにポリウレタン、ポリウレタン尿素および他の加水分解可能なプラスチックをその原料まで分解しうる方法を提供する。		
		特開平10-251657(24)	クボタ	エネルギー原単位および油化コストを低減し、油化プロセスにより放出される分解ガスなどを再利用し得る廃プラスチック油化システム。		
		特開2000-95894(23)	特開2000-344937(22)	特開2000-344938(22)	特開2001-55577(41)	
		特開2001-115170(33)	特開2001-139962(44)	特開2001-146591(50)	特開2001-151932(23)	
		特開平9-310075(37)	特開平10-36554(34)	特開平10-298345(31)	特開平11-152478(21)	
	生産効率向上に関するその他の課題	特開平11-5868	アースリサイクル	簡易スクリュー機、熱分解槽(撹拌機、電気ヒーター付き)、蒸発式熱交換器を有効に組み合わせることにより廃ポリスチレンのリサイクルシステムを確立する。		
		特開2000-212327(22)	特開平9-20892(26)	特許2988508(24)		
	操業トラブル防止(有害物の処理・安全衛生問題)	特開平9-234447	家電製品協会	塩化ビニルのような塩素系ポリマーを含むプラスチック廃棄物を油化する際に、残渣や生成油に含まれる鉛を回収する。		
		特開平9-313944(29)	豊田中央研究所	廃プラスチックに、塩素系のものが含まれていても不具合を抑制できる新規な金属ハロゲン化物油化触媒、およびそれを利用した低沸点炭化水素油の製造方法。		
		特開2000-127163(27)	特開2000-127163(48)	特開2000-212326(22)	特開2001-48515(44)	
		特開平8-311236(23)	特開平9-40804(38)	特開平10-168224(32)	特開平11-61151(34)	
		特開平11-61152(34)	特開平11-116730(43)	特開平11-140460(42)	特開平11-310659(26)	
		特開平11-323002(26)				
	操業トラブル防止(残渣などの固着・付着問題)	特開2001-81474	日本省エネ環境製品	熱分解槽に残る残査物を迅速かつ円滑に排出し、熱分解槽内の熱分解油を外部へ漏らさない安全な残査物取り出し方法と装置。		
		特開平9-137168	小松製作所	プラスチックを無酸素下加熱してガス状に分解後、冷却して油を回収する方法において、熱分解リアクター内に少量の水を注入することにより分解残渣を抑制できる。		
		特開平11-80747	荏原製作所	PETが混入している混合プラスチックについて、油化装置の気液管を閉塞するおそれのある結晶物質を副生させることなく油化することができる。		
		特許2950355(24)	クボタ	熱分解反応部内に撹拌機を設置し、撹拌爪を内壁に向けて出退自在とし、撹拌機主鎖にトルク検出機を設けることにより、固着カーボンの除去を図る。		
		特開2000-1678(24)	特開2000-178563(34)	特開2000-212571(31)	特開2000-312870(26)	
		特開2000-319665(50)	特開2001-19974(27)	特開2001-152165(23)	特開平8-60163(24)	
		特開平8-169977(31)	特開平8-176555(34)	特開平8-311459(31)	特開平10-245568(37)	
		特開平11-12579(32)	特開平11-57659(31)	特開平11-61146(34)	特許2946867(42)	
	操業トラブル防止に関するその他の課題	特開平10-88150(37)	電線総合技術センター 古河電気工業 三菱電線工業 住友電気工業 藤倉電線	プラスチック熱分解槽にプラスチックと熱分解触媒を混合状態で安定に供給でき、熱分解槽から高温ガスが逆流しない原料供給装置。		
		特公平7-76344	石原康弘	ホッパーの原料を、冷却手段を備えた水平シリンダー内と加熱手段を備えた垂直シリンダー内を各ピストンによって通過させることが可能な原料供給装置。		
		特表平11-504955	デル グリューネ プンクト デュアレス システム ドイチランド	合成樹脂を解重合して得た揮発性相を分離した後の解重合体を凝縮液とともに水素の存在下に加熱し、非揮発性成分を分離することにより、触媒の不活性化を防止する。		
		特開2001-59088(41)	特開平7-331251(24)			
	設備課題(小型化・簡略化)	特開平9-13047	アドバンス	廃発泡プラスチックをヒーターに接触させて減容と熱分解を行ない、付加価値の高い熱分解油を回収することが可能な小型、低価格のリサイクル装置。		
		特開平10-183139	エムシーシー 美和組	装置全体の単純化およびコンパクト化を実現し、大幅なコストダウンとメンテナンスの容易化を図った油化還元装置。		
		特開平11-29653	倉敷紡績 白石信夫	酸触媒および多価アルコールの存在下でウレタン系重合体を分解することにより、設備的に小型化を可能とし、高温を不必要として、コストを低減できる。		
		特開2000-158442(34)	特開2000-191826(42)	特開2001-123007(31)	特開平11-322677(22)	
		特開平11-349959(34)				

出願件数上位50社の出願リスト⑮

技術要素	課題	特許no.	出願人	概要
油化	原料課題（難リサイクル樹脂の処理）	特開2000-204192	阪本薬品工業	ハロゲンを含む難燃性の熱可塑性樹脂や、熱硬化性樹脂が低温で熱分解でき、装置を痛めることがなく効率よく良質の燃料油とハロゲンが回収できる。
		特開2001-81233(21) 特開2001-81233(38) 特開2001-81233	本田技研工業 神戸製鋼所 武田薬品工業	アミン類を含有する分解回収ポリオールを、アミン類を除去せずに、簡易な処理によりアミン類の活性を低減して、ウレタン樹脂の原料としてリサイクルする。
		特開平11-49889	オルガノ 東京電力	非酸化雰囲気下の超臨界水中で分解する事により、廃イオン交換樹脂の減容化が図れ、かつ燃料やモノマーに有用なオイルを回収率よく、分解処理する。
		特開平11-255952	日本電信電話	光ケーブルを粉砕し、これを超臨界水で処理することにより、簡単かつ安全に、しかも経済的に、使用済み光ケーブルを処理する。
		特許2695560	工業技術院長 高知県 東洋製作所	FRP廃棄物の連続分解処理と分解生成物の回収が可能なFRP廃棄物の処理装置。
		特許3185995	住化バイエルウレタン	アルカリ触媒を使用せず、分解剤の使用量が少量であり、粘度の低い分解液を与えるウレタン結合および（または）ウレア結合を含む重合体を分解する方法。
		特表平10-512909	イー アイ デュ ポン デ ニモア ス アンド	脂肪族ポリアミドを含む廃棄物を、無水ポリオール中に添加して高温で溶解後、異物分離し、次いで溶液よりも十分に低い温度の同じ溶媒を添加急冷してポリアミドを沈澱させ、回収する。
		特表平13-510814	パック ホールディング	（非）ハロゲン化炭素含有廃棄物質を金属酸化物含有生成物と無酸素下で、特定の温度範囲で反応させることにより、前記廃棄物質をリサイクルする。
		特開2000-56092(42) 特開2000-297178(22) 特開2000-351870(30) 特開2001-59683(37) 特開2001-81234(21) 特開2001-81234(38) 特開2001-139723(50) 特開2001-160243(50) 特開平10-279539(38) 特開平11-323009(39)		
	原料課題（副産物の処理）	特開2000-301194	東北電力	超臨界排水を石油系炭化水素質化性微生物を用いて微生物処理することにより、油状成分を含む超臨界排水を適切に処理することができる。
	原料に関するその他の課題	特開2000-212574	日立エンジニアリングサービス	プラスチック廃棄物の油化生成処理と該生成油の燃焼処理とを一貫してできる廃棄プラスチックの油化・燃焼処理装置を提供する。
		特公平8-16226	倉田大嗣	廃プラスチック類を低融点の溶融と高融点または溶融点のない気化との2段階で処理することにより、効率的に油化して軽質油として回収する。
	製品課題（回収油の高品質化）	特開平9-324068	三菱レイヨン	アクリル系樹脂廃材を乾留して得たガス状加熱分解物を液化した後、多価アミンの存在下に蒸留精製することにより、高品質のモノマーを得る。
		特開平10-110174(26)	千代田化工建設	熱分解油を酸化処理することにより、その熱分解油の安定性を大幅に向上させ、高品質の油に変換させる。
		特開平10-121056(24)	クボタ	溶融プラスチック原料の組成や溶融粘度などに左右されずに、溶融プラスチックから生成油が得られるように次送制御する。
		特開平10-158309	クラレ	イオウ化合物を含むモノマー溶液を、次亜塩素酸のアルカリ（土類）金属塩の水溶液と接触処理した後、抽出することにより、高品質のモノマーを得る。
		特開平11-199875(31)	東芝プラント建設	廃ポリスチレンを20～100torrの減圧下で熱分解することにより、そのモノマーであるスチレンを高純度で効率良く回収する
		特許2998734(40)	日本電気	無機物を含有する熱硬化性樹脂組成物を、酸化剤を含む超臨界水で酸化分解することにより、樹脂組成物から非酸化分解性の無機物を高純度で回収する。
		特開2000-38471(30) 特開2000-178230(44) 特開2000-247917(21) 特開2000-247917(38) 特開2000-282056(26) 特開2001-40136(31) 特開2001-131269(41) 特開2001-151934(22) 特開平9-241416(30) 特開平10-130656(37) 特開平10-330529(29) 特開平11-166184(26)		
	製品に関するその他の課題	特開2000-264932	住友電気工業	シラン架橋可能で、しかも架橋後に架橋ポリエチレンの架橋を解き、再び任意の形状に溶融賦形できるポリマーの再生方法。
	油化に関するその他の課題	特開2001-58366(30)		
ガス化	ガス化（水素ガス）	特許2534461	ヘキスト	プラスチック廃棄物を液状補助相の使用下に解重合して液状生成物とし、これを部分的に酸化して合成ガスに変換する。
		特開2001-123006(23)		

201

出願件数上位50社の出願リスト⑯

技術要素	課題	特許no.	出願人	概要
ガス化	ガス化(炭化水素系ガス一般)	特開平10-310784	高茂産業	発泡スチロールの粉砕機構と、細分化された発泡スチロールを溶融する油化槽と、溶融液をガス化するガス化器を備える装置。
		特許2665192(40)	日本電気 タクマ	難燃剤としてアンチモン化合物とハロゲン化合物を含むプラスチックの熱分解ガスを、800℃以上で2次的に燃焼または熱分解する。
		特許2969417(34)	黒木健 日邦産業	移動床反応器内に温度分布を形成させ400℃以下に保持し、廃プラスチック中のガス・油化可能な成分のみを選択的に分解する。
		特許2977743(27)	川崎重工業	塩素系プラスチック含有可燃性廃棄物を旋回式ガス化炉でガス化後、脱塩剤を有する移動床脱塩反応器で脱塩・脱塵する。
		特許2977784(27)	川崎重工業	廃プラスチックを焼却灰とともにガス化・溶融し、生成したガスの顕熱を利用して低温のスチームを加熱し、発電効率を高める。
		特許3048968(27)	川崎重工業	廃プラスチックを焼却灰などと混合し、溶融処理された固形物を無害化するとともに、ガス化処理で得られたガスを焼却炉に供給する。
		特許3072586	宇部アンモニア工業	難スラリー化固体炭素質原料を乾式フィード方式でガス化し、同時に易スラリ化固体炭素質原料を湿式フィード方式でガス化する装置。
		特開2000-334419(24)	特開2000-334498(24)	特開2001-49267(23)	特開平9-20892(26)
		特開平10-251657(24)	特開平11-61155(32)	特開平11-156329(31)	特開平11-189774(34)
	ガス化(臭化水素ガス)	特開2001-198561	日鉱金属	廃プリント基板を乾留処理し、分解で生じる臭素含有有機物を再度熱分解することにより、臭素を臭化水素水溶液として回収する。
	ガス化(塩化水素ガス)	特開平8-151213(32)		
	ガス化に関する共通・その他の課題	特開平9-327681	石原エンジニアリング	さまざまな樹脂成分を含む処理対象物の搬送路において、その搬送方向に、温度分布を変化させる調整手段を設けた装置。
		特開平8-276168(32)		
製鉄原料化	搬送性・炉装入向上	特開平11-323413	デル グリューネ プンクト デュア レス システム ドイチランド	廃プラスチックを粉砕してなる粒径1〜10mmの大比表面積の塊形状物である高炉などの冶金学的竪型炉用吹込還元剤。
	製鉄原料化に関するその他の課題	特開2001-35285(37)		
燃料化	軽質油(ガソリン、灯油、軽油)の回収	特開平11-61158(23)	石川島播磨重工業	溶融状態のプラスチックを活性炭からなる触媒層に液相接触させて熱分解ガスを発生させ、そのガスを気相接触させて軽質油を得る。
		特許3043429	シン リ	廃棄物材料を熱分解し、気相に生じる材料を接触分解し、ガソリンを得る際に、接触分解と接触分解前の脱S工程の触媒を特定する。
		特開平6-116566(31)	特開平8-81684(31)		
	液体燃料の回収に関する共通・その他の課題	特開平9-137175	新日化環境エンジニアリング 新日鉄化学	スチレン系プラスチックを有機過酸化物の存在下で加熱溶融して低分子量化し、燃料油に溶融混合し、燃料油として利用する。
		特開平10-80674(41)	日立化成工業 国土交通省船舶技術研究所長	廃プラスチックを熱分解し、発生した流体燃料を燃焼させ高温高圧水を造り、プラスチック含有複合材をこの高温高圧水で分解する。
		特開平11-60796(26)	千代田化工建設	溶液中に含まれている廃プラスチックの一部を熱分解して分別溶剤を得、得られた分別溶剤の一部を溶解工程に循環し、ボイラー用燃料を得る方法。
		特公平7-108979	ユーエスエス	加熱釜を凝縮器に連結し、供給される廃棄プラスチックが移送部材を介して加熱釜に移送されるようにし、油分を回収する。
		特開2000-285756(37)	特開平8-169977(31)	特開平11-100582(24)	特開平11-100582(27)
		特開平11-189774(34)			
	プラスチックと他材料の混合物からなる固体燃料の回収	特許2607995	松崎力	廃発泡プラスチックに加熱された植物性油を振りかけて溶解した後、アルカリ性添加剤を加え加熱混練し、冷却凝固し燃料化する。
		特許2683631(35)	御池鉄工所	大量の混合廃棄物を連続的に破砕し、プラスチックを含む可燃物を選別して圧縮溶解し成形後、固形燃料を得、有用金属を回収する。
		特許2919821(27)	川崎重工業	プラスチックなどの破砕混合廃棄物を炉で燃焼する際、破砕混合廃棄物の水分を制御して固形燃料化し、嵩比重を制御する。

出願件数上位50社の出願リスト⑰

技術要素	課題	特許no.	出願人	概要		
燃料化	プラスチックと他材料の混合物からなる固体燃料の回収	特許3108720	環境資源	廃プラスチックおよび繊維質材料を圧縮成形する固形化燃料製造装置と、固形化燃料を燃焼させる流動層ボイラーからなるシステム。		
		特公平7-85897(35)	御池鉄工所	押出成形機の回動軸に、多孔板の直前に繊維状、紐状屑を切断して多孔板の孔に押し込む切断押し込み羽根が取り付けられている。		
		特開平7-316562(32)	特開平11-77013(35)			
	プラスチック単独からなる固体燃料の回収	特開2000-8057(36)	太平洋セメント	プラスチック類廃棄物を粉砕して脱塩素処理し、プラスチック類を除去した可燃性廃棄物を粉砕して脱塩素処理を行ない、両者を混合する。		
		特開平10-138246	タクマ	溶融圧縮された廃プラスチックを連続翼と切り欠き翼が交互に配置された2軸スクリューにより撹拌し、脱塩素された固形燃料を得る。		
		特許2870726(27) 特許2870726(48)	川崎重工業 関商店	フィルム状、紐状などの廃プラスチックを50mm以下に切断した後、切断片を溶融固化し、さらに平均粒径10mm以下に切断する。		
		特許2966404	児玉悟	廃プラスチック類から固形燃料を形成する工程と、それを一般家庭などに供給する工程と、一般家庭などにおいて燃焼使用する工程。		
		特開2000-26864(27)	特開2000-26864(48)		特開2000-73071(27)	特開2000-73071(48)
		特開2000-169197(36)	特開2001-72412(36)		特開平11-248143(23)	
	固体燃料の回収に関する共通・その他の課題	特許2859576(35)	御池鉄工所	廃棄物を磁石式選別機およびアルミ選別機で金属分を除去後、風力選別する。軽量物を溶融、成形固化して固形燃料を得る。		
		特許3101907	氏家製作所 小熊鉄工所 新キャタピラー三菱	廃棄物の種類毎に定量供給可能な独立した複数個の定量供給部と、各種廃棄物から固体燃料を製造する減容固化部を有する。		
		特開2000-17278(36)	特開平11-116979(36)			
	固体＋液体または液体＋気体燃料の回収	特許3179540	シナネン	プラスチックの溶融液に固形プラスチックを添加し固形物を溶融させ、液体燃料および固体燃料を得る。		
		特開平11-80746(43)				
	燃料化に関するその他の課題	特許2824036	平和	廃棄台の合成樹脂部品を、圧縮減容時の温度範囲でほぼ一様に固相から液相側に変化して、減容固化が容易な遊戯機。		
		特許3157439(36)	太平洋セメント 平和	廃棄台から電線、ガラスなどを取り外し、その廃棄台を破砕し、その破砕片を圧縮し、ロータリーキルンに投入する。		
		特許3157440(36)	太平洋セメント 平和	廃棄台から金属製部品を取り外し、その廃棄台を破砕、圧縮し、ロータリーキルンに投入する。		
		特許3190948(36)	太平洋セメント 平和	廃棄台から機能部品を、形態を保護した状態で取り外して、その廃棄台を破砕、圧縮して、ロータリーキルンに投入する。		
		特開2000-334419(24)	特開2000-334498(24)		特開2001-49267(23)	特開2001-181658(36)
		特開平11-209768(44)	特許2977743(27)		特許2977784(27)	特許3048968(27)

出願件数上位50社の連絡先

no.	企業名	出願件数	住所（本社などの代表的住所）	電話番号
1	日本鋼管	135	東京都千代田区丸の内1-1-2	03-3212-7111
2	東芝	102	東京都港区芝浦1-1-1 東芝ビルディング	03-3457-4511
3	日立造船	85	大阪府大阪市住之江区南港北1-7-89	06-6569-0001
4	日立製作所	72	東京都千代田区神田駿河台4-6	03-3258-1111
5	松下電器産業	67	大阪府門真市大字門真1006	06-6908-1121
6	新日本製鉄	57	東京都千代田区大手町2-6-3	03-3242-4111
7	三菱重工業	55	東京都千代田区丸の内2-5-1	03-3212-3111
8	三井化学	43	東京都千代田区霞が関3-2-5	03-3592-4060
9	トヨタ自動車	40	愛知県豊田市トヨタ町1	0565-28-2121
10	ソニー	30	東京都品川区北品川6-7-35	03-5448-2111
11	三菱化学	25	東京都千代田区丸の内2-5-2 三菱ビルディング	03-3283-6274
12	明電舎	24	東京都中央区日本橋箱崎町36-2 リバーサイドビル	03-5641-7135
13	旭化成	24	東京都千代田区有楽町1-1-2 日比谷三井ビル	03-3507-2060
14	宇部興産	24	東京都港区芝浦1-2-1 シーバンスN館	03-5419-6112
15	日本製鋼所	23	東京都千代田区有楽町1-1-2	03-3501-6111
16	島津製作所	18	京都府京都市中京区西ノ京桑原町1	075-823-1111
17	住友ベークライト	15	東京都品川区東品川2-5-8 天王洲パークサイドビル	03-5462-4111
18	川崎製鉄	15	兵庫県神戸市中央区北本町通1-1-28	078-232-5111
19	東洋紡績	12	大阪府大阪市北区堂島浜2-2-8	06-6348-3111
20	イノアックコーポレーション	8	愛知県名古屋市中村区名駅南2-13-4	052-581-1086
21	本田技研工業	23	東京都港区南青山2-1-1	03-3423-1111
22	帝人	23	大阪府大阪市中央区南本町1-6-7	06-6268-2132
23	石川島播磨重工業	22	東京都千代田区大手町2-2-1 新大手町ビル	03-3244-5111
24	クボタ	22	大阪府大阪市浪速区敷津東1-2-47	06-6648-2111
25	富士重工業	21	東京都新宿区西新宿1-7-2	03-3347-2111
26	千代田化工建設	20	神奈川県横浜市鶴見区鶴見中央二丁目12-1	045-521-1231
27	川崎重工業	19	東京都港区浜松町2-4-1 世界貿易センタービル	03-3435-2111
28	日産自動車	18	東京都中央区銀座6-17-1	03-3543-5523
29	豊田中央研究所	18	愛知県愛知郡長久手町大字長湫字横道41-1	0561-63-4300
30	東レ	17	東京都中央区日本橋室町2-2-1 東レビル	03-3245-5111
31	東芝プラント建設	17	東京都大田区蒲田5-37-1	03-5714-3900
32	元田電子工業	16	東京都杉並区上高井戸1-17-11	03-3304-2112
33	積水化学工業	16	大阪府大阪市北区西天満2-4-4	06-6365-4122
34	黒木　健	16	宮崎県宮崎市青島2-12-7	－
35	御池鉄工所	15	広島県深安郡神辺町川南三ノ丁396-2	0849-63-5500
36	太平洋セメント	15	東京都千代田区西神田3-8-1	03-5214-1520
37	電線総合技術センター	14	静岡県浜松市新都田1-4-4	053-428-4681
38	神戸製鋼所	13	兵庫県神戸市中央区脇浜町2-10-26 神鋼ビル	078-261-5111
39	いすゞ自動車	12	東京都品川区南大井6-26-1 大森ベルポートA館	03-5471-1141
40	日本電気	12	東京都港区芝5-7-1	03-3454-1111
41	日立化成工業	12	東京都新宿区西新宿2-1-1 新宿三井ビル	03-3346-3111
42	三井造船	12	東京都中央区築地5-6-4	03-3544-3147
43	エヌケーケープラント建設	12	神奈川県横浜市鶴見区弁天町3-7	045-510-3500
44	栗本鉄工所	12	大阪府大阪市西区北堀江1-12-19	06-6538-7601
45	帝人化成	11	東京都千代田区内幸町1-2-2 日比谷ダイビル	03-3506-4707
46	ぺんてる	11	東京都中央区日本橋小網町7-2	03-3667-3333
47	積水化成品工業	11	大阪府大阪市北区西天満2-4-4	06-6365-3014
48	関商店	10	埼玉県久喜市中央1-5-32 ツジヤビル2階	0480-23-5558
49	アインエンジニアリング	10	東京都品川区西五反田2-26-9 五輪プラザビル5階	03-3490-1861
50	日本ビクター	10	神奈川県横浜市神奈川区守屋町3-12	045-450-1580

プラスチックリサイクル技術におけるライセンス提供のある特許を示す。

本表は、独立行政法人工業所有権総合情報館のインターネットホームページの中の、特許流通データベース（http://www.jtm.or.jp/index2.html）より、キーワード「プラスチック」で検索し、本書で扱う技術に該当するものを抽出して作成した(2002年1月に検索)。

ライセンス提供のある特許一覧①

特許no.	発明の名称	概要	出願人または特許権者	技術移転窓口	住所	電話	供与可否
特願2001-79434	コンクリートに廃プラスチックなどを混入する基材	コンクリートに廃プラスチックなどを混入する基材　廃プラスチックなどを粉砕し、砕石を加熱溶着して軽い骨材を形成したセメント砂に混入して生コン製造の際に軽い、プラスチックが浮上せず均等に型枠に混入、軽量で耐衝撃性の有る骨材で、廃プラスチックなどのごみを減量する。	尾泉隆次	尾泉隆次	埼玉県富士見市水谷東3-36-25	048-472-3095	権利譲渡、実施許諾ともに可
特許第2924661	プラスチック選別装置及び選別方法	プラスチックの比重差を利用して2グループ以上のプラスチックグループに選別を行なう比重選別装置と、この比重選別装置により分けられたプラスチックグループの内少なくとも1グループのプラスチックを低温にして破砕しプラスチックの脆化温度の違いを利用した選別を行なう低温破砕選別装置とを備えたプラスチック選別装置。	日立製作所　新エネルギー・産業技術総合開発機構	新エネルギー・産業技術総合開発機構　成果管理普及部　知的財産課	東京都豊島区東池袋3-1-1 サンシャイン60	03-3987-9471	実施許諾のみ可
特願平8-237510	廃プラスチック処理・発電システム	廃FRPなど複合プラスチック以外の通常の廃プラスチックの燃焼熱を使用して高温高圧水を造り、焼却すると未燃のガラス成分が残渣となる廃FRPなどの複合プラスチックをその高温高圧水で分解するという方式でプラスチックの特性に応じて適正に処理できる廃プラスチック処理・発電システム。	日立製作所　国土交通省船舶技術研究所長（独立行政法人海上技術安全研究所理事長に変更手続中）　日立化成工業	独立行政法人海上技術安全研究所企画室	東京都三鷹市新川6-38-1	0422-41-3006	実施許諾のみ可
特開平10-292178	ポリオレフィン系プラスチック廃棄物から液体燃料回収方法	重油中で、ポリオレフィン系プラスチックを、固体酸触媒存在下、常圧で熱分解し、留出温度が150℃以下の軽質留分を含まない液体燃料を得る。	東京都	財務局管財部総合調整課　無体財産調整担当係	東京都西新宿2-8-1	03-5388-2707	実施許諾のみ可
特許第2937780	プラスチック材またはゴム材の分解回収方法および同装置	廃棄プラスチックおよび廃棄ゴム材の可塑剤の回収、再利用を行なう。塩素系プラスチック材混入廃材においても優れた耐久性を確保する。	マツダ	知的財産部	広島県安芸郡府中町新地3-1	082-287-4278	実施許諾のみ可
特許第3100956	廃プラスチク類を含有する有機性固形廃棄物の処理方法及び装置	都市ごみ、産業廃棄物などの廃プラスチック類を含有する有機性固形廃棄物の処理方法および装置、有機性固形廃棄物を加熱することによって効率よく脱塩素処理した後、直ちに押出し加熱成形して成形物を製造する方法および装置	川崎重工業　新エネルギー・産業技術総合開発機構	新エネルギー・産業技術総合開発機構　成果管理普及部知的財産課	東京都豊島区東池袋3-1-1 サンシャイン60	03-3987-9471	実施許諾のみ可
特許第2040125	熱硬化性プラスチックの分解促進法	熱硬化性樹脂をその分解温度以下の250～300℃の温度でHClガス雰囲気中で処理して、化学反応を利用して分解を促進させ、減容化を図る。	大阪府・エイチイーシー	大阪府立産業技術総合研究所業務推進部	大阪府和泉市あゆみ野2-7-1	0725-51-2516	実施許諾のみ可

ライセンス提供のある特許一覧②

特許no.	発明の名称	概要	出願人または特許権者	技術移転窓口	住所	電話	供与可否
特開平11-209508	廃プラを利用したくり石、及びその製造方法、又はその利用方法	農業用ビニールフィルムなどを溶解して以後、カッティングして粒状に形成し、土木建設用のくり石などに利用する	石原重雄	石原重雄	島根県能義郡伯太町大字下小竹643	0854-38-0288	権利譲渡、実施許諾ともに可
特許第2924612	比重選別装置	廃プラスチック破砕片の分別効率が良く、装置の消費動力も少なく、しかも工業的に大量処理可能なプラスチックの比重選別装置の提供。	日立製作所 新エネルギー・産業技術総合開発機構	新エネルギー・産業技術総合開発機構 成果管理普及部 知的財産課	東京都豊島区東池袋3-1-1 サンシャイン60	03-3987-9471	実施許諾のみ可
特許第2972870	熱硬化性樹脂の油化方法	熱硬化性樹脂を原料モノマーを主成分とする低分子量化合物留分に分解油化する方法	工業技術院長	独立行政法人産業技術総合研究所つくばセンター 産総研イノベーションズ	茨城県つくば市梅園1-1-1	0298-61-9230	実施許諾のみ可
特許第3089736	プラスチックごみ処理装置	ごみ収容器に入れられたプラスチックごみを熱風発生ユニットによって発生した熱風を循環させて加熱し、所定の温度（約100～140℃）にする。次に内容積可変のごみ収容器を空気圧を利用して強制的に動作させ、その内容積を減じプラスチックごみを圧縮する。	松下電器産業	IPRオペレーションカンパニー ライセンスセンター	大阪市中央区城見1-3-7 松下IMPビル 19F	06-6949-4525	実施許諾のみ可
特許第2981550	樹脂材の油化処理方法	（1）従来技術では油化できなかった熱硬化性樹脂や、有機臭素系難燃剤を含有する難燃性樹脂を、従来の樹脂材の熱分解反応に比べ50～100℃程度低い温度で処理できる。（2）難燃性樹脂に含有されている臭素などのハロゲン原子をハロゲン化水素として除去し、ダイオキシン類や他の有機ハロゲン化物の生成油への混入を防止する。	工業技術院長	独立行政法人産業技術総合研究所つくばセンター 産総研イノベーションズ	茨城県つくば市梅園1-1-1	0298-61-9230	実施許諾のみ可
特許第3026543	フェノール系樹脂成形材料及び製造方法	フェノール系熱硬化性樹脂硬化物をフェノールと反応させて可溶化し、再び架橋硬化するように再生したフェノール系樹脂成形材料およびその製造方法	大阪府	大阪府立産業技術総合研究所 業務推進部	大阪府和泉市あゆみ野2-7-1	0725-51-2516	実施許諾のみ可

特許流通支援チャート 化学 1
プラスチックリサイクル

2002年（平成14年）6月29日　初版発行

編集	独立行政法人
©2002	工業所有権総合情報館
発行	社団法人　発明協会

発行所	社団法人　発明協会

〒105-0001　東京都港区虎ノ門2－9－14
電　話　　03（3502）5433（編集）
電　話　　03（3502）5491（販売）
Ｆ Ａ Ｘ　　03（5512）7567（販売）

ISBN4-8271-0672-X C3033　　印刷：株式会社　野毛印刷社
Printed in Japan

乱丁・落丁本はお取替えいたします。

本書の全部または一部の無断複写複製
を禁じます（著作権法上の例外を除く）。

発明協会HP：http://www.jiii.or.jp/

平成13年度「特許流通支援チャート」作成一覧

電気	技術テーマ名
1	非接触型ICカード
2	圧力センサ
3	個人照合
4	ビルドアップ多層プリント配線板
5	携帯電話表示技術
6	アクティブマトリクス液晶駆動技術
7	プログラム制御技術
8	半導体レーザの活性層
9	無線LAN

機械	技術テーマ名
1	車いす
2	金属射出成形技術
3	微細レーザ加工
4	ヒートパイプ

化学	技術テーマ名
1	プラスチックリサイクル
2	バイオセンサ
3	セラミックスの接合
4	有機EL素子
5	生分解性ポリエステル
6	有機導電性ポリマー
7	リチウムポリマー電池

一般	技術テーマ名
1	カーテンウォール
2	気体膜分離装置
3	半導体洗浄と環境適応技術
4	焼却炉排ガス処理技術
5	はんだ付け鉛フリー技術